旅游服务礼仪

主　编　刘筏筏
副主编　于　梦　张佳慧

北京理工大学出版社
BEIJING INSTITUTE OF TECHNOLOGY PRESS

内容简介

旅游服务礼仪是旅游行业人员必备的素质和基本条件。注重"礼"的运用，不仅能够推动旅游信息的传递，更能有效地协调企业与客户间的关系，从而获得较大的收益。

本书通过设置具体情境，引导学习者认知旅游服务礼仪相关知识点，着重从职业形象塑造、社交基本礼仪、行业礼仪入手，使其掌握与职业相关的仪表、仪态和见面、交谈的相关礼仪，通过具体的酒店服务礼仪、旅行社服务礼仪、导游服务礼仪、景区接待礼仪以及交通工具服务礼仪等对旅游服务礼仪进行有针对性的明确呈现。

本书可为旅游管理专业、酒店管理专业、导游专业的本科生、高职生、中职生，以及旅游及旅游相关行业的从业者提供旅游服务礼仪知识方面的专业指导与借鉴。

版权专有　侵权必究

图书在版编目（CIP）数据

旅游服务礼仪／刘筱筱主编． --北京：北京理工大学出版社，2023.2

ISBN 978-7-5763-2127-2

Ⅰ．①旅… Ⅱ．①刘… Ⅲ．①旅游服务-礼仪 Ⅳ．①F590.63

中国国家版本馆 CIP 数据核字（2023）第 034320 号

出版发行　／　北京理工大学出版社有限责任公司
社　　址　／　北京市海淀区中关村南大街 5 号
邮　　编　／　100081
电　　话　／　（010）68914775（总编室）
　　　　　　　（010）82562903（教材售后服务热线）
　　　　　　　（010）68944723（其他图书服务热线）
网　　址　／　http://www.bitpress.com.cn
经　　销　／　全国各地新华书店
印　　刷　／　涿州市新华印刷有限公司
开　　本　／　787 毫米×1092 毫米　1/16
印　　张　／　19.5　　　　　　　　　责任编辑／李慧智
字　　数　／　458 千字　　　　　　　　文案编辑／杜　枝
版　　次　／　2023 年 2 月第 1 版　2023 年 2 月第 1 次印刷　责任校对／刘亚男
定　　价　／　92.00 元　　　　　　　　责任印制／李志强

图书出现印装质量问题，请拨打售后服务热线，本社负责调换

前言

2021年对于教育行业而言，是极不平凡的一年，整个教育生态发生了巨大的改变。而旅游教育在新文科教育大背景下，亟待调整教育教学思路，以社会需求为导向，以学生个人成长为目标，通过创新培养体系和培养模式，提升学生的个人素养、专业知识以及综合能力，进而促进学生成长，培养国家所需的旅游人才。

实践证明，教学改革改到深处是课程，改到痛处是老师，改到实处是教材。教材的编写必须要打破以往传统模式，以终为始，从教学目标的实现和教学实效出发，让教材真正成为课堂教学改革与创新的引领者。鉴于此，本教材的编写突出强调以下特性。

1. 在编写体例方面，突出黄金圈法则，强调 Why（为什么）与 How（怎样做）。"当学生知道为什么的时候，怎么做已经不是问题了。"课堂教学最终目的不是考试，而是促使学生个体行为的改变，所以在编写中，更突出内容的"温度"，促进学生从认知到情感再到行动的转变。在编写中，通过案例、相关心理学理论和讨论问题的设置，引领教师从建构主义视角出发，运用参与式教学，使学生真正融入课堂教学之中。

2. 在编写思路方面，侧重旅游服务礼仪场景的分析与应用。过往很多教材的内容侧重旅游服务礼仪理论与做法的单纯阐述，缺乏引导学生应用和反思的环节，故本教材在编写过程中，突出学生对于旅游服务礼仪理论的应用与反思，选取旅游服务中较为有代表性的场景和有价值的场景描述，通过课后练习和反思，使学生达到知行合一、举一反三、灵活应用的教学目标。

3. 在编写内容方面，注重与时俱进。随着时代的发展，不同的社交平台体现出不同的特点，这就使礼仪教育不能只停留在传统的、一成不变的礼仪规范上，而要有针对性地形成具有鲜明时代特色的全新礼仪教育内容。例如，微信近几年成为人们常用的沟通交流方式之一，而"微德"也就成为了解一个人教养和情商的重要方面，本教材中将使用微信的礼仪作为一个任务独立呈现。此外，本书对于位次礼仪、旅游接待细节规范和流程结合实际也做了相应的内容调整。

同时，编者通过二十多年的高校教学与旅游企业培训实践，对于旅游服务礼仪教学形成了自己独到的教学理念与见解。例如，对于中国服务"笑迎宾容"的理解，微笑待客理应是旅游服务从业人员非常自然的表现，犹如我们走路时迈出左脚后一定会迈出右脚一样，不需要任何犹豫。"心善美好，内化于心，和静致雅，外化于行"，过于刻意的外在形式训练反而与"服务"的初衷渐行渐远。类似的相关问题，在本书的编写过程中多有体现。

　　本书得以出版，是集体智慧的结晶和长期努力的结果。本书由辽宁师范大学刘筏筏老师担任主编，辽宁省涉外旅游管理学校于梦、长春科技学院张佳慧担任副主编。具体分工如下：于梦和刘筏筏老师承担模块一至模块四的编写工作；张佳慧和刘筏筏老师承担模块五至模块八的编写工作。全书的框架构建、书稿体例、统稿、审核、定稿及附录由刘筏筏老师负责完成。此外，辽宁师范大学硕士研究生李治、范佳如承担了本书图片拍摄和文字的前期审校工作，谨此致谢。

　　本书在编写过程中参阅了许多专家、学者的论著，借鉴了大量有启发性的观点和有价值的资料，在此一并表示感谢。

　　由于水平和时间有限，本书在编写过程中难免会有疏漏和不妥之处，恳请各位专家、同行与读者批评、指正。

编　者

模块一　旅游服务礼仪概述

项目一　礼仪与服务 (003)
- 任务一　理解礼仪的内涵与结构 (003)
- 任务二　理解服务的内涵与外延 (006)

项目二　旅游服务礼仪的功能与实践 (012)
- 任务一　理解旅游服务礼仪的功能 (012)
- 任务二　旅游服务礼仪的实践 (015)
- 任务三　掌握旅游服务礼仪的心态基础 (017)

项目三　旅游服务礼仪的相关理论 (019)
- 任务一　了解旅游服务礼仪中的社会心理学理论 (019)
- 任务二　了解旅游服务礼仪中的人际交往理论 (024)
- 任务三　了解旅游服务礼仪中的公共关系理论 (033)

模块二　旅游服务人员的仪容、仪态、仪表礼仪

项目四　旅游服务人员的仪容礼仪 (039)
- 任务一　了解旅游服务人员仪容礼仪的基本规范 (039)
- 任务二　掌握旅游服务人员的发部修饰礼仪 (041)
- 任务三　掌握旅游服务人员的面部修饰礼仪 (044)
- 任务四　掌握旅游服务人员的肢体修饰礼仪 (053)

项目五　旅游服务人员的仪态礼仪 (056)
- 任务一　了解旅游服务人员仪态礼仪的基本规范 (056)
- 任务二　掌握旅游服务人员的体姿礼仪 (059)
- 任务三　掌握旅游服务人员的表情礼仪 (067)
- 任务四　掌握旅游服务人员的手势礼仪 (070)

项目六　旅游服务人员的仪表礼仪···(076)
　　任务一　了解旅游服务人员着装礼仪的基本规范·······························(076)
　　任务二　掌握旅游服务人员制服着装礼仪··(079)
　　任务三　掌握旅游服务人员正装着装礼仪··(081)
　　任务四　掌握旅游服务人员饰品佩戴礼仪··(084)

模块三　旅游服务语言礼仪

项目七　旅游服务语言基本知识···(089)
　　任务一　了解旅游服务语言概述···(089)
　　任务二　了解旅游服务语言的基本规范···(092)

项目八　旅游服务语言使用规范···(095)
　　任务一　问候与迎送服务用语的运用··(095)
　　任务二　请托与致谢服务用语的运用··(098)
　　任务三　推托与致歉服务用语的运用··(099)
　　任务四　征询与应答服务用语的运用··(101)
　　任务五　赞赏与祝贺服务用语的运用··(103)

项目九　旅游服务语言能力培养···(105)
　　任务一　了解旅游服务语言能力培养的基本途径······························(105)
　　任务二　旅游服务语言的艺术表达···(108)
　　任务三　旅游服务语言的有效倾听···(110)

模块四　旅游社交礼仪

项目十　见面礼仪···(117)
　　任务一　称呼的使用···(117)
　　任务二　掌握介绍的方法···(120)
　　任务三　掌握问候的方法···(124)
　　任务四　名片的使用···(129)

项目十一　位次礼仪···(133)
　　任务一　掌握正确的行进位次···(133)
　　任务二　掌握正确的宴会位次···(135)
　　任务三　掌握正确的乘车位次···(141)
　　任务四　掌握正确的会客位次···(143)

项目十二　馈赠礼仪···(147)
　　任务一　掌握礼品的选择技巧···(147)
　　任务二　掌握馈赠的技巧···(149)

项目十三　网络礼仪···(151)
　　任务一　了解网络礼仪···(151)

任务二　电子邮件的正确使用……………………………………………………（153）
　　任务三　微信的正确使用…………………………………………………………（154）

模块五　酒店服务礼仪

项目十四　前厅服务礼仪……………………………………………………………（161）
　　任务一　认识酒店门厅服务礼仪…………………………………………………（161）
　　任务二　掌握酒店前台服务礼仪…………………………………………………（165）
　　任务三　掌握大堂副理及酒店代表服务礼仪……………………………………（169）

项目十五　客房服务礼仪……………………………………………………………（172）
　　任务一　熟悉楼层接待服务礼仪…………………………………………………（172）
　　任务二　掌握客房服务礼仪………………………………………………………（174）
　　任务三　掌握客房送餐服务礼仪…………………………………………………（177）
　　任务四　了解访客接待服务礼仪…………………………………………………（178）

项目十六　餐饮服务礼仪……………………………………………………………（181）
　　任务一　认识迎宾领位服务礼仪…………………………………………………（181）
　　任务二　了解值台服务礼仪………………………………………………………（183）
　　任务三　了解走菜服务礼仪………………………………………………………（188）
　　任务四　掌握中餐服务礼仪………………………………………………………（188）
　　任务五　掌握西餐服务礼仪………………………………………………………（199）
　　任务六　掌握酒水服务礼仪………………………………………………………（207）

模块六　旅行社服务礼仪

项目十七　旅行社话务人员电话礼仪………………………………………………（215）
　　任务一　掌握旅行社话务人员接听电话的基本礼仪……………………………（215）
　　任务二　熟悉旅行社话务人员接听咨询电话的礼仪……………………………（218）
　　任务三　掌握旅行社话务人员处理投诉电话的礼仪……………………………（219）
　　任务四　了解旅行社话务人员进行电话回访的礼仪……………………………（220）

项目十八　旅行社业务人员服务礼仪………………………………………………（223）
　　任务一　熟悉旅行社营业部员工服务礼仪………………………………………（223）
　　任务二　掌握旅行社计调人员服务礼仪…………………………………………（225）
　　任务三　掌握旅行社外联人员服务礼仪…………………………………………（227）

项目十九　导游员服务礼仪…………………………………………………………（231）
　　任务一　了解导游员的准备工作礼仪……………………………………………（231）
　　任务二　掌握导游员的迎送服务礼仪……………………………………………（233）
　　任务三　熟悉导游员的游览服务礼仪……………………………………………（236）
　　任务四　掌握导游员的沟通协调服务礼仪………………………………………（238）

模块七 其他旅游服务礼仪

项目二十 景区服务礼仪 ································ (245)
　　任务一　熟悉闸口工作人员服务礼仪 ····················· (245)
　　任务二　掌握讲解员服务礼仪 ··························· (246)
　　任务三　掌握现场工作人员服务礼仪 ····················· (249)

项目二十一 接待服务礼仪 ······························ (251)
　　任务一　掌握会议接待服务礼仪 ························· (251)
　　任务二　掌握庆典接待服务礼仪 ························· (255)
　　任务三　掌握展览接待服务礼仪 ························· (260)

模块八 游客社会公共礼仪

项目二十二 游客"食"的礼仪 ·························· (265)
　　任务一　掌握中餐进食礼仪 ····························· (265)
　　任务二　熟悉西餐进食礼仪 ····························· (269)

项目二十三 游客"住"的礼仪 ·························· (275)
　　任务一　认识预约的礼仪 ······························· (275)
　　任务二　掌握登记入住的礼仪 ··························· (276)
　　任务三　熟悉入住客房的礼仪 ··························· (277)
　　任务四　熟悉离店的礼仪 ······························· (279)
　　任务五　了解投宿民宅的礼仪 ··························· (279)

项目二十四 游客"行"的礼仪 ·························· (281)
　　任务一　掌握乘飞机的礼仪 ····························· (281)
　　任务二　掌握陆地出行的礼仪 ··························· (284)
　　任务三　掌握乘船的礼仪 ······························· (289)

项目二十五 游客"游"的礼仪 ·························· (290)
　　任务一　掌握游览的基本礼仪 ··························· (290)
　　任务二　掌握在旅游景点的礼仪 ························· (291)
　　任务三　了解购物的礼仪 ······························· (293)

项目二十六 游客"娱"的礼仪 ·························· (295)
　　任务一　掌握参加体育运动的礼仪 ······················· (295)
　　任务二　掌握参加文艺活动的礼仪 ······················· (298)
　　任务三　掌握参观画展的礼仪 ··························· (300)

参考文献 ·· (302)

模块一

旅游服务礼仪概述

项目一　礼仪与服务

学习目标

1. 理解礼仪的内涵、服务的内涵与外延。
2. 加深对礼仪的理解，提升服务意识。
3. 养成良好的职业素养。

任务一　理解礼仪的内涵与结构

致福曰礼，成义曰仪。礼仪是一种待人接物的行为规范，也是交往的艺术。它是人们在社会交往中受传统文化、风俗习惯、宗教信仰、时代潮流等因素而形成，既为人们所认同，又为人们所遵守，以建立和谐关系为目的的各种符合交往要求的行为。

服务礼仪是各服务行业人员必备的素质和基本条件。出于对客人的尊重与友好，在服务中要注重仪表、仪容、仪态和语言、操作的规范，并要求服务员发自内心地、热忱地向客人提供周到的服务，从而表现出服务人员良好的风度与素养。旅游行业的产品特性就是服务，而要为消费者提供优质服务，则必须以"礼"为先导。

情境导入

在某星级酒店员工餐厅的通道上，一位服务人员肩上斜套着一块宽宽的绸带，上面绣着：礼仪礼貌规范服务示范员。每当一位员工在此经过，示范员小姐便展露微笑问候致意。餐厅里，喇叭正在播放一位女员工朗诵的一篇描写酒店员工文明待客的散文诗。

该酒店自被评为四星级酒店以来，接客量居高不下，开始出现个别员工过于劳累的情况，原先的服务操作程序也开始有点走样，甚至出现关于服务质量的投诉，酒店经理觉察到这些细微变化后，抓住苗头进行整改，在员工中间开展"礼仪礼貌周"活动：在员工通道上安排一位礼仪礼貌示范员迎送过往的员工，总经理们都轮流充当服务员。为配合"礼仪礼貌周"，员工餐厅在这一周利用广播媒介，宣传以礼仪礼貌为中心的优质服务，有发言、表演、报道和介绍，内容生动活泼，形式丰富多彩，安排相当紧凑。酒店同时在员工进出较频繁的地方张挂照片，宣传文明服务的意义，示范礼仪礼貌的举止行为，介绍礼仪礼貌方面表现突出的员工。

问题：
1. 谈一谈该星级酒店开展"礼仪礼貌周"有哪些好处？
2. 如果你是该星级酒店的经理，你还有哪些建议去提升该酒店的礼仪水平呢？

一、礼仪的内涵

了解礼仪的内涵是探究礼仪与认知礼仪的前提。礼仪是一定社会关系中，人们在社会交往活动中为律己敬人而约定俗成、共同认可的行为规范、处世准则和道德标准。从根本上讲，礼仪是由"礼"和"仪"两部分组成的，"礼"是指律己敬人的规范的内容，而"仪"则是指对该内容的表达方式。尽管礼仪习俗、程序仪式会随着社会变化而变化，但体现尊重的基本内涵是不变的。礼仪的内涵主要包括礼貌、礼节、仪表、仪式。

（一）礼貌

礼貌是人与人之间和谐相处的意念和行为，是言谈举止对别人尊重与友好的体现，主要通过言语和动作来表现。比如语言要文明，不强词夺理，谈吐要文雅，不说粗话、脏话；与人交谈要谦逊、尊重对方，不盛气凌人；态度要亲和，对人要真诚，待人要和气，举止要端庄；要做到内在真心诚意，外在彬彬有礼，注意举止的规范，注重行为美。

礼貌是礼仪中必须遵守的基本道德规范，它反映了一个人的内在修养和素质，更能体现社会的文明程度。谦恭有德的礼貌是一种无形的约束力，促使每位社会成员都自觉调整行为，以适应社会文明的要求，顺应社会的发展。

（二）礼节

礼节是人们在日常交往中相互问候、致意、慰问以及给予必要协助和照料的惯用形式。礼节是礼貌在行为语言方面的具体表现。比如，服务行业都倡导微笑服务，商业巨头沃尔玛又进一步细化了标准，规定了"三米六齿"，将微笑服务的礼貌行为变为具体可实施的标准礼节。

礼节是礼仪中不可或缺的道德准则。问候、引导、鞠躬、握手等均属于礼节的表现形式。"百里不同风，十里不同俗"。各民族、国家的礼节不尽相同，也体现着自身的地域特色。践行礼节是恭敬人的善行，也是行万事的通行证。人与人交流感情，事与事维持秩序，国与国保持常态，皆有礼节从中周旋的力量。

（三）仪表

仪表是个人的整体外在形象，包括仪容、服饰、仪态等。仪容主要是面容修饰、发型发式、肢体修饰，服饰是指服装、鞋袜、饰物等，仪态是指面部表情、体态动作、行礼方式等。比如饭店服务人员服装要整洁、干净，女服务员要化淡妆，男服务员要面容清爽。

仪表是礼仪的重要组成部分，在人际交往中，仪表会引起交往对象的特别关注。只有整洁、干净的仪表才能给对方留下良好的第一印象，从而开启双方愉快的合作之旅。

（四）仪式

仪式是在一定场合举行的具有特定程序和流程的礼仪活动。比如，政务场合的迎宾仪式、升旗仪式、阅兵式等，商务场合的开业剪彩仪式、签字仪式，社交场合中的婚庆仪式、寿筵庆典仪式等。

仪式是礼仪的重要元素，在举办仪式时，要遵循严格的规范与程式，在规模和层次上明显要高于礼节。特定的仪式有助于增强人们对群体的认同感和归属感，赋予事件正式感和权威感。

二、礼仪的构成要素

礼仪是一门系统而完整的应用学科。从基本结构看，它是由礼仪意识、礼仪行为和礼仪习惯等因素构成。从意识到行为再到习惯，既是礼仪发生作用的过程，也是礼仪产生社会影响的过程，由此构成了礼仪的动态结构。

（一）礼仪的灵魂——礼仪意识

礼仪意识是人们对于礼仪的认识理解和观念认知。心理学家说，"思想决定行为，行为决定结果"。例如，常在酒店用餐的人士会有两种体会，一种是顾客不用费心，整个进餐进程非常顺畅，乃至还会产生意外的欣喜；另一种是顾客总找不到服务员，服务中总是出现过失，使人内心不快，乃至产生投诉。二者的差别在于是否用心服务。

如何用心服务呢？解决服务人员的职业思想和服务意识是第一要务。对后者，管理职员进行处理时，一般依照酒店的规章制度，出正告单，必要时予以罚款，同时抚慰好客人，一件投诉就算处理完了。然而事实上，服务人员只是得到了制度上的处罚，工作观念是否正确、服务意识有没有偏差、劳动思想是否散漫等才是真正的根源。因此，解决服务质量的关键，在于抓准员工的思想意识，警省其思想，触及其灵魂。只有这样，才能治本。

（二）礼仪的表现——礼仪行为

礼仪行为是礼仪意识的具体表现，是个人和社会群体在日常活动中的外在行为规范。《礼记·冠义》中说："礼义之始，在于正容体、齐颜色、顺辞令。容体正、颜色齐、辞令顺，而后礼义备"。例如，导游作为与游客直接接触的服务人员，其行为决定着游客对此次行程的满意程度。

如何提升游客的满意度呢？从个人仪容、举止、服饰、谈吐到交际中的称呼、介绍等，都是礼仪行为的具体体现。因此导游人员与游客交往中要言行有度，善于使用礼貌用语，说话时配合相应的面部表情。仪容服饰整洁也是制胜的关键。优秀的内在修养和得体的礼仪行为结合，才能由内而外地表现出良好的个人素质和企业风范。

（三）礼仪的秩序——礼仪习惯

礼仪习惯是在礼仪意识沉淀和礼仪行为固化的基础上形成的秩序。培根说："习惯是一种顽强而巨大的力量，它可以主宰人生。"，礼仪在习俗的基础上形成，并在意识的层次上升华，在行为的基础上提高，最后成为社会的习惯行为。

例如在国际交往中，国际礼仪通则要求：入乡随俗，对交往对象特有的宗教、习俗、历史、语言等文化在说话、举止上予以理解尊重；以右为尊，在国际交往中，各类外交活动、商务往来、文化交流、社交应酬、私人交往等凡是涉及位置排列时，原则上都应遵循右尊左卑、右高左低的原则。当我们按照这些礼仪观念去做的时候，我们的行为就已经成为礼仪习惯。礼仪行为一旦形成习惯，即从有意识层面上升到了无意识层面，就会在交往场合自如运用、进退有度。良好的礼仪习惯是人际关系的润滑剂，为我们与他人的愉快合作奠定基础，能让我们受用终生。它是无形的个人资产。

任务二　理解服务的内涵与外延

当今是服务型社会，随着行业竞争不断加剧，人们意识到了服务的重要性。对客户而言，被服务环绕的产品才更有价值。旅游业作为现代服务业的重要产业，服务更是其核心产品。旅游服务人员与旅游者的关系便是通过服务联系起来的。对服务有正确的理解与认识，才能形成良好的服务意识。

情境导入

餐厅坐着几位客人，其中一位像是主人的先生拿起一份菜单仔细翻阅起来。服务员小李上完茶后，便站在那位先生的旁边，面含微笑地等待先生点菜。那位先生先点了几个冷盘，接着有点犹豫起来，似乎不知点哪道菜好，停顿了一下，便转向小李说："小姐，请问你们这儿有些什么海鲜菜肴？"小李有点回答不上来，"这就很难说了，本餐厅海鲜菜肴品种档次各有不同，价格也不同，再说不同的客人口味也各不相同，所以很难说哪个海鲜菜特别好。反正菜单上都有，您还是看菜单自己点吧。"小李的一席话说得似乎头头是理，但那位点菜的先生听了不免有点失望，只得应了一句："好吧，我自己来点。"于是，他随便点了几个海鲜和其他一些菜肴。

当客人点完菜后，小李又问到："请问先生要什么酒水和饮料？"客人答道："青岛啤酒吧。"接着客人又问："饮料有哪些品种？"小李一下子来了灵感，忙说道："本餐厅最近进了一批法国高档矿泉水，有不冒汽的 eviau 和冒汽的 perrier 两种。""矿泉水？"客人听了感到意外，看来矿泉水不在他考虑的饮料范围内。"先生，这可是全世界最有名的矿泉水呢。"客人一听，觉得不能在朋友面前丢了面子，便问了一句："那么哪种更好呢？""那当然是冒汽的那种好了！"小李越说越来劲。"那就来10瓶冒汽的法国矿泉水吧。"客人无可选择地接受了小李的推销。

当客人结账时一看账单，不觉大吃一惊，原来1 400多元的总账中，10瓶矿泉水竟占了350元。他不由得嘟囔一句："矿泉水这么贵呀！""那是世界上最好的法国名牌矿泉水，卖35元一瓶，是因为进价就要18元呢。"收银员解释说。"原来如此，不过刚才服务员可没告诉我价格呀。"客人显然很不满意，付完账后便很快离去。

问题：
1. 服务员小李在服务过程中有哪些不当之处？
2. 如果你是服务员小李，你会如何去做？

一、服务的内涵

(一)服务的本质

社会学意义上的服务,是指为别人、为集体的利益而工作或为某种事业而工作,如"为人民服务"。经济学意义上的服务,是指以等价交换的形式,为满足企业、公共团体或其他社会公众的需要而提供的劳务活动,它通常与有形的产品联系在一起。众多学者都对服务下过定义。1960年,美国市场营销协会(American Marketing Association,AMA)最先给服务下的定义为:"用于出售或者是同产品连在一起进行出售的活动、利益或满足感。"这一定义在此后的很多年里一直被人们广泛采用。1974年,斯坦通(Stanton)指出:"服务是一种特殊的无形活动。它向顾客或工业用户提供所需的满足感,它与其他产品销售和其他服务并无必然联系。"1983年,莱特南(Lehtinen)认为:"服务是与某个中介人或机器设备相互作用并为消费者提供满足的一种或一系列活动。"1990年,格鲁诺斯(Gronroos)给服务下的定义是:"服务是以无形的方式,在顾客与服务职员、有形资源等产品或服务系统之间发生的,可以解决顾客问题的一种或一系列行为。"当代市场营销学泰斗菲利普·科特勒(Philip Kotler)给服务下的定义是:"一方提供给另一方的不可感知且不导致任何所有权转移的活动或利益,它在本质上是无形的,它的产生可能与实际产品有关,也可能无关。"

综上,服务的本质可以理解为一些人根据他人的意志和要求而进行的某种活动。可以从以下几个方面理解。第一,可以把社会组织(简称组织)纳入服务的对象中。第二,自我也可以成为服务的对象,阿尔文·托夫勒(Alvin Toffler)更是把以自我服务形式为主要内容的"产消合一"模式作为当代社会经济的主要领域。第三,考虑到服务的对象性,可以把满足个人或组织的需要作为服务的内容。而在旅游活动中,旅游服务人员借助各种有形的设备,为满足游客的正当需求而做出的种种行为,统称为服务。

(二)服务的"特别之处"

有形的设备被称为"硬件",服务则常常被称为"软件"。它往往呈现出与"硬件"的不同之处。明确服务的特点,也是对服务内涵的进一步理解。

1. 无形性

服务是由一系列活动所组成的过程,而不是实物。这个过程人们不能像感觉有形商品那样看到、感觉或者触摸到服务。在购买服务之前,它既看不见,也无法了解其质量。消费者消费服务后所获得的利益,也很难被察觉。例如,人们很容易感受到酒店床的舒适度,却很难对客房服务做出"有形"的评价。

2. 差异性

服务的差异性主要是由服务人员和消费者之间的相互作用以及伴随这一过程的所有变化因素所导致的。服务质量不仅取决于服务提供商,也取决于服务提供商不能完全控制的许多其他因素,如消费者对其需求清楚表达的能力、服务人员满足这些需求的能力和意愿、其他消费者的到来以及对服务的需求程度。由于存在多种影响因素,服务提供商无法确知服务是否按照原来的计划和宣传的那样提供给顾客,有时候服务也可能会由中间商提供,那就更加大了服务的差异性,因为从消费者的角度来讲,这些中间商提供的服务仍代表服务提供商。

3. 不可分离性

服务的生产过程与消费过程同时进行，顾客只有加入服务的生产过程才能最终消费到服务。例如，在酒店享受的热情服务，在旅游景点体验的导游讲解服务等，都是在服务提供的同时，消费者即时享受的。

4. 不可贮存性

由于服务的无形性和不可分离性，服务不可能像有形产品一样贮存起来，以备未来销售。若服务不能在生产时即时消费，不能通过消费者的购买得到体现，其价值将不复存在。例如，酒店客房一晚的住宿价值，如果不能在当天通过客人的购买得到体现，其当日的价值就消失了。

二、服务的外延

随着社会的不断进步，服务的外延也在不断拓展，体现在服务的层次不断提高。高层次的服务定位，使得服务建立在高标准之上。只有这样，才能使服务达到更高境界。

（一）标准化服务

标准化服务是指在提供服务时，将服务内容、流程、标准进行量化规范，采用标准化操作方式为客户提供相同质量水准的服务。标准化的服务可以保证服务品质的稳定，避免因服务差异带来的不良客户体验。

标准化服务可以更好地获得客户的理解和信任，提升企业的知名度和美誉度。我们都有过类似体会，购买产品时一旦发现哪家的服务比较好，就会重复光顾那里并最终成为其忠诚客户。因此，标准化服务还具有强大的口碑传播效应，吸引越来越多的新客户。消费心理调查显示，客户常常会把自己享受过的高品质服务记在心上，并且把自己难忘的经历分享给身边的朋友和家人。

旅游涉及食、住、行、游、购、娱等多种要素，旅游产业覆盖多个行业。旅游标准化属于服务标准化范畴，主要对象是对服务质量的标准化。对于提高行业管理水平，树立行业管理的权威以及拓展行业管理的范围都有推动作用，也促进了中国旅游业与国际接轨，大大提升了整个中国旅游业产业素质。

📖 互动研讨

标准化让旅游竞争回归核心品质

在国际旅游界，导游被称为"旅游业的灵魂"，一名好的导游会带来一次愉快之旅，否则，必定费钱又费心。不过，导游并没有想象中的那么美好，甚至一被提及，就"等价于"宰客欺客、强制消费、甩团谩骂等负面形象。如何解"导游之痛"，成了一道业界难题。

针对此，2016年5月，国家旅游局在多地启动了线上导游自由执业试点工作。近日，三亚的97名导游开始接受网上预约。不仅仅是"互联网+导游"，最近，旅游业的净化之风还吹向了一些"老问题"，比如不合理低价游。国家旅游局就此约谈了阿里旅游、去哪儿网等在线旅游企业，要求对所经营的不合理低价游进行整改。

一边是试水"网约导游",让共享经济的模式进入旅游市场;一边是坚决对旅游顽疾下猛药、常清理。旅游行业的"除旧布新",让导游执业渠道更加多元化,让游客个性化需求和自主性选择更易满足,就是意在实现真正的放心游、满意游、幸福游。

旅游乱象之所以频繁成为舆论焦点,旅游问题之所以常说常新,与品质需求紧密相关。这种关联性,不只表现为财富收入的增长、生活选择的多元,更表现为对服务、标准的高要求。如果前者促使人们更有条件走出去加入"驴友大军",那么后者就是对旅游市场的筛选、对旅游水准的"倒逼"。从根本上说,服务好不好、品质高不高、口碑硬不硬,决定了游客如何选择,也决定了市场能否健康发育。在这个意义上,不管是导游执业的"互联网化",还是价格合理的品质出行,都要让旅游回归品质,回到以产品和服务作为核心竞争力的轨道上来。

"品质旅游,理想消费",但品质终究是个概念,如何让概念看得见、摸得着、感受得到,才是最实际的旅游红利。打造旅游产品、提升旅游品质,一个关键因素就是标准化建设。旅游的标准化建设不是样板化工程,也不是抑制旅游景区多元、特色地发展,更多的是为旅游服务提供一个操作指南,为游客评价提供一个有依据的参照系,为监管部门处理相关投诉及实施行业管理提供一个应对机制。2015年国办印发的《关于进一步促进旅游投资和消费的若干意见》中就提出,着力改善旅游消费软环境,建立健全旅游产品和服务质量标准,健全旅游投诉处理和服务质量监督机制。换言之,推进旅游标准化,是提升服务品质的要求,也是提升人们生活品质的要求。

旅游服务是无形的,产品是有形的,它们共同决定了企业的核心竞争力,也是极为重要的"供给侧"。一位业内人士曾说,一个地方旅游资源再好,如果没有优异的服务质量和优质的旅游环境,其形象和效益会大打折扣。随着旅游业的快速发展,线上线下的旅游服务机构越来越多,开发出来的旅游产品也不少,看似种类全、花样多,但同质化严重、旅游体验下降,简单复制、价格竞争已难成为争夺客源的良策。未来,谁能在旅游供给上做好文章,谁就能赢得游客信赖,也能很大程度上化解游客对旅游业的"选择无力"和"信任危机"。

身体和心灵,总要有一个在路上。罗素曾在自传中写道,"自己并不是个天生快乐的人……现在,相反的,我热爱生活。"与哲学家读书学习的解脱之道相比,旅行是多数普通人打开兴趣世界、卸载烦恼、提升幸福感的路径。以游养心,不仅是游客"用脚投票",更是包括旅游业在内的整个社会需要呵护的"诗与远方"。

——2016年10月31日《人民网-观点频道》

头脑风暴: 你认为"旅游的标准化建设"是样板化吗?谈一谈自己的见解。

(二)细节化服务

细节化服务是在规范化服务的基础之上将每个细节做到位,做到极致。"泰山不拒细壤,故能成其高;江海不择细流,故能就其深",大礼不辞小让,细节决定成败;立足平淡,认真做好每个细节,精彩终将不期而至,这就是细节的魅力。作为服务行业的从业人员,几乎每天都在讲"服务无止境"。细想起来,所有这些"无限"都体现在细节上。细节出口碑,细节出真情,细节出效益,细节是企业制胜的法宝。规范的服务可以让客户满意,但只有细节的服务才会温暖客户、感动客户。

在客户服务中有一个著名的公式：100-1＝0。它揭示了一个真理：服务的不可储存性和不可替代性，决定了服务中的每个细节都不能出错，因为任何一个环节的失误都会导致整体服务的失败。比如，当我们在一个饭店等候就餐时，看到服务人员端盘子的手留着长指甲，隐约还可见到残留的污垢，顿时胃里翻江倒海，没了食欲；对比在另一个饭店里，我们向服务员询问是否有勺子，服务员马上为我们拿来勺子，并且是包在雪白的餐巾中递过来，瞬间我们就会对这家餐厅充满好感。

细节服务没有止境，真要做好绝非易事。很多时候需要掌握时机，灵活应变，见缝插针，因而服务人员要牢固树立"服务无小事"的服务意识，具备过硬的服务技能。

在服务工作中关注每个细节，洞悉并满足客户的需求，能带给客户满意和惊喜，也必定能赢得客户的信赖和忠诚。蝴蝶效应告诉我们，细节虽小，却能影响到整体。细节服务源于服务人员主动的服务意识和用心的观察，源于每个环节上都为客户着想。只有将服务做到细处，让客户在不经意间感到温馨、贴心，才能体现服务实力，赢得客户忠诚。

（三）个性化服务

个性化服务属于服务的最高境界，是在满足客户普遍需求的基础上，进一步满足某个客户群体或个别客户的特定需求。消费者的观念及需求不断向高级阶段发展，已从原有的数量消费向质量消费转变，追求个性化消费。传统的服务模式已经不再适应需要，"服务因需而变"必然成为新的发展趋势。

每个客户都有不同的成长环境、教育背景、生活经历，用常规服务模式去服务所有客户，并不会获得相同的客户满意度。例如，酒店中设置儿童客房和老年人客房；涉外酒店在确定菜谱时，综合考虑客人的地域风情和生活习惯，既准备有本地特色的菜肴，又能保证让客人吃到正宗的家乡菜。细节既迎合了客人的心理，又体现出服务的个性化。人与人之间在需求标准上所体现出来的差异性，要求我们必须能够洞察需求、抓住需求，有针对性地为客人提供所需服务。

与标准化服务注重规范和程序不同，个性化服务强调的是服务超前一步和有的放矢。个性化服务表现了对每位客户需求的尊重，也真正体现了服务的内涵：让每位客户都获得满足感和尊重感。

📖 **学习小贴士**

个性化服务的独特之处

1. **主动性**：员工应主动地对顾客的需求做出反应。
2. **差异化**：针对客人的消费偏好、生活习俗提供特殊的服务。
3. **超满足性**：为了使顾客成为某一品牌的忠实拥护者，就必须使其得到100%＋N%的满意度。这额外的N%就是个性化服务。
4. **灵活性**：针对不同的时间、场合、顾客，灵活而有针对性地提供相应的服务。
5. **情感性**：注重情感投资，重视顾客的心理感受，尽最大的可能满足客人提出的要求，使顾客感到心灵的满足与放松。

学以致用

学有所思

1. 如何理解礼仪的内涵?
2. 礼仪的构成要素有哪些?
3. 如何正确理解服务的内涵?

实战演练

服务员在某宴会厅为客人服务的过程中,发现一位女性客人将餐桌上的银质器具用纸巾包好放到了随身的皮包中。集思广益,为这名服务员想一想,应如何解决这一问题?

项目二　旅游服务礼仪的功能与实践

学习目标

1. 理解旅游服务礼仪在现代服务业中的作用。
2. 掌握旅游服务礼仪的培养途径。
3. 掌握旅游服务礼仪的基础心态。

任务一　理解旅游服务礼仪的功能

旅游服务礼仪，是指旅游服务人员在对客服务过程中所遵循的行为规范和处世准则，通过语言、动作，以约定俗称的方式表现出对他人的尊重与友好的行为。明末清初思想家颜元曾对礼仪做过以下评价："国尚礼则国昌，家尚礼则家大，身有礼则身修，心有礼则心泰。"以礼待客、讲究礼貌与礼节不仅是服务人员的必备素质，更是优质服务的重要组成部分。

情境导入

某个雨夜，某酒店接待员正紧张有序地为一批误机团队客人办理入住登记手续，在大厅的休息处还坐着五六位散客等待办理手续。此时，又有一批误机的客人涌入大厅。大堂经理小刘密切关注着大厅内的情景。"小姐，麻烦您了，我们打算住到市中心的酒店去，你能帮我们叫辆出租车吗？"两位客人从大堂休息处站起身来，走到小刘面前说。"先生，都这么晚了，天气又不好，到市中心去已不太方便了。"小刘想挽留住客人。"从这儿打的士到市中心不会花很长时间吧，我们刚联系过，房间都订好了。"客人看来很坚决。"既然这样，我们当然可以为您叫车了。"小刘有礼地回答道。她马上叫来行李员小秦，让他快去叫车，并对客人说："我们酒店位置比较偏，可能需要两位等一下。我们不妨先到大堂，好吗？""那好吧，谢谢。"客人被小刘的热情打动，然后和她一起来到大堂休息处等候。

天已经很黑了，雨仍然在不停地下，行李员小秦始终站在路边拦车，但十几分钟过去了，也没有拦到一辆空车。客人等得有些焦急，不时站起身来观望有没有车。小刘安慰他们说："今天天气不好，出租车不太容易叫到，不过我们会尽力而为的。"然后又对客人说："您再等一下，如果叫到车，立马通知您。"

又过了15分钟，车还是没叫到。客人走出大堂，看到在风雪中站了30多分钟，脸已被冻得通红的行李员小秦，非常抱歉地说："我们不去了，你们服务这么好，我们就住这儿吧。"还有一位客人亲自把小秦拉进了前厅。

问题：你认为是什么原因使两位客人最终选择该酒店？

一、约束功能——规范行为、提升个人修养

（一）规范旅游服务人员的行为

在社会生活中，当不文明、不道德的行为无法通过行政或法律手段干预时，需要依靠约定俗成的道德规范等去引导与约束。礼仪对不文明、不道德的行为有很强的约束作用。

在旅游服务工作中，旅游服务人员同样会受到旅游服务礼仪的约束。一方面，礼仪作为道德的载体影响着从业人员的意识与态度，进而约束他们的行为；另一方面，旅游服务礼仪中具体行为准则可以规范和约束从业人员在服务工作中的行为。当一名旅游服务人员受到外界因素或自身主观意识的影响，可能做出不文明行为时，道德标准就会起到约束作用，让他有判断是非曲直、辨别善恶美丑的能力。例如，一名懂得旅游服务礼仪规范的人，会明白破坏集体荣誉不可取、违规操作会受到批评、工作态度不端正会受到指责等。

（二）提升旅游服务人员的自身修养

众所周知，礼仪是衡量一个人文明程度的准绳，能够体现出一个人的气质风度、精神风貌等。通过一个人对于礼仪的运用程度，可以了解其教养水平、文明程度及道德水准。孔子曾说："质胜文则野，文胜质则史。文质彬彬，然后君子。"因此，旅游服务人员学习和运用旅游服务礼仪，有助于提升自身修养，从而提高旅游服务工作的质量。

由此可见，在旅游服务工作中，只有自觉接受旅游服务礼仪约束的人，才符合旅游业的从业要求。若不能遵守礼仪要求，我行我素，最终会被旅游业甚至社会淘汰。

二、沟通功能——维系关系、增进情感交流

（一）维系旅游服务人员与旅游者的旅游服务关系

人们在社会交往中会产生各种关系，如经济关系、政治关系和道德关系，这三者构成了人们的社会基本关系。在人际交往中，无论是何种关系，礼仪都起到了"润滑"的作用，维系着人与人之间的沟通与交往。因为交流双方只有符合"礼仪"的基本要求，才可能进行正常的交流。

在旅游服务工作中，旅游服务人员与旅游者之间的服务关系，便是通过一定的旅游服

务礼仪去维系。若缺少了旅游服务礼仪，显然服务工作是无法完成的。

（二）增进旅游服务人员与旅游者的情感交流

热情的问候，友善的目光，亲切的微笑，文雅的谈吐，得体的举止等，都可以唤起人们的沟通欲望，建立彼此的信任与好感。拥有良好的旅游服务礼仪使得旅游者愿意与旅游服务人员继续沟通，加深了彼此的情感交流，有助于旅游服务工作的顺利完成。

三、调节功能——协调关系、化解矛盾纠纷

（一）协调服务关系

旅游是一种社交活动，良好的关系是维系旅游社交活动的重要方面。旅游服务礼仪作为一种规范、程序，对人们的关系模式能起到稳定、维护和调节的作用。旅游服务礼仪所调节的人际关系对象以个体居多，个体之间的人际关系比较陌生、松散、脆弱，容易出现戒备心理和心理隔阂。而旅游服务礼仪是一种行之有效的调节手段，可以增进旅游服务人员与旅游者之间的认知和了解，快速缩短人与人之间的心理距离，通过相互的尊敬关心、理解包容，建立起愉快融洽的合作关系。

（二）化解矛盾纠纷

旅游服务人员每天面对形色各异的旅游者，由于职业、年龄、素质、宗教信仰等方面的不同，旅游者对服务质量的要求比较个性化，无论旅游服务人员的工作如何出色，都难免出现纠纷。无论是什么原因，有礼有节地进行处理都是第一原则。如果是旅游服务方的问题，要主动向旅游者道歉，尽快妥善地处理；如果是旅游者的问题，切不可得理不饶人，要先耐心听其讲完，再有礼貌地解释说明。在任何情况下，旅游服务人员与旅游者争吵都只会激化双方的矛盾，解决不了问题。

四、塑造功能——展示形象、提供优质服务

（一）展示良好的形象

对于旅游企业来说，旅游服务礼仪是企业的价值观念、道德观念、员工整体素质的体现。服务礼仪有助于树立旅游企业的良好形象，进而为企业带来巨大的经济效益。对于旅游行业来说，旅游服务礼仪也是该行业直接有效的展示窗口。良好的旅游服务礼仪，能直接或间接地给旅游者或延伸的社会其他成员展示旅游带给人们的愉悦，传递着旅游业的各种服务信息，从而推动旅游业的发展。

（二）提供优质的服务

在当前激烈的旅游市场竞争中，一个旅游企业生存与发展的关键是优质服务。研究表明，在旅游企业硬件设施相同的情况下，优质旅游服务的主要要素是服务意识与态度。

因此，树立旅游服务人员的职业心态、服务意识，规范旅游工作者的仪容仪表、服务用语、服务流程，能使旅游服务进一步系统化、细节化、个性化，以便最大限度地满足旅游者的各种需求，为旅游企业创造可观的经济效益。良好的旅游服务礼仪是提供优质服务的重要途径。

> **学习小贴士**
>
> 旅游服务礼仪的特殊意义
>
> 1. 讲究服务礼仪是精神文明建设的需要
>
> 旅游行业讲究服务礼仪，一来可以体现我国社会主义精神文明建设的成果，二来可以展示我国公民的精神风貌，三来可以传播文明的种子，四来可以在实践中培养"四有"旅游从业者队伍。
>
> 2. 讲究服务礼仪是构建和谐社会的客观要求
>
> 旅游业涉及面广，人员复杂，环境多变，容易产生矛盾和纠纷。这一特点，客观上要求旅游行业从业人员要讲究服务礼仪，融洽人际关系。同时，旅游行业有着礼貌服务的优良传统，旅游企业加强服务质量管理，落实服务礼仪要求，有助于为旅游者营造愉悦的环境，让旅游者满意。
>
> 3. 讲究服务礼仪事关旅游业的兴衰
>
> 随着我国改革开放的深入和经济社会的发展，旅游业一方面得到了迅猛发展，另一方面面临着更激烈的竞争，而加强竞争力的关键就在于提升旅游服务质量。因此，讲究服务礼仪，为旅游者提供优质服务，对旅游企业的生存与发展有着决定性意义。当前，随着我国对外开放的进一步扩大，国际交往日趋频繁，来华旅游的外宾越来越多，为这些宾客提供优质服务，对于促进我国旅游业的发展，提升我国国际形象，具有十分重要的意义。

任务二　旅游服务礼仪的实践

旅游服务礼仪是旅游服务人员在我国礼仪的基础上，通过旅游工作和生活中的实践而形成的。系统的旅游礼仪在旅游工作中指导着旅游服务人员为旅游者提供服务的行为，也指导着旅游活动中旅游服务者之间、旅游服务者与旅游者、旅游者与旅游者之间在交往时的行为。因此，旅游服务礼仪是一门实践艺术，只有不断加强修养，才能更好地将理论应用于实践，展现出良好的旅游服务礼仪。

情境导入

某景点售票处员工小王到了换班时间便离开了工作岗位，他出门后还没有走出景区门口，便将刚刚用过的纸巾扔到了地上。此时，有的游客皱着眉看着他，景区的清洁工也上来打招呼，告诉他："垃圾桶就在前面，怎么随意就扔在地上了，你还是景区员工呢。"此时，小王回复说："我已经下班了，平时在工作岗位上我又没有这样。"景区的清洁工没有再说什么便默默捡起垃圾，不再搭理小王。

问题：你对于小王的做法有什么看法？

"修养"不是先天形成的，而是通过有意识地学习、仿效、养成而逐步形成的。旅游服务人员可以通过以下途径加强修养，在实践中更好地运用服务礼仪。

一、臻于极致、树立信念

礼仪是人们精神内涵的外化表现。一方面，若没有对礼仪精神内涵的正确认知，就不能产生积极的道德情感以及正确的道德判断能力，进而影响礼仪的外在表现。另一方面，礼仪的外在表现程度也能反映人们内在的道德水平。所以旅游服务礼仪不能"徒有其表"，而是以此为起点，通过臻于极致的旅游服务实践活动，将服务礼仪内化成为自身的道德品质，树立起内心的道德信念。

二、循序渐进、方得始终

旅游服务礼仪的提升不是一蹴而就的，需要按照一定的顺序逐步深入。对于一些规范、要求，只有反复运用和体验，才能真正掌握其精髓。要以积极主动的态度，坚持理论联系实际，将自己学到的礼仪知识积极应用于社会实践的各个方面。要在旅游职业岗位、家庭、社会等场合，时时、处处自觉地从大处着眼、小处入手，以礼仪的准则来规范自己的言谈举止。要多实践，不怕出"洋相"，通过各种人际交往的接触强化，不断锻炼、提高自己的修养。

三、自律他律、相辅相成

自律即支配人的道德行为的道德意志完全由自己的理性所决定，而不受制于外部必然性；与此相反，他律即支配道德行为的道德意志受制于外部必然性而非由理性自身决定。两者不是矛盾的而是相辅相成的。古人强调"吾日三省吾身"，说明提高个人修养必须注意反躬自省。但"自律"是通过"他律"逐步获得的，"没有规矩不成方圆"说的就是这个道理。所以，旅游行业相关企业制定必要的规章制度，发展健康的言论，形成良好的文化氛围，对于引导旅游服务人员规范自身行为、克服不良的行为习惯、逐步提高自我约束和自我克制的能力是十分必要的。

四、广泛涉猎、博闻多识

广泛涉猎科学文化知识，使自己见多识广，能够提升自身的综合素质。一般来说，修养良好的人思考问题周到，处理问题得当，鉴赏能力较强，能够更好地展现自己的礼仪。因此，旅游服务人员不仅要掌握旅游行业相关知识，更要及时更新科学文化知识，正如苏轼所说"腹有诗书气自华"，这样在对客服务中便能展现良好的形象。

五、提纲挈领、取其精华

旅游服务礼仪的内容纷繁复杂，若想逐条记忆是不可能的，而且由于服务的差异性，旅游服务人员每天面临的状况也千奇百态。只有抓住旅游服务礼仪的重点，掌握其精华部分，才能更好地在旅游服务实践工作中运用。如"以右为尊原则"适用于整个交际活动，"TPO原则"是在局部交际活动中必须遵守的着装原则。这样以点带面，才能举一反三，最后卓有成效地提升修养。

任务三　掌握旅游服务礼仪的心态基础

狄更斯曾说："一个健全的心态，比百种智慧更有力量。"心态通俗来讲就是心理状态。服务心态是指服务人员在对客服务过程中体现出来的主观臆想和心理状态。服务人员的心态是否正确，会直接影响服务工作的态度，进而影响服务工作的质量。服务心态是可以通过培养、教育训练而改变的。心态的差异来源于认知层面的不同，只有认识深刻才能产生良好的服务心态。

情境导入

酒店员工小王因为一次服务失误遭到了客人的投诉。由于酒店有规定，受到投诉的频次与每月的绩效挂钩，小王觉得既然本月的绩效已经受到影响，干脆接下来的服务工作不用太认真，结果陷入恶性循环，到月底又收到了一次投诉。而且由于平时工作状态不佳，小王的部门经理也多次指出他需要改进的地方。

问题： 你认为小王的做法可取吗？在服务工作中遇到不顺利的情况应该如何处理呢？

总的来说，优秀的旅游服务人员应该具备以下四大基础服务心态。

一、阳光心态——快乐工作

旅游服务人员首先需要具备阳光的心态。阳光的心态就是把好的、正确的方面扩张开来，同时第一时间投入进去。唯有第一时间去投入才会唤起你的激情，唯有第一时间投入才会使困难变得渺小。一个企业、一家酒店肯定都有很多好的方面，也有很多不够好的地方，我们需要用积极的心态去对待。积极的人像太阳，走到哪里哪里亮；消极的人像月亮，初一十五不一样。某种阴暗的现象、某种困难出现在你的面前时，如果你去关注这种阴暗、这种困难，那你就会因此而消沉，但如果你更加关注着这种阴暗的改变、这种困难的排除，你会感到自己内心充满阳光，充满力量。同时，积极的心态不但使自己充满阳光，也会给身边的人带来阳光。

二、积极心态——自发主动

自发主动就是"没有人告诉你而你正做着恰当的事情"。在竞争异常激烈的时代，主动可以占据优势地位。工作、人生都不是上天安排的，而需要主动去争取。在企业中，很多事也许没有人安排你去做，如果你主动行动，不但锻炼了自己，同时也为自己争取相关的职位积蓄了力量。主动是为了给自己增加机会，增加锻炼自己的机会，增加实现自己价值的机会。企业只能给你提供道具，而舞台需要自己搭建，演出需要自己排练，能演出什么精彩的节目，有什么样的收视率，决定权在自己。

三、负责心态——尽职尽责

做好服务工作要有尽职尽责的心态。经典的员工读本《把信送给加西亚》为我们讲述了一个关于恪尽职守的故事：美国与西班牙战争爆发后，一个名叫罗文的人徒步走过一个危机四伏的国家，想尽一切办法将美国总统的信转交给了西班牙反抗军首领加西亚。罗文负责任的态度感动了每个人，以至于这本书在世界各国广为流传。这就是尽职尽责的心态。当我们能够积极主动承担起工作责任时，行为才会主动，行动才会更加有效。某个旅游网站的订房板块中有一则客户对某酒店的评价："房间设施还行吧，但可能是因为刚开业不久，有些地方还不是很好。再加上从地理位置上看有些偏，除了旅行社的游客住外好像没什么客人了。不过该酒店服务人员很热情并十分尽职，对该酒店的服务人员提出表扬！本人入住期间钱包曾不慎遗失在大堂，值班经理及时保存并归还于我，态度非常热情，下次还来！"通过这则评价不难看出，客户对于酒店设施和地理位置并不是十分满意，但服务人员尽职尽责的服务弥补了硬件的不足，依然让他成为忠实客户。

从上面的例子可以看出，有责任意识的服务人员，会表现出尽职尽责的服务行为。未来学家弗里德曼在《世界是平的》一书中曾说道："二十一世纪的核心竞争力就是态度。在旅游服务工作中，如果时刻保持尽职尽责的心态，可以为客户做得更多更好，也为企业在市场竞争的大潮中赢得更多的成功和机遇。"

四、尊重心态——合作共赢

孔子曰："礼者，敬人也。"一言以蔽之，服务的内涵是"尊重"。马斯洛需求层次理论将人的需求分为五种，从低到高分别是生理需求、安全需求、情感和归属需求、尊重需求以及自我实现需求。需求理论指出了尊重需求的重要性。当人们已经有生存、安全、爱等方面的满足感时，便会产生尊重的需求。尊重是一种礼貌的行为，更是个人修养的体现。孟子曰："爱人者，人恒爱之；敬人者，人恒敬之。"在人与人的相处中，一个懂得尊重别人的人必定会得到尊重。

在旅游服务中，被人尊重的需求可以说是客户精神层面的终极需求。在人际交往中应该尊重服务和交往的对象，因为只有人人以礼相待、互敬互谅，才能营造和谐的交往关系。但仅仅内心有所尊重是不够的，因为"礼"是无形的道德准则，所以尊重应做到"诚于中而形于外"，将无形的尊重化为有形。尊重可以体现在仪容仪态上，比如整齐的着装、亲切的微笑；可以体现在语言行为上，比如温馨的问候、及时的协助。通过这些有形的行为，服务对象便能够感知到重视和尊敬，感受到服务的规范和优质。

学 以 致 用

学有所思

1. 旅游服务礼仪的价值体现在哪？
2. 如何提升旅游服务礼仪水平？
3. 作为旅游服务人员应具备哪些基础心态？

实战演练

1. 分组设计旅游服务场景，要求体现提供旅游服务的过程及尊重游客。
2. 每组进行表演，其他各小组进行点评，并评选出"旅游服务之星"。

项目三 旅游服务礼仪的相关理论

学习目标

1. 掌握社会心理学中的符号相互作用理论、角色理论、社会认知理论及社会交换理论。
2. 掌握人际交往中"三A原则"、人际交往的规律和交往空间理论。
3. 掌握公共关系理论中形象塑造的理论，理解礼仪对形象塑造的重要意义。

任务一 了解旅游服务礼仪中的社会心理学理论

社会心理学研究个体和群体在社会相互作用中的心理和行为发生及变化规律。在旅游服务工作中，旅游服务人员要与客人建立良好的人际关系，才能提高客人的满意度。因此旅游服务礼仪中的社会心理学理论能够帮助旅游服务人员正确认识自己、洞悉他人心理，有利于良好宾客关系的建立。

情境导入

某餐厅服务员发现一位老人面前是空饭碗时，就轻步走上前，柔声说道："请问老先生，您还要饭吗？"那位先生摇了摇头。服务员又问道："那先生您完了吗？"只见那位老先生冷冷一笑，说："小姐，我今年70多岁了，自食其力，现在还没落到要饭吃的地步，怎么会要饭呢？我的身体还硬朗着呢，不会一下子完的。"

问题：请评价餐厅服务员的做法。

一、符号相互作用理论

符号相互作用理论认为，事物与个体间的相互影响，都靠符号及符号间的相互作用来实现。对于这种能传达某种意义的姿势，如动作、言辞等称作符号。人在行动时还会了解到群体多数成员的态度，或称"概括化他人"的态度，因此知道行动的限度，并在这个限度内自己进行"设计"，然后付诸实践。这种解释、定义和设计的思维过程，都是一种符号相互作用或符号操作的过程。

符号相互作用理论对于旅游服务人员对客服务的基本要求是能够根据不同服务情境选择适当的符号，并正确运用。具体来说，体现在以下两个方面。

(一) 符号选择——搭配得当

符号可以分为有声语言符号(口语)、无声语言符号(书面语)、有声非语言符号(语顿、重读等)、无声非语言符号(服饰、表情等)。在服务工作中，言语可以表达需求，服饰可以表达礼貌，微笑可以传递真诚，举止可以体现教养。一种信息，可以有多种表达方式；一种信息，也可以复合表达。因此，旅游服务人员可以根据特定情境选择多种符号进行服务。例如，对客服务时，要求旅游服务人员仪容符合"美"的要求，仪表得当，仪态端正等。

(二) 符号运用——正确恰当

旅游服务人员在选择适当的符号后，只有将符号正确且恰当运用才算完成交流与沟通，即服务工作顺利完成。例如，微笑服务作为重要的服务手段之一，有时却不能达到良好的服务效果，如客人遭遇某些特殊情况而心情不愉快时，服务人员如果依旧热情灿烂地进行微笑服务，可能会产生适得其反的效果。

互动研讨

热情服务招致投诉

"服务员，麻烦你订个双人房。"一对夫妻面色沉重地步入酒店。

"好的，您请稍等。您需要中档还是高档的客房？"

"中档的就可以，麻烦你快一点，我们很累。"宾客一脸不耐烦。

在一连串酒店的例行服务都被拒绝后，服务员再次为这对夫妻收拾房间时，脸上的微笑比以往更有亲和力，结果遭到了投诉。原来这对夫妻刚参加完母亲的葬礼从国外回来。

讨论：谈一谈该案例给你的启示。

二、角色理论

"角色"一词是指个人或人们在群体及社会中由于占据一定的地位而显示的态度与行为模式的总和，或所应履行的职责。角色理论认为，在社会中从事活动的人就像戏剧中扮演角色的演员，他要按剧情的要求说话、办事。为了顺利地实现沟通，人应该有能力扮演他人的角色，能站在对方的角度，以旁观者身份观察自身。只有在这种情况下，个体才能变成社会的人，能像对待客体那样对待自己，意识到自己言语和行为的意义，想象出其他人如何感受这些言语和行为。

角色理论对于旅游服务人员对客服务的基本要求是在提供服务之前，先确定双方角色，并进行适当的角色扮演，随着服务的渐进进行角色调整。具体而言，体现在以下三个方面。

(一) 角色采择——确定角色

角色采择是指关于自己和他人角色的设想。首先，角色理论所指导的旅游服务礼仪针对旅游服务人员。它指出，旅游服务人员在工作岗位上最需要为自己所扮演的角色定位，即确定自己的社会角色，而不是自己在生活中所扮演的角色。同时，还需要正确地判断顾客的角色。其次，角色理论所指导的服务礼仪也针对广大的顾客，在参与服务的过程中，顾客也应当扮演好自己的角色，如旅游者角色、病人角色等。同时，顾客也是服务的生产者和服务的兼职营销员，顾客要明确自己的顾客角色也在影响着服务体验质量。

(二) 角色扮演——设计形象

角色扮演指按常规的期望显示出来的行为，也就是个人按照他人期望采取的实际行动。角色理论认为，每个人在社会系统中处于一定的角色地位，周围的人按照社会角色的一般模式对他的态度、行为提出种种合乎身份的要求并寄予期望，这就是"角色期望"。一个人的态度、行为如果偏离了角色期望，就可能引起周围人的异议或反对。所以人们需要按照社会对自己所要扮演的既定角色的常规要求、限制和看法，对自己进行适当的形象设计。

对于旅游服务人员来说，为自己进行形象设计，实质上就是要求本人的角色定位更加具体化、形象化和明确化。旅游服务人员的角色应该是"服务于人"的。因此，在为自己做相应的形象设计时，就必须恪守本分，以朴素、大方、端庄、美观为第一要旨。在工作岗位上，旅游服务人员的所作所为都必须与这个形象相符，不得背道而驰。形象走在态度前面，态度走在能力前面，能力走在成果前面，有能力才能帮助别人。

(三) 角色冲突——不断调整

角色冲突指一个人进行角色扮演时不能保持和谐一致的情况。通常把角色冲突分为两类：角色间冲突和角色内冲突。角色间冲突往往与对不同角色提出不同的甚至矛盾的要求有关，个人不能同时满足所有这些角色的要求。旅游服务人员做好角色采择与角色扮演，可以避免这种冲突。角色内冲突通常与不同群体对同一角色的体现者提出不同的要求有关。

在旅游服务工作中，不同顾客的需求是不同的，同一顾客面临不同情况，需求也会不同，所以角色期望不是一成不变的。旅游服务人员对于自己与顾客所进行的角色定位并非一成不变，是需要不断调整的。例如，旅游服务人员对某顾客的了解需要一个过程，因此他对这位顾客的角色定位就会随着了解的深入而有所调整。

三、社会认知理论

社会认知理论认为，人们并不被动地面对世界中的种种事物，相反，他们把自己的知觉、思想和信念组织成简单的、有意义的形式。不管情境显得多么随意和杂乱，人们都会把某种概念应用于它，把某种意义赋予它。

社会认知理论对于旅游服务人员对客服务的基本要求是，能够理解服务礼仪的内涵，正确地认识自己、认识他人，消除不协调因素，避免认知偏差。具体以下面三个理论为指导。

(一)社会规范理论

社会规范理论认为,社会规范是在特定情境下某一群体成员都广泛认可的行为标准。其中一个特点是社会组织的需要。社会规范是由一定的社会组织提出的,因此具有鲜明的社会制约性。例如,企业、公司、商店是人们为了有效地达到特定目标而建立的共同活动的次级社会群体。社会组织要有效运转,就需要一定的规范来统一组织内成员的个体行为。当个体的社会行为符合社会规范时,便会得到社会肯定及赞许;当个体的社会行为背离社会规范时,就会受到社会否定及指责。社会规范的这种制约作用正是维持一个社会组织稳定、发展的前提。服务礼仪便是各服务行业人员出于对客人的尊重与友好,在服务中要注重仪表、仪容、仪态和语言、操作的规范。旅游服务人员要掌握服务礼仪的动作要领,更要深刻理解服务礼仪的内涵,从而提升服务质量。

(二)认知不协调理论

认知不协调理论包含两个认知要素:一是关于自身特点和自己行为的知识;二是关于周围环境的知识。改变认知不协调的办法主要有三种:一是改变与认知者行为有关的知识,以改变行为;二是改变与认知者环境有关的知识,以改变与环境的关系;三是增加新知识,全面接触新信息。旅游服务人员通过详细的产品介绍或服务介绍去加深顾客的相关认知,有助于促进消费行为的顺利完成,也可以通过完善服务环境,为顾客提供良好舒心的服务环境。同时,旅游服务人员自身也需要不断提升自我,通过不断学习服务知识以及积累服务经验为顾客带来新的服务体验。

(三)印象形成理论

印象形成指人们第一次遇见陌生人或在与之交往的早先阶段,产生是否喜欢他的感觉和对他的人格的认知,形成对某人的印象,是对此人人格的一种有组织、整合了的认知。这种组织和整合,取决于所了解的各种品质信息。然而在认知他人的过程中,由于心理、环境等因素的作用,对他人形象的形成往往会产生偏差,从而直接影响交际效果。因此,旅游服务人员有必要了解由于心理方面的原因所造成的一些常见认知偏差。

1. 晕轮效应

晕轮效应指人们在交往认知中,对方的某个特别突出的特点、品质掩盖了人们对对方其他品质和特点的正确了解。晕轮效应产生的原因,主要是片面地、固定地看待他人。此外,受一些传统观念的影响,人们总是按照一种固定的逻辑去推测事物之间的联系。晕轮效应会影响我们全面地认知他人,也会宽容、放纵一些人的缺点或错误。但是,在旅游服务工作中,可以适当利用人们的这种心理效应,突出表现自己某一方面的优势。例如,突出表现自己的热情、友善,展示自己出色的口才,使对方产生好感,取得对方的认同。当然,也需要注意,不要戴有色的眼镜看待顾客,避免以貌取人。

2. 首因效应

首因效应指交往双方形成的第一次印象对今后交往关系的影响,也即"先入为主"带来的效果。虽然第一印象并非总是正确的,但却是最鲜明、最牢固的,并且决定着以后双方交往的进程。如果一个人在初次见面时给人留下良好的印象,那么人们就愿意和他接近,彼此也能较快地相互了解,并影响人们对他以后一系列行为和表现的解释。反之,对于一个初次见面就引起对方反感的人,即使由于各种原因难以避免与之接触,人们也会对之很

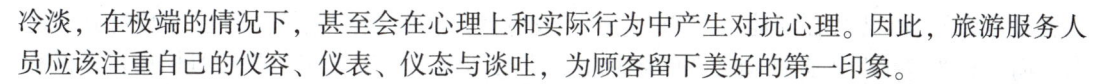

冷淡，在极端的情况下，甚至会在心理上和实际行为中产生对抗心理。因此，旅游服务人员应该注重自己的仪容、仪表、仪态与谈吐，为顾客留下美好的第一印象。

3. 近因效应

在交际过程中，相互间的了解往往来自最近的交往情况，从而掩盖了对一个人长期、一贯的了解，这就叫近因效应，也称末轮效应。在人们的知觉、印象中，对某一客观情况的了解是长期的，已过去的事物现象会随着大量新情况的出现，逐渐淡薄、消失，且最新的情报信息通常给人的印象较新、较深。如果没有辩证、发展的眼光，对人对事往往容易受近因效应左右，导致人际交往出现偏差。例如，现实生活中某人长期守本分地工作，并不为多数人所注目，但不久前刚因某一失误受到批评，便会引起舆论哗然，一些人可能会因此纷纷改变对这个人的一贯看法。在年终评奖或总结时，人们对某人印象最深的是最近刚取得的成就或受到的处分，并有可能受此印象影响而不能做出全面正确的评估。上述种种近因效应作用，影响人际间的正确了解和人际交往的正常发展。

因此，在旅游服务工作中，我们不仅要利用首因效应为顾客留下良好的第一印象，也应该明白"路遥知马力，日久见人心"，需要通过长期的良好表现来获得对方的认可。

4. 定式效应

人们根据过去的经验，往往会形成对某一类人的固定印象，并根据对方的某些特征不自觉地归入某一类，并做出肯定性的结论，这就是定式效应。人们在长期社会交往中，往往会根据自己主观认定的某些标准，对人进行习惯性的分类，在头脑中形成人的某些类型。例如，年轻人往往认为老年人保守、传统，老年人则往往觉得青年人举止浮躁、办事莽撞；教授、学者大多文质彬彬，工人、体力劳动者大多身强力壮。这种效应将阻碍对人的具体、全面的了解，造成人际交往中的不良影响。定式效应不仅对行为有一定的影响，还会产生泛化现象。如果我们对某人印象特别好，则这个印象会逐渐扩展到此人的其他特征之中，甚至他的缺点也可能被认为是优点。例如，说某人活动能力强，常常将这个人的溜须拍马、投机取巧，也看成是"社交能力强"。这种泛化现象有时在生活中还很普遍，对人际交往的危害很大。因此，旅游服务人员一方面要克服定式效应，避免以定式看待对方；另一方面，要规范自己的言行举止，避免对方这样看待自己，从而建立双方良好的人际关系。

> **互动研讨**
>
> **怎么是他**
>
> 王明和王亮是同一家酒店的员工。平日里，王明工作认真，积极肯干，富有爱心，多次被评为优秀员工。王亮对人对事都有些漫不经心，表现不突出。某天，有消息传来，该酒店有名王先生见义勇为，大家都认为是王明。最后，没想到英雄竟然是王亮，人们都在议论："怎么会是他呢？"
>
> **讨论**：为什么大家会有这样的想法？

5. 投射效应

在人际认知过程中，人们常常假设他人与自己具有相同的个性、价值观、兴趣、好恶等，把自己的所思所想推及别人，认为别人也具有同样的特征，这就是投射效应。投射效应就是常说的"以己之心度他人之心"。投射效应使人们想当然地按照自己的特性知觉他人，而不是实事求是根据被知觉者的客观情况进行知觉。投射效应使我们习惯用自己的标准去衡量别人的行为。比如，自己喜欢吃肉，不管别人习惯如何，就一个劲儿招呼别人吃肉；自己不喜欢的景点，不问客人意愿如何，就自作主张改变行程，这些都是投射效应的表现。孔子说："己所不欲，勿施于人。"我们应该克服投射效应的消极作用，正确认识自己，正确对待他人，尽量做到公正客观，实事求是，避免以自己的标准去评判他人，揣测他人。

四、社会交换理论

社会交换理论把社会互动看成是一种商品交换，人们之间的相互作用正是基于这种利益交换原则实现的。该理论认为，人们之间的相互作用取决于报酬及相应的成本，人们寻求报酬大于成本的行为关系，回避成本大于报酬的行为关系。"成本"是指互动的代价，是需要付出的东西，如体力消耗、放弃享受、时间花费等；"报酬"是指互动的益处，包括物质与心理上的满足等，常见的报酬有爱、钱、地位、信息、服务等。总的来说，就是看交往是使自己得到的多(报酬多于代价)，还是使自己失去的多(代价多于报酬)。当交换相对公平时交往就会顺利，相反，就容易产生矛盾。

在旅游服务工作中，顾客花钱消费，便会寻求商品或服务作为应有的交换报酬。社会交换理论对于旅游服务人员对客服务的基本要求是，能够尽量满足顾客的合理需求，使对方获得的报酬高于代价，可以在为顾客提供标准化服务的基础上，进行细节化服务与个性化服务，从而提升顾客的满意度。

任务二　了解旅游服务礼仪中的人际交往理论

旅游服务是在客人与服务人员的人际交往中完成的，交往过程有直接的，也有间接的。无论见面与否，服务人员要使客人满意，获得客人的称赞，必须获得服务对象的认可和欢迎。要提高服务质量，成为优质服务的明星，就必须了解人际交往的有关理论，提高与人交往的能力，掌握与人交往的技巧。

◆ 情境导入

小陈是一家酒店的餐厅服务员，态度热情，服务周到，客人评价很高。这天，一"夕阳红"旅游团来餐厅就餐。十人一桌，不分位次。小陈按顺序忙着为老年客人盛汤、添饭、分菜，不亦乐乎。突然，一位老先生将饭碗往桌上重重地一放，很生气地说："服务员，为什么总是最后才轮到我？我就该受到轻视吗？"小陈心里一惊，赶紧笑着对老人说："大爷，您别生气。您看压轴戏不总在最后吗？您很重要，我现在就为您服务，请您老吩咐。"

问题：谈一谈该案例给你的启示。

一、三 A 原则

"三 A 原则"是美国学者布吉林教授等人提出的。法则的内容是关于如何将对别人的友善通过三种方式恰到好处地表达出来，这三种方式分别指 Accept（接受他人）、Attention（重视他人）和 Admire（赞美他人），即"三 A"。

(一) 接受他人

接受他人要宽以待人、严于律己。最好的方法就是要站在对方的角度来思考问题，在肯定别人的同时尽量淡化自己。接受他人的三个要点：接受交往对象，接受交往对象的习俗、接受交往对象的交际礼仪。

1. 接受交往对象

旅游服务人员对于任何顾客都要热情相迎，不怠慢顾客、冷落顾客、排斥顾客、挑剔顾客或为难顾客。应该积极主动地热情接近对方、淡化彼此之间的戒备、增加彼此之间的信任，恰到好处地向对方展示友好之情。是否接受服务对象也是服务态度是否端正的体现。在工作岗位上，旅游服务人员尊重顾客就意味着尊重对方的选择。例如，为顾客服务时，切忌反复上下打量或翻着眼睛看对方，这样的眼神表示不接受或尊重对方。

同服务对象进行交谈时，服务人员一般不应当直接地与对方争辩、顶嘴。即使见解与对方截然相反，也要尽可能地采用委婉的语气表达，而不宜直接与对方针锋相对。绝不要用"你们这种人""您见过吗""谁说的，我怎么不知道""真的吗""有这么一回事吗""骗谁呀"这一类怀疑、排斥他人的话语去跟服务对象讲话。更不要任意指出服务对象的种种不足之处，特别是不应该明言对方生理、衣着上的某些缺陷。否则就等于是宣告自己不接受对方。

2. 接受交往对象的习俗

从风俗习惯这个角度来分析问题，凡是存在的，就是合理的，入国而问禁，入乡而随俗。一个真正有教养的人，大多是见多识广的，因为见多识广的人大多待人宽厚。礼仪所推崇的是尊重。什么是尊重？尊重别人，就是要尊重对方的选择。一个国家、一个民族、一个地方，人民的风俗习惯就是他们自己的选择。礼出于俗，俗化为礼。习俗实际上是文化的一种沉淀，很难说谁对谁错。服务人员在接待客人的过程中，要接受客人的风俗习惯，不要对不理解的习俗指指点点。例如，美国人对握手时目视其他地方很反感，认为这是傲慢和不礼貌的表示；忌讳向妇女赠送香水、衣物和化妆用品。

3. 接受交往对象的交际礼仪

接受对方的交际礼仪，就是接受他人的游戏规则。所以在人际交往中，要成为受欢迎的人，一定要注意对人不能吹毛求疵，不能过分刻薄，尤其不能拿自己的经验去勉强别人。"十里不同风，百里不同俗"，人与人之间受教育的程度不一样，年龄不一样，性别不一样，职位不一样，社会阅历不一样，导致待人接物的风格和具体做法往往也不同。

例如，西方人一般讲究遵守时间，德语中有一句话"准时就是帝王的礼貌"。德国人邀请客人，往往提前一周发邀请信或打电话通知被邀请者，如果是打电话，被邀请者可以马上口头答复；如果是书面邀请，也可通过电话口头答复。但不管接受与否，回复应尽可能早一点儿，以便主人做准备，迟迟不回复会使主人不知所措。如果不能赴约，应客气地说明理由。既不赴约，又不说明理由，是很不礼貌的。

(二) 重视他人

重视他人是服务人员对于服务对象表示敬重之意的具体化，主要体现为认真对待服务对象。并且主动关心服务对象，要通过为消费者所提供的服务，使对方真切体验到自己备受服务人员关注、看重，在服务人员眼中自己永远都是非常重要的。服务人员在工作岗位上要真正做到重视服务对象，首先应当做到目中有人，有求必应，有问必答，想对方之所想，急对方之所急，认真满足对方的要求，努力为其提供良好的服务。与此同时，服务人员对于下列三点重视服务对象的具体方法，亦应认真学习和运用。

1. 牢记服务对象的姓名

牢记交往对象的姓名这件事情本身，就意味着对对方重视有加。请设想一下：当你再次登门，进入一家服务单位之际，以前见过的一位服务人员主动向你打招呼："某某先生，欢迎您再次光临!"你会感到格外温馨与亲切。

牢记服务对象的姓名，还有两个问题必须注意：一是千万不要记错了服务对象的姓名，将服务对象的姓名张冠李戴，无疑会使双方感到尴尬；二是不要读错了服务对象的姓名，将服务对象的姓名读错，不但会失敬于对方，而且还让自己十分难堪。所以，在有必要称呼服务对象，而又拿不准对方姓名的正确读音时，宁肯采用其他称呼方法加以变通，也绝不要冒冒失失乱称呼对方的姓名。

学习小贴士

记住别人姓名的方法

1. **用心**。记忆需要用心，用心在于用情。我们对重要的、有用的、感兴趣的东西，容易记忆。我们必须高度重视记住他人姓名的作用，为了鼓励记忆他人姓名的积极性，还可以自我激励。这样，就会用心记忆，习惯成自然。

2. **技巧**。姓名是抽象的，不便记忆。但如果掌握一些技巧，如谐音法、联想法、特征法等，将能帮助记忆一个人的名字。

3. **笔记**。建立一个姓名档案，养成每天记录的习惯，有助于记忆他人姓名。

2. 善用服务对象的尊称

对交往对象表示尊敬的一种常规做法，就是对其采用尊称。服务人员在为服务对象提供各类具体服务时对其采用尊称，会让对方感受到被尊重。在应当采用尊称时并未这样做，会显得很失礼，例如，将一位上了年纪的老先生称为"老头儿"，或者直接把自己的服务对象唤作"哎""五号""七床""下一个"。

应当指出的是，服务人员在以尊称称呼自己的服务对象时，首先必须准确地对对方进行角色定位，力求使自己所使用的尊称可以为对方所接受。不然的话，即使采用了某种尊称称呼对方，也不会令对方高兴。例如，以"师傅"称呼一位政府官员，以"老板"称呼一位大学教授，以"小姐"称呼一位两鬓如霜的家庭妇女，以"老先生"称呼一位上了年纪的外籍男子等。

3. 倾听服务对象的要求

当服务对象提出某些具体要求时，服务人员最得体的做法是对其认真倾听，并尽量予以满足。"少说多听"是服务人员必须掌握的服务技巧。当服务对象提出要求或意见时，服务人员应耐心地加以倾听，除了可表示对对方的重视之外，也是服务行业的工作性质对服务人员所提出的一种基本要求。因为唯有耐心地、不厌其烦地倾听了服务对象的要求或意见，才能充分理解对方的所思所想，才能更好地为对方服务。此时任何的三心二意，都会让服务对象不愉快。

服务人员在倾听服务对象的要求或意见时，切忌弄虚作假，敷衍了事。一般来讲，当服务对象阐明己见时，服务人员理当暂停其他工作，目视对方，并以眼神、笑容或点头来表示自己正在洗耳恭听。如有必要的话，服务人员还可以主动地与对方进行交流。

互动研讨

> **挑剔的客人**
>
> 国内一家航空公司的一架客机上来了一位不好伺候的外籍客人。他在头等舱里刚一落座，就开始对乘务小姐的服务挑三拣四。他的反应马上受到了乘务长的注意。乘务长走近对方，先是倾听了对方对于配餐、报刊的种种不满，紧接着诚心诚意地请教对方："先生，您见多识广，国外著名航空公司的班机，您肯定坐过不少。请教一下，您认为我们在其他方面还存在着哪些不足？我们一定会努力改正。"在回答完乘务长请教的这个问题之后，那位开始时难伺候的外籍客人便渐渐平静了。乘务长对他的尊重，使得他都不好再"寻衅滋事"了。
>
> **讨论**：请谈一谈乘务长服务的独特之处。

(三) 赞美他人

尽管"忠言逆耳利于行"，但人们还是喜欢听顺耳的话、好听的话，希望被赞美、被表扬。美国著名心理学家威廉·詹姆士说："渴望被赞美、钦佩、尊重是人类最基本的天性。"

由衷的赞美是接受他人、重视他人的外在表现。旅游是满足人们审美需要的活动，湖光山色、人文美景，都会使人心旷神怡，而来自服务人员恰如其分的赞美更会使客人开心，有利于缩短心理距离，增进互信，加深感情。赞美不是虚假的奉承、吹捧，而是真情实意的自然表达。

1. 真诚

赞美他人一定要真心诚意，这样听起来舒心。如果不是发自内心，仅是嘴上功夫，就会让人感觉言不由衷，虚情假意。如夸一位相貌一般的女孩美若天仙，赞一位五短身材的先生高大英俊，听起来是赞美，却会让人感觉到虚伪，伤人尊严，适得其反。

2. 具体

泛泛的赞美显得毫无根据，虚无缥缈，会让人感觉油腔滑调。具体的称赞会显示对他人的细心关注，让对方感觉赞美真诚、可信。赞美女性漂亮可以说可爱，不漂亮可以说气质，瘦可以说身材好，胖可以说身体好；赞美男士帅可以说英俊，不帅可以说风度，瘦可以说精气神，胖可以说安全感；赞美老人胖可以说富态慈祥。

3. 及时

及时赞美会使对方感到开心和愉快。初次见面时，更容易获得对方的好感，缩短双方的心理距离，实现交际和沟通的目的。当然，在公众面前得体而自然的及时赞扬，效果更好。同事每天都穿西装，但某天换了件夹克，就应该及时给予称赞："你穿西装很潇洒，穿夹克却格外精神。"一个旅游团的小男孩调皮捣蛋，惹是生非，而在大人的教导下行为大有改观，表现乖巧，这种就要及时表扬，给予鼓励，使其获得心理上的满足，巩固取得的进步和成绩。

4. 差异

每个人的个性不同，其长处和优势也不同。千篇一律的赞扬，众口一词的奉承，难以使被赞美者发自内心地接受。例如，赞美别人，除了心诚、及时，更重要的是了解对方引以为豪的地方，投其所好，有的放矢地进行称赞，才能真正使人喜笑颜开，心情愉悦。假设夸一位多动症的孩子活泼好动，正为此着急的母亲会开心吗？

二、人际交往的规律

人际交往是人与人的相互作用与相互影响，具体来讲就是人与人相互提供产品或服务。从表面上看，人际交往在形式上复杂多变，实际上，人际交往是一个社会交换的过程，遵循"等价"原则。人们试图使自己的利益最大化，并使自己成本最小化，从而确保交换结果是一个正的净收益。人际关系的建立和发展与双方各自从对方获得的需要满足程度相关，融洽的人际关系能够给人以稳定感和归属感。因此，旅游服务人员要掌握人际交往的一般规律，与顾客建立良好的人际交往关系。

(一) 内在动因规律

人际关系的发生一般都经历四个阶段：刺激、需要、动机、行为。刺激是人际关系发生的第一步，有了刺激才会引起心理需求，产生交往的动机和行为。需要是客观事物反映在人脑中引起的意愿、欲望或要求，有了需要，必然向社会寻求满足，从而产生交往，形成人际关系。能激发人际交往动机的需要主要有以下几种方式。

1. 自我认知

通过与对方交往，在感知中获得对自我认知有参考价值的信息，通过别人对自己的看法，实现自我认知。

2. 吸取经验

从他人的发展中吸取有益的经验，一方面，可以取长补短，完善自己；另一方面，从对方的长处中得到刺激和激励，可以增强前进的动力。

3. 提升能力

人们通过多方面的联系，接受各种信息，能准确地把握自己的位置，弄清与周围的关系，以寻找完善自我、向更高层次发展的可行性方案。依据周围的人际关系动态，预测和应对各种变化，便于在问题尚未出现的时候，提前制定防范措施，在不顺利的时候尽快找出症结所在，制定摆脱逆境的对策。还可以在交往中影响对方的态度和行为，从而改变周围的人际环境，使事态向着有利于自己的方向发展。

4. 获取知识与乐趣

对大多数人来说，与他人自由平等地交往可以获得乐趣。在交往中，人们渴求知识的互补，或者在交往中共同参与双方都感兴趣的活动。共同的追求、共同的兴趣使大家感到心情舒畅，交往动机就更容易得到刺激和鼓励。反之，如果交往不和谐，交往动机也就消减直至终止了。不是任何人与人之间的交往都能够感受到乐趣的。人际关系的存在和发展，取决于交往双方能否从关系的发展中获得好处，感觉愉快，而不是付出更大的代价。即使必须付出更大代价，也是以交往的双方在价值观念中看重的收获为前提的。

5. 他制他律的要求

交往动机有时是为维护与他人的关系而不得不进行交往，例如因上司命令、受朋友之托等，或者只是由于本身职位的安排不得不与有关的人打交道，或者是因为要遵守社会公德，出于义务感、责任感，出于对团体利益的忠诚等。虽然，这类交往动机不是为了直接的个人需求，但是，倘若不维护他人对本角色的期待，就会让对方失望、疏远，最后导致自己陷入心理上的不安。这种受他制他律因素指导的交往动机，能够维持自身的心理平衡。

(二) 吸引接近规律

人际关系是以双方或多方的互动形式为基础，以人际间的相互吸引为基本交往形式的。在交往中，人与人之间有着不同层次的人际关系，这些关系反映了人与人之间相互吸引的程度。诱使人们相互吸引接近的因素有很多，而且这些因素呈现某种规律性动态发展趋势，如果我们注意理解这些因素，在交际中做到扬长避短，既体现出个性，又把握好分寸，就会收到意想不到的效果。

1. 光环效应吸引

一个人的某个方面特别突出，便会给他人留下好的印象。在这种印象的影响下，人们对这个人的其他方面也会给予较好的评价。光环效应吸引表现为以下几种可能性。

1) 外貌吸引。外貌是造成人际吸引的重要因素。外貌吸引能明显地反映第一印象的建立。在许多场合，我们会遇到一些素不相识的人，虽然我们对他们的个性、品质、能力等一无所知，但总会因为初次交往而留下一定的印象。根据心理学的研究，在这种情况下的第一印象，主要是受对方外貌的影响。然而必须指出，外貌作为人际吸引的重要因素，毕竟是有限的。外貌美的吸引接近交际作用的一半，多适用于陌生人的短期交往而不适于朝夕相处的基本群体。单纯依靠外貌产生的吸引力并不能维持太久，人的才华才是本质性和永久性的。

2) 言谈吸引。一个人谈吐机智、风趣、幽默，往往会具有极大的人际交往吸引力量。

3) 才华吸引。一个人才华横溢，有与众不同的才华，容易他人吸引与之交往。

4) 品学吸引。在人际交往中，个人品质也是决定人们之间喜欢与否的重要因素。积极的工作和生活态度、思想质朴、守信用、勇于奉献等将会产生人际吸引。

5) 名望吸引。若有人具有相当的名望，人们便会被其名望吸引。这也是人们容易被社会名人所吸引的原因。

2. 相似吸引

"酒逢知己千杯少，话不投机半句多。"有共同性的双方或多方，容易产生心理共鸣而相互吸引，建立良好关系。例如，有相同或相似的职业、兴趣、态度、地位、年龄、文化程度的人际交往，最关键的因素是价值观和态度的一致性。因此，即使交往双方相距遥远、年龄悬殊、地位不同，由于志同道合，照样能产生很大的吸引力。

在旅游服务工作中，服务对象的地域、民族、肤色、年龄、职业、爱好等千差万别，而增强自己的吸引力，才能更好地接近游客。这就需要旅游服务人员广泛涉猎。知识面越宽，见识越广，就越容易寻找到与对方的相似之处和共同语言，增强相互的吸引力，减少接近难度和沟通障碍。

3. 互补吸引

互补吸引指交往双方的个性与需要及满足需要的途径正好为互补关系时，产生的强烈吸引。人与人互补的范围包括能力特长、利益需要、气质性格、思想观念等方面。例如，擅长交际的人和埋头实干的人关系和睦，沉默寡言的人和活泼健谈的人友好相处等。旅游服务人员一方面，要提高自己的知识、能力和经验，成为"有用之人"，使别人乐于和自己交往；另一方面，在旅游服务过程中，要善于利用人际互补吸引的规律，在安排工作和组合客人时，注意性格、能力、需要等方面的合理搭配，优化结构，减少摩擦，促进团结。

4. 对等吸引

心理学研究表明，人们尊敬那些尊敬自己的人，喜欢那些喜欢自己的人，不尊敬、不喜欢那些轻视自己、讨厌自己的人，这就是对等吸引的表现。孟子曰："爱人者，人恒爱之；敬人者，人恒敬之。"在与人交往时，为了获得别人的尊敬和喜欢，首先应学会尊敬和喜欢他人。你希望别人怎么对你，你就首先要怎么对待别人。

在旅游服务过程中，需要客人支持和配合的时间和场合是很多的，如导游和游客有关住宿、用餐、卫生问题，尤其是临时需要改变景点，车船晚点，遭遇交通事故等；酒店和客人有关环境、条件、服务、费用等问题的协调沟通，尤其面对客人的抱怨甚至投诉，都需要客人的理解、支持和协助。所以，旅游服务人员一定要在和客人接触之初，就给客人以足够的尊重和理解，尊重他们的文化背景和礼俗习俗，理解他们的生活习惯和行为方式，尽量给予关怀和照顾，这样才能在需要客人的理解时得到理解，寻求支持时得到支持。

（三）趋同离异规律

1. 认同现象和趋同倾向

人与人之间先由互相认同进而趋同。认同的因素很多，如兴趣爱好、文化程度，此外职业、民族、地位、身份、年龄、经历均可由于相似而认同。有了认同，就可以消除"隔膜""疏远"等心理障碍，进而产生一定的亲切感，这种亲切感正是产生人际关系趋同倾向的重要动因。有了认同，然后才有趋同。趋同是一种倾向，会产生一种行为活动。这样，人际交往就自然而然、顺理成章地发生了。可以说，认同—趋同—交往是人际关系的三部曲。

2. 认异现象和离异趋向

政治观点、人生目标、价值观、世界观的分歧，会导致思想上的认异。另外，倘若有所谓言论认异、行为认异、党派认异，这些认异现象就会产生心理障碍，甚至情绪反感，因此而互相离开，向淡化、冷漠、疏远、分开、离去的方向发展，从而形成离异倾向，成为影响人际关系发展的反作用力。

3. 酬偿性倾向与惩罚性离异

在人际关系的趋同和离异现象中还有一种更为深刻的规律，即酬偿性趋同和惩罚性离

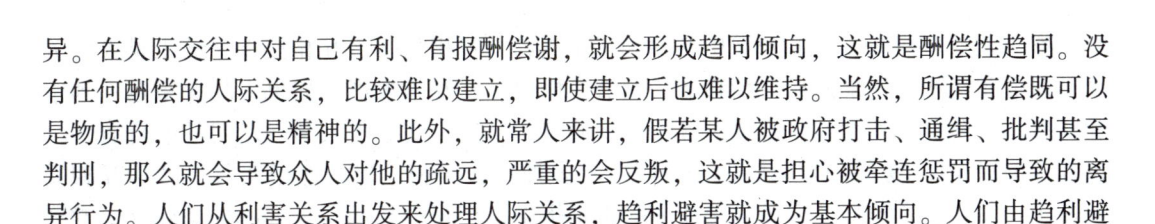

异。在人际交往中对自己有利、有报酬偿谢，就会形成趋同倾向，这就是酬偿性趋同。没有任何酬偿的人际关系，比较难以建立，即使建立后也难以维持。当然，所谓有偿既可以是物质的，也可以是精神的。此外，就常人来讲，假若某人被政府打击、通缉、批判甚至判刑，那么就会导致众人对他的疏远，严重的会反叛，这就是担心被牵连惩罚而导致的离异行为。人们从利害关系出发来处理人际关系，趋利避害就成为基本倾向。人们由趋利避害出发就形成酬偿性趋同和惩罚性离异的倾向，这种倾向对人际关系的影响极大。

（四）互需互酬规律

在人际交往中，交际双方如果互有需求，就会产生互相交往的意向、愿望、动机，进而互相接触，产生人际关系。所以说，互需是建立人际关系的心理基础。但是，如果只有互需而不互酬，即满足对方的心理需求，那么人际关系仍然是难以建立的。因此，互酬是发展人际关系的重要条件。互需和互酬连在一起构成一个完整的交往交际过程。

需求既包括物质上的，也包括学习上的、工作上的、生活上的、心理上的。互酬则有口头上的、文字上的、行动上的和物质上的诸多方式方法。关键是方法与需求要和谐对位，不能敷衍。

（五）交往深化规律

交往有层次递进的过程。一般来说，交往存在着四个不同层次。

1. 礼仪交往

礼仪礼节的往返，是人际交往接触史的浅层次关系。礼仪交往是初步，还没有触及实质性问题，但它给人的印象是深刻的，是进一步交往的基础。没有这一步骤，实质性问题无从谈起，进一步交往也就受到阻碍。

2. 功利交往

人际关系心理学家认为，互利是人际交往的一个基本原则。功利交往实际上是通过搞好人际关系把事情办好，一般是工作上、业务上的交往。

3. 情感交往

感情关系是在交往过程中自然产生的。即便没有感情，只要出自诚心诚意，经过努力，也还是可以建立感情的，当然，要下功夫，花力气，舍得感情投入，对别人倾注感情。通过感情交往使人际关系良好，不仅对做好工作有利，而且对心理健康有益。

4. 思想交往

思想交往是人际交往中最深层次的交往，是人际关系的最高层次关系。例如，青年的马克思就有着改造社会的强烈愿望并付诸行动，因而他受到迫害，长期流亡在外。1844年，马克思在巴黎认识了恩格斯，共同的信仰使彼此把对方看得比自己都重要。马克思长期的流亡，生活艰苦，常常靠典当生活，有时竟然连买邮票的钱都没有，但他仍然顽强地进行他的研究工作和革命活动。恩格斯为了维持马克思的生活，宁愿经营自己十分厌恶的商业，把挣来的钱寄给马克思。恩格斯不但在生活上帮助马克思，在事业上，他们更是互相关怀，互相帮助，亲密合作。

（六）交互中和规律

人际交往双方一般来说不是完全对等的，会有差异性，例如，有热情与冷漠之分和内向与外向之别。在交往中由于互相影响、互相制约、互相吸引、互相接近，结果是人际关系呈现中和状态，这是人际关系和谐、融洽、愉快、友好的表现。如果人际关系达不到中和状态，就会心理不相容，以致出现矛盾、冲突。当然，交往中人与人之间的磨合有一个过程，可以通过"提高弱方"或"迁就弱方"等多种方法缓和，根本途径实际上就是互相妥协让步。需要注意的是，这里的交往中和不是折中。交互中和规律是人际关系建立、发展与完善的重要规律之一。

因此，旅游服务人员在对客服务过程中，要善于观察，根据顾客不同的特点采取不同的交往方式，以达到人际关系中和的状态。

三、交往空间理论

人与人之间需要保持一定的空间距离。人际交往的空间分为亲密空间、私人空间、社交空间和公共空间，各种空间都与双方的关系对应。

1. 亲密空间

亲密空间是人际交往中的最小间隔或几无间隔，即常说的"亲密无间"。其近距离在0~15厘米，远距离为15~45厘米。在这一空间里，交往对象间可能耳鬓厮磨，促膝谈心，语言特点是窃窃私语或低声细语，体现出亲密的人际关系。这一空间，只限于在情感上联系高度密切的人使用，属于私密情境。在同性别的人之间，只限于彼此十分知心而亲密的朋友，可以不拘小节，无话不谈，在异性之间，只限于夫妻和恋人之间。因此，在人际交往和旅游服务中，如此贴近别人，不管是有意还是无意，都是不礼貌的，只会引起对方的抵触和反感。

2. 私人空间

私人空间是人际交往中稍有分寸感的距离。私人空间近距离为46~76厘米，远距离为76~122厘米。这是与朋友和熟人交往的空间，他们可以自由进入这个空间，亲切握手，友好交谈。陌生人进入这个距离会构成对对方的侵犯而不受欢迎。在人际交往中，亲密空间与私人空间通常都是在非正式情境中使用的，谈话内容无拘无束，语气亲切、温和。

3. 社交空间

社交空间体现的是社交性或礼节上的较正式关系。其近距离为1.2~2.1米，远距离为2.1~3.7米。一般在社交聚会和工作环境中，都保持这种程度的距离。企业之间的谈判，工作招聘时的面谈等，往往要隔一张宽大的桌子，就是为了保持彼此间的距离，形成一种正式而庄重的气氛。谈话时讲究措辞，声音有所提高。在社交空间交往，已经没有直接的身体接触，相互间的目光接触成为交谈中不可或缺的感情交流形式。所以，不管是握手致意，还是与人交谈，都需要看着对方，表示对对方的尊重。否则，对方就会产生强烈的被忽视、被拒绝的感觉。

4. 公共空间

公共空间是社交空间之外的交往空间，这是一个几乎能容纳一切人的开放空间，如演讲者与听众，迎接游客等。其近距离为3.7~7.6米，远距离在7.6米之外。说话时声音洪亮，措辞严谨，强调语言风格。

人际交往的空间距离不是固定不变的，要受性别、性格、地位、心境等因素影响。一

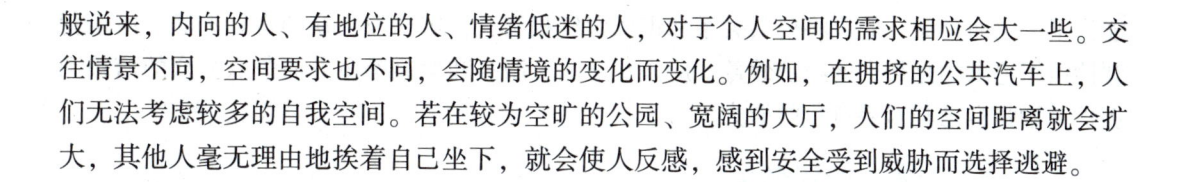

般说来，内向的人、有地位的人、情绪低迷的人，对于个人空间的需求相应会大一些。交往情景不同，空间要求也不同，会随情境的变化而变化。例如，在拥挤的公共汽车上，人们无法考虑较多的自我空间。若在较为空旷的公园、宽阔的大厅，人们的空间距离就会扩大，其他人毫无理由地挨着自己坐下，就会使人反感，感到安全受到威胁而选择逃避。

任务三　了解旅游服务礼仪中的公共关系理论

公共关系是指某一组织为改善与社会公众的关系，促进公众对组织的认识、理解及支持，达到树立良好组织形象、促进商品销售等目的的一系列公共活动。它本意是社会组织、集体或个人必须与其周围的各种内部、外部公众建立良好的关系。它是一种状态，任何一个企业或个人都处于某种公共关系状态之中。它又是一种活动，当一个工商企业或个人有意识地、自觉地采取措施去改善和维持自己的公共关系状态时，就是在从事公共关系活动。作为公共关系主体长期发展战略组合的一部分，公共关系的含义是指这种管理职能：评估社会公众的态度，确认与公众利益相符的个人或组织的政策与程序，拟订并执行各种行动方案，提高主体的知名度和美誉度，改善形象，争取相关公众的理解与接受。因此，公共关系是塑造组织形象、协调公众关系的经营管理艺术。良好的组织形象是社会组织巨大的财富。

公共关系的形象说从塑造形象的角度揭示公共关系的本质属性。该理论强调，公共关系的宗旨是为组织塑造良好的形象。由于旅游服务的直接性、情感性等特点，旅游服务从业人员的个人形象对旅游组织的整体形象会产生主要影响，甚至是决定性的影响。

情境导入

小王是某旅行社的导游，一天，他作为地陪接待了一个外地的团，小王精彩的讲解和幽默的语言赢得了游客的一致好评。可就在即将结束一天的行程时，在与司机交流的过程中，小王没有顾忌地开起了玩笑，满嘴脏话，令有些游客大吃一惊。所以在最后的游客评价中，小王没有得到良好的评价。

问题： 谈谈本案例对你的启示。

一、公共关系的理论基础

公共关系的核心思想是一个组织采用传播手段，通过与公众双向沟通，来树立自身美好形象，以获得公众的好感和支持，为自身发展创造良好的社会环境。这个基本思想包括以下基本要点：从事公共关系行为活动的主体是社会组织；公共关系行为活动的对象是该组织的公众；开展公共关系行为活动的手段是传播、沟通；公共关系行为活动的内容是建构组织美好的整体形象；公共关系行为活动的目的是争取获得公众对组织的好感和支持。

不同社会组织的公关任务不同，营利性组织（经济组织）追求最大的经济效益，因而不能为了公关而公关，应该将公共关系和市场营销相结合，实现与公众的良好沟通。由于营利性组织追求的是最大的经济效益，应该在产品、服务和形象等多方面争取公众的信赖和拥护，增强自己与对手竞争的能力。

二、个人形象与组织形象

所谓形象，是个人或组织在相关公众心目中的印象和评价。组织形象是组织内员工和社会公众对组织的整体印象和总体评价，由产品形象、领导形象、员工形象、环境形象等组成。个人形象主要是指领导形象及公关人员、营销人员、前台人员等直接与公众打交道的员工的形象，涉及领导的品德修养、决策水平、仪容仪表，员工的精神面貌、职业道德、技术水平、衣着服饰等。个人形象是组织形象的重要组成部分，会对组织形象产生很大的影响。

（一）个人形象代表组织形象

个人形象是组织形象的代表。公众对组织的印象和评价，往往来自服务人员的形象和媒介报道中的领导形象。旅游组织的形象更多取决于服务人员的形象。现在，不少企业重金聘请形象代言人，宣传企业形象。其实，每个组织成员都是组织形象的代言人，都是形象大使，更是名副其实的形象大使，更有资格代言组织。必须广泛进行公关知识的教育和培训，强化公关意识，开展全员公关。

（二）个人形象影响组织形象

个人形象的好坏直接影响组织形象。一个优秀员工的优质服务就是最好的形象宣传和公关广告，会使公众对整个组织产生好感和信任。相反，一个态度恶劣的员工，一次客人不满的新闻曝光，会使组织形象遭受巨大损伤。员工形象会被公众放大到整个组织。

三、礼仪与形象塑造

个人形象是公众对员工个人的评价，包括外在形象和内在形象。外在形象涉及衣着服饰、仪表仪态、精神面貌等因素，内在形象涉及思想品德、文化学识、专业能力等因素。内外形象是有联系的，"有内在之敬，才有外在之恭"，没有内心对他人的尊敬，是难以表现外在谦恭的。即使有，也是机械的表面功夫，或功利的交易需要。

（一）如何看待礼仪与形象塑造的关系

1. 礼仪提升内在形象

服务人员要获得服务对象的认可和满意的评价，必须有良好的道德修养、文化修养、艺术修养和礼仪修养，掌握在社会交际、公共场合、工作岗位、对外交往中涉及的礼仪知识，尊重客人的文化习俗和宗教信仰，知书达理，以礼待人。这样既强化了个人素质，提升了个人形象，又为自己赢得了良好的口碑。

2. 礼仪塑造外在形象

孔子说："质胜文则野，文胜质则史。文质彬彬，然后君子。"内外兼修，才能拥有良好的职业素质。塑造好形象，内在的品质是很重要的，也是首要的。但仅有质朴的品行，也是不够的。礼仪的核心是对人的尊重。要表达这种尊重，就必须以符合礼仪的方式，有礼貌，懂礼节。《礼记·冠义》说："凡人之所以为人者，礼义也。礼义之始，在于正容体、齐颜色、顺辞令。"旅游服务人员在服饰仪容、仪表仪态、语言表达等方面都必须符合旅游服务礼仪的要求，同时规范自己的穿衣戴帽、言行举止，才能树立良好的个人形象和组织形象。

(二)形象塑造的技巧

(1)微笑

卡耐基称微笑是给人留下良好印象的简洁方法，是一种情感的输出，是"您好，我喜欢您，您使我感到愉快，我非常高兴见到您"的非有声语言的表达。当然这种微笑必须是出自内心、给人以温暖的笑，而不是虚伪的、机械的、令人讨厌的笑。美国钢铁大王安德鲁·卡耐基的高级助理查尔斯·史考伯说，他的微笑价值一百万美元。成功学者解释说，使斯考伯走向成功的原因是他的性格、魅力和富有吸引力的才能，而他的一个令人产生好感的因素是那动人的微笑。纽约一位大百货公司的人事经理说：我宁愿雇用一名有可爱笑容而没有念完中学的女孩，也不愿雇用一个板着冷冰冰面孔的哲学博士。

(2)对他人真诚地感兴趣

卡耐基认为，一个人只要对别人真心感兴趣，在两个月内就能比一个要别人对他感兴趣的人在两年之内所交的朋友还要多。如果我们只是通过在别人面前表现自己来使别人对我们感兴趣的话，我们可能永远不会得到真实而诚挚的朋友，真正的朋友不是用这种方法交来的。

演员要对观众感兴趣，教师要对学生感兴趣，经理要对员工感兴趣，员工要对顾客感兴趣，军官要对士兵感兴趣……感兴趣就是友好、帮助、赞赏、理解、倾注和记住。对别人真诚地感兴趣，还要学会在交谈中，多谈论对方感兴趣的事，以一种诚恳的方式同对方谈论自己。

(3)记住别人的名字

卡耐基指出：记住人们的名字，而且很轻易就能叫出来，等于给别人一个巧妙而又有效的赞美。交际学者极为倡导这一交际技巧。富兰克林·罗斯福认为，最直接、最重要、最明显的获取好感的方法，就是记住别人的姓名。一名政治家应该上的最早的一堂课是：记住选民的名字就是政治才能。记住他人的姓名在商业界和社交上的重要性几乎跟在政治上一样重要，因为一个人的名字对那个人来说，是任何语言中最甜蜜、最重要的声音。

(4)善于聆听

善于聆听就是要学会做一个好听众。国外有句名言："用十秒钟讲，用十分钟听。"社会学家指出，在人们日常的语言交往活动(听、说、读、写)中，听的时间占45%，说的时间占30%，读的时间占16%，写的时间占9%，这说明听在人们的交往中居于非常重要的地位。谈判学者认为，成功的商业性会谈，并没有什么秘诀。专心地注意那个对你说话的人，是非常重要的，再也没有比这个更有效果的了。

学以致用

学有所思

1. 什么是首因效应与近因效应？两者有何不同？
2. 如何运用定式效应与光环效应树立良好的个人形象？
3. "三A原则"在旅游服务中有何体现？
4. 如何利用人际交往的规律提升自己的魅力？
5. 形象在旅游服务中起到了什么作用？

实战演练

1. 分组练习对他人的赞美。要求态度诚恳，注意观察，赞美到位。
2. 情境模拟演练：在一家餐厅的大厅里有6张桌子。一天晚上，有3席的客人正在用餐。此时正值世界杯足球赛期间，餐厅也在播放比赛实况。有十几个球迷客人，一边喝酒，一边看球、议球，不时还高声呐喊。餐厅里人声嘈杂，显得热闹非凡。出来小聚的一家人见餐厅闹闹嚷嚷，很不习惯。年长的王先生就对服务员说："服务员，请把声音开小点，太吵了。"服务员就去把电视的声音调小了些。这下，看球的客人不满了，嚷着："开大声点，开大声点。"服务员没办法，又只好把音量开大了些。可是，王先生不高兴了，大声抱怨起来。最后，双方互不相让，吵了起来。服务员左劝右劝，左右为难，急得满头大汗。这时，领班过来。经过协调，平息了矛盾，大家都感到满意。

(1) 全班分组分别扮演球迷、服务员、王先生、领班，模拟以上情景。
(2) 客人表演到位，可以即兴发挥，考验服务员和领班的应变能力和沟通能力。
(3) 全班评议角色扮演的得失，每种角色评出一名优秀"演员"。

模块二

旅游服务人员的仪容、仪态、仪表礼仪

项目四　旅游服务人员的仪容礼仪

学习目标

1. 了解旅游服务人员仪容的基本要求和修饰原则。
2. 掌握旅游服务人员发部修饰基本要求、发型选择技巧及护理方法。
3. 掌握面部保养的方法、化妆程序及妆容的选择技巧。
4. 掌握旅游服务人员肢体修饰礼仪规范。

任务一　了解旅游服务人员仪容礼仪的基本规范

仪容指的是人的容貌，包括发型、面貌和人体所有未被服饰遮掩的部分（如颈部、手部等）。仪容是个人形象塑造的开始，也是顾客对服务人员第一印象最先输入的信息，往往成为顾客认知和评价服务质量的重要依据。端庄、整洁、美好的仪容会让顾客对服务人员产生好感，留下美好而深刻的第一印象，为后续工作打下良好的基础。

情境导入

某酒店总台接待员小王新婚后第一天上班，衣着光艳，满脸幸福。她着一身合体的红色毛料套裙，手上戴着镶着红宝石的戒指，脸上新娘妆犹存，与平日判若两人。大家围着她看了又看，羡慕不已。上班时间到了，小王换好工作服站在了前台，面带微笑迎接客人。常住该酒店的李总来前台交钥匙，笑着说："王小姐，新娘子，祝你幸福！"相识的钱太太带着回国探亲的朋友来住宿，看到小王涂着红色指甲油的手指，对小王说："王小姐呀，你的指甲油要是换成浅色的，会更美的。"小王听后不以为然。"哼，没眼光！红色多喜庆呀，是中国人都喜欢。"她轻轻撇了一下嘴，小声嘀咕着。

问题： 作为旅游服务人员的小王，以这样的形象出现在工作岗位合适吗？

一、旅游服务人员仪容的基本要求

(一)自然美

干净、整洁是树立良好的个人形象的首要条件。旅游服务人员要做到以下几点。

1. 勤洗澡，勤换衣

服务人员每天要与顾客打交道，勤洗澡、勤换衣可以避免身体产生令人不愉快的体味。时刻保持身体的干净、整洁，有助于保持自身的身体健康，预防疾病的发生。夏季尤其应该每天洗澡、洗头发、更换贴身衣物等。

2. 勤剪指甲，勤理发

服务人员必须经常修剪和洗刷指甲，保持指甲的清洁，不留长指甲，女生不涂有颜色的指甲油，可以涂透明色的指甲油或护甲油。指甲的长度，以自己张开手，从手心这一面看不到指甲为宜，以免工作中不小心划伤客户。服务人员的头发要时刻保持干净、整洁，适时梳理；要无异味，无头皮屑，无灰尘；还要定期理发，发型朴实大方。

3. 勤洗脸、勤洗手、勤刷牙、勤漱口

服务人员每天至少早晚各洗一次脸，每天早晨起来及晚上就寝前必须刷牙。平时吃东西或喝饮料之后要立即漱口，及时清除口腔里的残留物，以免产生口腔异味。一般来说，一日三餐之后都必须漱口或刷牙，工作时间应当避免食用气味浓烈的食物。

洗脸的时候要注意把眼角、耳蜗、鼻孔、脖子等细节之处都洗干净。不可以对着他人擤鼻涕、吐痰、咳嗽、打喷嚏、打嗝，应立即转身朝向无人的方向，并尽量用纸巾或手帕遮掩，之后立即洗手，特别是在公共场合，尤其要注意。

(二)内在美

内在美是深层次的美，是美的本质。旅游服务人员可以通过努力学习，不断提高个人的文化、艺术素养和思想、道德情操等，培养自己高雅的气质与美好的心灵，并通过外在的、具体的形象美展示出来。比如，良好的精神面貌也是内在美的一种体现，服务人员以饱满的精神面貌面对顾客会带给顾客良好的服务体验。

互动研讨

谁比谁重要

讨论：你认为"内在美"与"外在美"哪个更重要？

(三)修饰美

修饰美指依照规范与个人条件，对仪容进行必要的修饰，扬长避短，塑造美好的个人形象。化淡妆不仅是工作环境和气氛的需要，也是对客人的尊重，更能使自己产生积极、奋发的工作动力。工作中的妆容，以修整统一、和谐自然为准则。恰到好处的妆容，给人以文明、整洁、雅致的印象。浓妆艳抹、矫揉造作，以及过分的修饰、夸张，都是不可取的。

化妆时应注意的问题：第一，不要在众人面前化妆，因为那是非常失礼的行为；第

二，不要非议他人的妆容，每个人都有自己的审美观和化妆手法，一定不要对他人的妆容评头论足；第三，尽量不要借用别人的化妆品，这样既不卫生，也不礼貌。

二、旅游服务人员仪容修饰的原则

(一)自然原则

自然美是美化仪容的最高境界，使人看起来真实而生动。化妆的最佳效果是"妆成又却无"，即化好妆的面容看起来像没有化过妆的样子，面容俊美却不留化妆的痕迹。现在非常流行的"裸妆"指的就是这种效果。

(二)协调原则

1. 妆面协调

化妆部位色彩搭配、浓淡协调；所化的妆针对脸部个性特点，整体设计协调。

2. 全身协调

脸部化妆、发型与服饰协调，力求取得完美的整体效果。

3. 场合协调

化妆、发型要与所处的场合、气氛一致。日常办公，略施淡妆；出入舞会、宴会，则施以浓妆。

(三)得体原则

美化仪容需根据自己在社会交往中扮演的角色，采用不同的化妆手法和化妆品。化妆不仅要使旅游服务人员的仪容适合人们共同的审美，更应体现出与其工作性质相吻合的端庄稳重气质，这样才能更好地提升旅游服务的质量。

(四)文明原则

旅游服务人员不可当众尤其是不可在异性面前化妆，不在公众场合化妆，不以残妆示人，因为这样不仅会让服务对象产生不舒服的感觉，更容易让服务对象产生不受尊重的感觉，甚至对旅游服务人员的工作能力和责任心产生怀疑。

任务二 掌握旅游服务人员的发部修饰礼仪

完美形象，从头开始。头发是仪容的中心，整洁的仪容需拥有整洁的头发，适度得体的发型可以表现出一个人良好的仪容。

情境导入

小张是某家餐厅新来的服务员，一直以长发形象示人，但经理告诉她服务人员不适合留这样的发型，希望下班之后能够将发型进行修理，或平时注意将头发盘好。小张不以为意，还有些不快，谁知，她的头发果然给她带来了影响。有一位顾客点了一份西湖牛肉羹。小张给这位顾客上菜时，顾客的桌上已经摆了很多盘菜，于是小张先将西湖牛肉羹放在了旁边的桌子上,低头帮顾客整理桌上的盘子,好腾出空来放置新上的菜。桌子整理好之后,小张又很麻利地低头将西湖牛肉羹摆到了桌上。谁知,此时她的一绺头发挡住了右眼,小张顺手就用右手整理了一下头发,只见一根长长的头发落在了牛肉羹里。顾客非常生气,后来经理只好减免了部分餐费,才平息顾客的怒火。

问题:谈谈本案例对你的启示。

一、旅游服务人员发部修饰的基本要求

(一)无异味

首先,要勤洗头,尤其是头部油脂分泌旺盛的服务人员,更需要勤洗头来减轻头发散发出的异味。其次,不宜使用味道过于浓烈的洗护用品,以气味清新为宜。

(二)无异物

首先,头部保持干净,不能有头屑。其次,头部保持整洁。女性服务员不要佩戴样式过于花哨的发卡,应以黑色、无图案的发卡为宜。

(三)长短适中

1. 女性头发

若女性服务员为长发,上岗时应该盘发、束发。整理后的头发要求是:前发不挡眼,后发不过肩,不可留过长的"刘海"。

2. 男性头发

男性服务人员不可剃光头或留长发,前发不可遮挡住眉毛,侧发不可盖住耳朵,后发不可触及衣领。

(四)发型、发色适宜

首先,发型应朴实大方,自然、简洁,不过分夸张或怪异。不提倡烫发,若岗位允许,注意不要烫得过于时髦或华贵。其次,发色要自然,符合大众审美,切忌五颜六色。

二、旅游服务人员发型选择的技巧

旅游服务人员在为自己选择一种具体发型时,除了需考虑性别、发质、服饰等因素外,还应注意以下几点。

(一)发型与脸型协调

发型对人的容貌有极强的修饰作用,甚至可以"改变"人的容貌。不同的发型适合不同的脸型,所以要根据自己的脸型选择发型,这是发型修饰的关键。例如,圆脸型适合将头顶部头发梳高,两侧头发适当遮住两颊;长脸型适合选择用刘海遮住额头,加大两侧头发的厚度,使脸部丰满起来。

(二)发型与体型协调

发型的选择得当与否,会对体型产生极大的影响。例如,脖颈粗短的人,宜选择高而短的头发;脖颈细长的人,宜选择齐颈搭肩、舒展或外翘的发型;体型瘦高的人,宜留长

发；体型矮胖者，宜选择有层次的短发。

（三）发型与年龄、职业相协调

发型是一个人文化修养、社会地位、精神状态的集中反映。通常年长者适合的发型是大花型短发或者盘发，以给人精神、温婉可亲的形象；而年轻人则适合活泼、简单、富有青春活力的发型。

（四）发型与服饰协调

头发为人体之冠，为体现服饰的整体美，发型必须根据服饰的变化而变化。如穿礼服时，女性可选择盘发或者短发，以显得端庄、秀丽、文雅；穿轻便服装时，女性可选择适合自己脸型的轻盈发式。

三、旅游服务人员头发保养的方法

（一）洗发

勤于梳洗，作用有三：一是有助于保养头发；二是有助于消除异味；三是有助于消除异物。要洗好头发，有三点需要注意。

1. 适宜的水温

洗头发宜用40摄氏度左右的温水，水温过高或过低都对头发有害。各种含碱或酸过多的矿泉水，均不适宜来洗头发。

2. 适宜的洗发水

在挑选洗发水时，应根据自己的发质挑选，例如，可以选取富含氨基酸、蛋白质成分或无硅油的洗发剂。

3. 适宜的头发变干方法

洗发之后，最好令其自然晾干，这是最有效的保护头发的方式。若想使用电吹风，注意温度不宜过高，否则会损伤发质。

（二）梳发

梳理头发不仅能保持头发整洁，也能按摩头皮，达到美发的目的。旅游服务人员可以随身携带一把小梳子，上岗前、脱帽后都应梳理一下自己的头发。但注意，不可当着客人的面梳头，不可乱扔断发和随便拍落头皮屑；梳头后，一定要检查一下制服上是否有头发或头皮屑。

（三）按摩

经常按摩可使头皮健康。按摩的方法是伸开十指沿着发际线由前额向头顶，再由头顶到后脑，做环状揉动，然后由两侧向头顶按摩。

（四）饮食合理

不要吃辛辣刺激的食物，多吃蛋白质以及维生素含量高的食物，这样可以减少头皮屑。如果头发枯黄，应多吃黑芝麻等食物。

学习小贴士

改善发质的小妙招

1. **增强头发韧度选高蛋白食物**：头发靠血液供给营养，需要充足的蛋白质、锌及碘，因此多吃豆类、肉类、鱼类及鸡蛋等富含蛋白质的食物，能够增强头发韧度。
2. **增加头发光泽选黑豆、黑芝麻**：黑豆含丰富的蛋白质、胡萝卜素及维生素A，黑芝麻含蛋白质、铁、卵磷脂等成分，两者都有养颜活血、乌黑头发的功效。
3. **令头发乌黑选何首乌、桑寄生汤**：长期饮用可强化气血，减少白发。

任务三　掌握旅游服务人员的面部修饰礼仪

俗话说："三分容貌，七分打扮。"适当的面部修饰能够改善人们的精神面貌，使之在岗时始终能容光焕发，以饱满的热情投入工作，既表示对客人的礼貌与尊重，也给客人留下良好的印象，使客人从对服务人员仪容美的视觉和心理享受中，感受到礼遇。

情境导入

某日，小吴准备与同事去庆祝项目工作顺利完成，便来到了一家有名的饭店，接待他们的是一位五官清秀的服务员。她显得面无血色，无精打采，好像有些漫不经心的样子，仔细一看，可能是没有化工作妆的缘故。但小吴也不确定，也许是她身体有些不舒服吧，于是，小吴便格外注意这名服务员，怕出现意外。最后，他们唤柜台内服务员结账，而服务员却一直对着反光玻璃墙面修饰自己的妆容，丝毫没有注意到客人的需要。到本次用餐结束，小吴对此次用餐不是很满意。

问题：你认为服务员在服务过程中出现了哪些问题？

一、旅游服务人员面部修饰的基本要求

（一）无异物

面部无异物，包括无灰尘、无汗渍、无食品残留物等。服务人员每次上岗前都应认真做好面部的清洁工作，并养成照镜子的习惯，包括检查口腔中是否有残留物等。

（二）无伤痕

对于旅游服务人员来说，我们不提倡"轻伤不下火线"，尤其是皮肤外露部位有创伤的工作人员，是不允许走上工作岗位的。

（三）无异味

面部的清洁还包括无异味。这一要求主要是针对口腔卫生而提出的。通常遵循三个三原则：服务人员三餐后都要刷牙，并且每次刷牙的时间应在饭后三分钟之内，每次刷牙的时间应在三分钟左右。另外，服务人员在上岗前不可吃有强烈刺激性气味的食品，不可喝

酒。上班期间不吃有大蒜、洋葱、韭菜、生葱之类的食物，建议不抽烟或少抽烟，以避免口腔异味，让别人感觉不佳。

(四)无多余毛发

面部多余的毛发是指除眉毛和眼睫毛之外的毛发，包括鼻毛、耳毛、胡须等。男性要格外重视这一点。个别女性也常因内分泌失调而在唇上生出过于浓重的汗毛，应该及时清理。

(五)化工作妆

1. 自然

服务人员化职业淡妆追求的最高境界是化妆后既让形象得到改善，又让客人难以察觉。

2. 适度

化妆不应该一味地追求"艳丽"，应根据自己的职业、所处的环境、年龄而选择。

3. 协调

化妆需要在考虑肤色、脸形、发型、身份、年龄等问题的基础上，做综合性的修饰。

4. 隐蔽

服务人员不可当众化妆或以残妆示人，因为这不仅显示了你的容貌是修饰过的，更容易使客人觉得你对工作缺少责任心，甚至觉得你对客人不尊重。

二、旅游服务人员面部的清洁

面部清洁是面部修饰的基础。干净、整洁的面部，通常会给人以清爽宜人之感。要做好面部的清洁，需要做好以下工作。

(一)选择合适的洁面用品

首先，可以根据具体部位选择洁面用品。例如，洗脸一般可以用洗面奶，但上妆后，应选用面部卸妆水，或专用的眼唇部卸妆水。其次，应根据自己的肤质进行选择。例如，油性肌肤可选择清洁力较强的含皂基的洗面奶，干性肌肤可以使用富含氨基酸类的洗面奶。

(二)面部清洗注意方法

清洁面部可以去除新陈代谢产生的老化物质，清除空气污染物、化妆品残留物等，以及耳、鼻、口的分泌物，起到神清气爽、令人愉悦的功效。洗脸时有以下几点需要注意。

1. 洗面奶要起泡

使用洗面奶时应将洗面奶在手上揉搓起泡，泡沫越细越不会刺激肌肤，要利用泡沫在肌肤上移动来吸走污垢，而不是用手去搓揉。

2. 洗脸手法有讲究

从皮脂分泌较多的T区开始清洗，然后从额头中心，轻轻地由内朝外画圆圈滑动清洗。用指尖轻柔、仔细地清洗皮脂腺分泌旺盛的鼻翼及鼻梁两侧，这一部分洗不干净将导致脱妆及肌肤出现油光。鼻子下方容易长痘，用无名指轻轻沿着面部轮廓按摩，既不会刺激肌肤又可去除污垢。嘴巴周围清洗时以按摩手法从内朝外轻柔地描画圆弧状。下巴应由内朝外不断画圈，使污垢浮于表面。

3. 冲洗次数需适度

冲洗时用流水充分地去除泡沫，次数要适度。在较冷的季节，需使用温水，以免毛孔紧闭而影响清洗效果。

4. 擦拭脸部勿搓揉

洗脸后用毛巾擦拭脸上水分时，不可用力揉搓，以免伤害肌肤。正确使用毛巾的方法是将毛巾轻贴在脸颊上，让毛巾自然吸干水分。

> **学习小贴士**
>
> **皮肤检测小技巧**
>
> 1. 洗脸测试法
>
> 洁面后，不擦任何护肤品，观察面部紧绷的时间。干性皮肤洁面后绷紧感约40分钟后消失，中性皮肤洁面后绷紧感约30分钟后消失，油性皮肤洁面后绷紧感约20分钟后消失。
>
> 2. 纸巾测试法
>
> 睡前用中性产品洁肤后，不擦任何护肤品，晨起后，用纸巾轻拭鼻、前额、下巴、双颊、脖子。
>
> 油性皮肤一般有四个地方出油，纸巾上留下大片油迹；混合皮肤一般有两个或三个部位出油，其他部位较干或较紧致；中性皮肤一般全部都不干燥或四个以上部位紧实平滑不出油，纸巾上有油迹但并不多；干性皮肤一般全部都干燥、紧绷、无光泽，纸巾上仅有星星点点的油迹或没有油迹。

三、旅游服务人员面部的保养

（一）外在保养

1. 爽肤水的使用

爽肤水的作用是补充水分、紧缩肌肤，使肌肤变得柔软，有利于乳液的渗入。使用爽肤水时将两片化妆棉重叠，倒入充足的爽肤水，使水分刚好浸透整片化妆棉；两指各夹一片化妆棉，按在脸上，使肌肤有冰凉感。每半边脸用一片化妆棉。擦拭顺序是由中心朝外侧浸染，首先浸湿易流汗的T区及鼻翼四周，最后由下而上拍打整个脸部，直到肌肤觉得冰凉为止。容易因水分不足而干燥的眼部周围及唇部要集中补水。用爽肤水充分补充洗脸所失去的水分后，再用乳液补足水分、油分，使肌肤完全恢复原来的状态，这一点十分重要。

2. 乳液的使用

乳液含保养肌肤的必要养分——水分、油分、保湿因子，而且三种成分调配得十分均匀。乳液是每日保养肌肤不可缺少的产品，它的主要目的是恢复肌肤的柔软性，并为接下来的化妆做好准备。使用乳液时，先用手掌温热脸部，使毛孔张开，这样有利于乳液浸透且能加强滑润感。将乳液涂抹在脸上，按由内朝外、由下而上的顺序边画圈边涂抹均匀，轻柔地按摩眼睛四周的敏感部位。脸部涂好后，用手掌裹住脸部，让乳液渗入皮肤并去除黏腻感。

3. 面霜的使用

有的人认为面霜属油性，因此油性肌肤的人不应选用。其实，这是片面的认知。面霜本来的作用是在肌肤渗入含有水分的保湿剂后，制造油分保护膜，锁住水分，使它持久保持湿润。因此一般认为，面霜能为皮脂分泌少的干性皮肤补充人工皮脂膜。但面霜对天然皮脂膜十分充裕的油性皮肤也是不无益处的，特别是对油脂多但水分相当缺乏的油性皮肤，面霜更能发挥帮助皮肤保持水分的作用。

4. 其余护肤品的使用

精华、面膜等其他护肤产品可根据自己的肤质进行选择与使用。

(二) 内在养护

1. 调节情绪

乐观的情绪是最好的"润肤剂"。俗话说："笑一笑，十年少。"笑的时候，脸部的肌肉舒展，可加快皮肤新陈代谢，促进血液循环，增强皮肤弹性，起到养颜、美容的作用。经常笑能使人面色红润、容光焕发，给人一种年轻和健康的美感。

2. 作息规律

在睡眠状态下，人体所有的器官都能自动休息，细胞加速更新。夜间是皮肤新陈代谢的最佳时间，皮肤可以获得更多的氧气。有充足的时间睡眠，才能使人精神振作、容光焕发。

3. 补充水分

皮肤的弹性和光泽是由它的含水量决定的。如果皮肤中含水量低，皮肤干燥，就会缺少光泽。要使皮肤润泽，每天要保证喝水 2 000 毫升。每天晚上睡前和早上起床后都要喝一杯温水，以滋润皮肤。

4. 合理饮食

皮肤的健美和营养的关系显而易见。健康且营养状况良好的人皮肤光滑，富有弹性和光泽；体弱多病和营养不良的人皮肤暗淡无光。蛋白质不足，新陈代谢迟缓，皮肤就缺乏白皙透明感。脂肪摄入过少，皮肤因缺少脂肪的充盈和滋润，也会显得干涩而无光泽。脂肪摄入过多，会使脂肪腺增大，皮脂分泌过多，造成皮肤脱屑、脂溢性皮炎及痤疮等病症。人们从食物中摄取各种营养，其美容功效是任何化妆品所不能及的。通过饮食，人们能摄取足够的蛋白质、碳水化合物和脂肪，还能吸取丰富的维生素和矿物质。因此，平时应合理饮食，注意营养均衡。

四、旅游服务人员局部面容修饰

(一) 眉部的修饰

1. 眉形的美观

眉形的美观与否对任何人都很重要。一般美观的眉形不仅形态优美，而且又黑又浓。

对于那些不够美观的眉形，如残眉、断眉、竖眉、"八字眉"、倒"八字眉"或是过浓、过淡、过稀的眉毛，必要时要进行修饰。

2. 眉部的梳理

如果要使眉形每天都很美观，必须平时多加梳理。记住，在每天上班前进行面部修饰时梳理一下自己的眉毛。

3. 眉部的清洁

在洗脸、化妆或其他情况下，服务人员一定要使眉毛时刻保持清洁，特别要注意防止出现灰尘、死皮或掉落的眉毛等。

（二）眼部的修饰

1. 眼部的保洁

服务人员的眼部是最被他人注意的地方，所以必须注重眼部的保洁问题。最重要的是要除去自己眼角上不断出现的分泌物"眼屎"，须知，"眼屎"并非只产生在睡眠之后，而是随时都可能出现的。哪怕只是在眼角或睫毛上留有一点点，都会给人一种又懒又脏的感觉。

2. 眼病的防治

眼部一旦生病特别容易传染别人，而且还会因此影响整个容貌，所以要特别注意眼病的防治。

3. 眼镜的佩戴

眼镜除了有矫正视力、保护眼睛的作用以外，还具有追求时尚的作用。如果服务人员在工作中要佩戴眼镜，必须注意以下三点：第一，注意眼镜的选择。选择眼镜时，除了要求实用外，还需注意是否制作精良、款式是否适合本人。第二，注意眼镜的清洁。戴眼镜的人一定要坚持每天擦拭眼镜，以防止病菌伤害眼睛。第三，注意眼镜的佩戴场合。例如，墨镜（太阳镜）适合在户外活动时使用，以防止紫外线伤害眼睛，在室内佩戴则是不适当的。

4. 眼部的保健

经常做眼保健操，按摩眼睛周围的穴位，使眼睛保持明亮，炯炯有神。

（三）耳部的修饰

1. 耳部的除垢

对很多人而言，在做面部清洁时，耳部特别是耳孔之内往往会被忽略。其实，每个人的耳孔里除了会有分泌物外，有时还会积存灰尘。当别人站在自己身体的一侧时，很可能会映入对方的眼中。因此，一定要坚持每天进行耳部的除垢。

2. 耳毛的修饰

人到了一定的年纪，耳部就会出现一些浓密的耳毛，应及时对其进行修剪。

(四)鼻部的修饰

1. 鼻涕的去除

在有必要去除鼻涕时,一定要选无人的场合,并用手帕或纸巾辅助进行,且要小声。切忌将此举搞得响声大作,令人反感。

2. "黑头"的清理

鼻部的周围,往往毛孔比较粗大。内分泌比较旺盛的人如果清洁面部时不加注意,便会在此处堆积油脂或污垢,即"黑头"。在清理这些有损个人形象的"黑头"时,一是平时对此处要认真进行清洗,二是可以用专门的"鼻贴"进行处理。切忌乱挤,以免造成局部感染。

(五)口部的修饰

1. 刷牙

刷牙既要采取正确的方式,更要坚持。正确有效的刷牙要做到"三个三":每天刷三次牙,每次刷牙要在餐后三分钟进行,每次刷牙的时间不少于三分钟。

2. 洗牙

维护牙齿,除了做到无异物、无异味之外,还要注意保持洁白,并且及时去除有碍于口腔卫生和美观的牙石。最好的办法就是定期到口腔医院洗牙。

3. 护唇

服务人员应在平时多注意保护自己的双唇,要想方设法不让自己的嘴唇干裂。另外还要避免嘴角残留食物。

4. 禁食

服务人员在工作岗位上时,为防止因为饮食而产生的口腔异味,应避免食用一些气味过于刺鼻的饮食,主要包括葱、姜、大蒜、腐乳和烈酒等。

5. 剃须

男性服务员每天早上都应剃须,遇到重要的场合最好加剃一次。个别女服务员的汗毛过多,也应及时去除。

6. 养成好习惯

咳嗽、打喷嚏时,应用手绢或纸巾捂住口鼻,面向一侧。不随地吐痰,要培养讲卫生的好习惯,还要禁止吸烟。

五、旅游服务人员面部的妆容

通过化妆修饰面部可以扬长避短,增添自信,缓解压力,更重要的是体现出对服务对象的礼貌与尊重。服务人员的妆容受职业环境的影响,一般以淡雅、简洁、适度、庄重为主,以给对方留下专业、大方的形象。

(一)化妆的基本程序

一般职业妆容的化妆程序如图 4-1 所示。

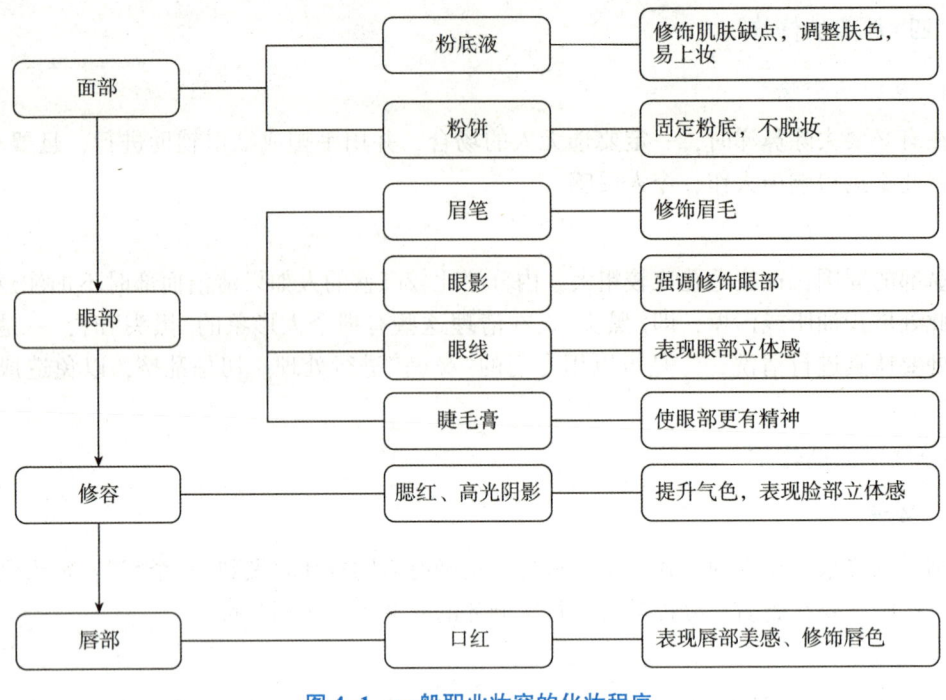

```
面部 ─┬─ 粉底液 ── 修饰肌肤缺点，调整肤色，易上妆
      └─ 粉饼 ─── 固定粉底，不脱妆

眼部 ─┬─ 眉笔 ─── 修饰眉毛
      ├─ 眼影 ─── 强调修饰眼部
      ├─ 眼线 ─── 表现眼部立体感
      └─ 睫毛膏 ── 使眼部更有精神

修容 ─── 腮红、高光阴影 ── 提升气色，表现脸部立体感

唇部 ─── 口红 ─── 表现唇部美感、修饰唇色
```

图 4-1　一般职业妆容的化妆程序

1. 打底

使用粉底液将面部打底，目的是调整皮肤颜色，遮瑕。化妆者可根据自己的皮肤特质以及肤色选择适合的粉底。粉底液涂好后，可用粉饼或散粉由上而下均匀地轻轻抹在面部，以起到定妆的作用。

2. 画眉毛

标准的眉形是在眉毛的 2/3 处有转折。整饰眉毛时，应根据个人的脸形特点，确定眉毛的造型。一般是先用眉笔勾画出轮廓，然后用棕色或黑色眉笔顺着眉毛的方向一根根地画出眉形，把杂乱的眉毛修掉，最后用小刷子顺着眉毛生长的方向轻轻梳理，使眉毛保持自然位置。

3. 上眼影，画眼线

眼影颜色有亮色和暗色之分。亮色的使用效果是突出、宽阔；暗色的使用效果是凹陷、窄小。眼影色的亮暗搭配，能够强调眼部的立体感。一般眼影的使用方法：在眼窝处先打底，由内眼角沿睫毛向上向外描绘，以不超过眉角和眼角连线为宜，再在上眼睑三分之一处开始向外画上第二个颜色，宽度以稍微超过眼皮为原则。涂眼影时，以眼球最高处为限涂暗色，越靠眼睑处越深，越向眉毛处越浅。画眼线时注意手要稳，不要画得歪歪扭扭。

4. 修容

高光及阴影的使用可以增强面部的立体感，以及修饰脸型。但阴影颜色的选择要适宜，颜色过深会显得妆容较脏。涂腮红部位以颧骨为中心，根据每个人的脸型而定。长脸型要横着涂，圆脸型要竖着涂，但都要求腮红向脸部原有肤色自然过渡。颜色的选用，要根据肤色、年龄、着装和场合而定。

5. 涂口红

先要选择口红的颜色，再根据嘴唇的大小、形状、薄厚等用唇线笔勾出理想的唇线，然后涂上口红。唇线要干净、清晰，轮廓要明显，要略深于口红色，口红不得涂于唇线外。

互动研讨

> **讨论：** 在未来的工作中，我们可能会遇到一些特殊情况导致来不及上岗前化好妆，请设想一些可能的情况并想出解决的方法。

（二）不同脸型的妆容选择

"三庭五眼"是对标准脸型的概括。三庭是指上庭（发际线至鼻根）、中庭（鼻根到鼻尖）和下庭（鼻尖到下颏）各占脸部长度的1/3。五眼是指脸的宽度，以眼睛长度为标准，把面部的宽分为五个等份，即两眼的内眼角之间的距离应是一只眼睛的长度，两眼的外眼角延伸到耳孔的距离各是一只眼睛的长度。三庭五眼成为矫正化妆的基本依据。

1. 长形脸的面部修饰

长形脸人化妆的关键在于尽量从视觉上缩短脸部的长度。化妆时面部底色要淡一些，眉毛修饰要呈平弧状缓和曲线，切不可高挑，注重以横向引导来弥补脸部的缺陷。涂腮红时要以颧骨为中心，横向一直涂到发根。描唇线时要将嘴唇描得稍宽一些，唇部描得稍重些，下颌加阴影，以便使面孔看起来短一些。眼睛则应于中央部位加阴影，或涂睫毛膏。

2. 椭圆形脸的面部修饰

椭圆形脸俗称"瓜子脸"，给人俏丽、秀气的印象，不需要太多的掩饰。眉毛可描画成弧形，位置要适中，但不要过长，眉头与内眼看齐。腮红（又称胭脂）应敷在脸颊最高处，向后向上带开，嘴唇依形涂口红或唇膏，形状要自然。

3. 圆形脸的面部修饰

圆形脸给人年轻有朝气的感觉，但容易显得稚气，缺乏成熟的魅力。化妆要强调面部的立体感。面部两边的粉底要略深一些，鼻侧影要略向眉部揉擦以抬高鼻根，画眉毛、描眼影宜用深色。眼睛化妆应从眼睑的中央开始，顺着眉毛的方向描画；腮红应从颧骨一直涂向腭部；上唇应描宽而浅的弓形细线；涂唇膏时，上唇的中央要多涂一些，两旁逐渐减少；下唇应从嘴角处向中央涂画，要注意不要涂成圆形的嘴。

4. 方形脸的面部修饰

方形脸给人稳重的印象，但缺乏温柔感。化妆时关键在于增强脸形的柔和感，使人从视觉上消除面部的棱角感。化妆时面部底色要深一些，眼影与唇膏的颜色要鲜明，面部阴影应设在脸颊的两侧后方偏下部位，然后略向两腮扩展成朦胧状态，使颌骨的棱角显得柔和一点。为了使面部看上去显得长些，画阴影要从脸颊后方往前，渐渐变得淡一些，然后由腮的中央往下，也要涂得淡一些，直到下巴处逐渐消失。腮红的涂法应从眼部平行下降。眉毛不可突出眉峰。嘴唇应涂得丰满一些。

5. 三角形脸的面部修饰

正三角形脸给人以安全感，显得富态、威严，但不生动。倒三角形脸给人以俏丽秀气的印象，但显得单薄、柔弱，所以都有必要进行化妆修饰。三角形脸的人化妆时应把重点放在下颌转弯处。画眉尽量画直或使之保持自然，涂唇彩要力求曲线自然，嘴唇可涂宽些，下唇要有分量感，嘴角可稍向上翘。三角形脸由于脸形上宽下窄或上窄下宽，故化妆时应扬长避短。上宽下窄脸形者要尽量使额头显得窄一点，两腮显得宽一点（上窄下宽脸形者反之），为了不使下巴较尖的部位显得突出，可将阴影加宽点，并向两侧延伸（上窄下宽脸形者反之）。

6. 宽脸形与窄脸形的面部修饰

宽脸形的人化妆时，描眉、画眼、涂唇彩、施腮红，都要尽量向中部集中，以达到收拢缩小面部的目的，使脸形显得好看些。而窄脸形的人化妆时则应适当使脸部放宽。

7. 大脸型与小脸形的面部修饰

大脸形的人化妆时面部底色要深一些，但要明暗结合，产生立体感，眼睛为化妆重点，发型为简洁流畅的直长发或能修饰脸廓的发式为宜。小脸形的人化妆时面部底色要浅，五官的颜色要明丽，线条描画要清晰，发型应具有蓬松感，服饰不宜领口宽大、紧闭或大衣领，少用或不用垫肩。

> **学习小贴士**
>
> **化妆的禁忌**
>
> 1. 当众化妆
>
> 化妆要注意时间和地点，不能随时随地进行化妆，更不能在大庭广众之下化妆、补妆。岗上化妆不仅是对自己领导的不重视，还是对顾客的不尊重。
>
> 2. 离奇出众
>
> 不要追求所谓的怪异、神秘或有意使自己画得出格以引人注目。
>
> 3. 技法用错
>
> 若不熟悉化妆的技巧，宁可不化妆也不要随意化妆，以免暴露自己在美容方面知识的不足而贻笑大方。
>
> 4. 残妆示人
>
> 残妆是指出汗、休息之后或用餐后妆容出现了残缺。长时间的脸部残妆示人会给人懒散、邋遢的感觉，所以要及时进行补妆。
>
> 5. 指教非议他人
>
> 除美容工作者外，服务人员一般不应在自己工作时对自己顾客的妆容关注过多。对平时不够熟识的人，也不应指点其妆容。
>
> 6. 借用他人化妆品
>
> 每个人对化妆品的使用有不同的要求。一般不要借用他人的化妆品，一方面是用起来会觉得不方便；另一方面，从卫生的角度考虑，有可能传播疾病。

任务四　掌握旅游服务人员的肢体修饰礼仪

肢体也叫肢部，又称为四肢。一般来说，肢体包括手部和腿部。在服务工作中，手部和腿部是动作最多的部位，又是最容易暴露在客人视线范围内的部位。因此，服务人员更应注意肢体部位的清洁与修饰。

情境导入

小王作为实习生来到某酒店实习，为了展现自己良好的形象，上班第一天便化了"精致"的妆容，浓密的假睫毛，深邃的眼线，还有亮晶晶的眼影。为了修饰自己的脸型，小王还化了夸张的妆容。领班看到后，便向小王说明了情况，工作的妆容与日常的生活妆容是有区别的，生活中我们可以突出个性，但职业装要以淡妆为主。于是，小王便卸了妆，在领班的帮助下重新化了妆。

问题：你认为工作中的妆容应该符合哪些要求呢？

一、旅游服务人员肢体修饰的基本要求

肢体的修饰要求包括肢体的清洁与保养。服务人员要坚持肢体的清洁与保养，及时清除一切污染的痕迹，坚持使用护肤品，保持肢体润滑细腻，去除肢体上多余的体毛。同时，还要注意肢体上不要有伤痕，如果肢体外露部位受伤，要及时提出，以便暂时更换人员。

二、旅游服务人员肢体修饰的礼仪规范

（一）上肢的修饰

1. 手臂的保洁

手臂的清洁与否，往往会直接影响对客服务质量。设想一下，服务人员以一双有污渍的手为顾客递送食物，对方不仅可能没有食欲还会投诉。

清洗手臂要保证做到真正无泥垢、无污痕，烟渍、酱汁、油渍等都要去除干净。服务人员在工作岗位上注意双手的使用，揉眼睛、掏耳朵、抓痒等行为不可有。在一些特殊场合，为了保持卫生，服务人员需要戴上专用手套。

学习小贴士

"六洗"

服务人员在以下六种情况下必须洗手：上岗之前，手脏之后，接触精密物品或入口之物，有规定要求，去过卫生间之后，下班之前。有时视具体情况还需要进行手部消毒或除菌。

2. 手臂的保养

一般情况下，服务人员要保护好自己的手臂，避免出现粗糙、红肿、生疮、长癣。由于服务人员平时用手较多，因此要养成良好的手部护理习惯，一是方法得当，二是贵在坚持。例如，可以通过使用护手霜或使用手膜进行手部护理。

3. 手臂的修整

服务人员的手指甲应定期修剪，一般长度不超过其手指尖，养成"三天一修剪，每天一检查"的良好习惯，并做到持之以恒。一般来说，服务人员不允许涂彩色指甲油或进行美甲、手臂文身等。另外，若手臂上有比较浓密的汗毛，有必要采取有效的方法祛除。

（二）下肢的修饰

1. 下肢的保洁

（1）勤于洗脚

一个人的双脚不但易于出汗，而且易于产生异味，如果做不到每天清洗，便不会保持清洁。另外，现在的女生一般都愿意赤脚穿鞋，务必要在洗脚时认真清洗双脚的趾甲、趾缝以及脚后跟，以免带来不良影响。

（2）勤于换袜

在一般情况下，服务人员应该每天换一次袜子。只有这样才能防止出现异味。同时，要注意不要穿那些不透气、易于产生异味的袜子。

（3）勤换鞋子

有些人比较勤于换袜子，却不勤于换鞋，这种方法是有害的。如果不注意勤换鞋子，不但有可能使鞋"超负荷运转"而缩短生命，而且也可能使其内部发霉，同时产生异味。另外，在注意勤换鞋子的同时，还要注意其保洁；在穿鞋前，务必要细心清洁好鞋面、鞋跟、鞋底等处。

2. 下肢的修整

（1）下肢的遮掩

1）不光腿。服务人员的下肢如果直接暴露在他人的视线之内，最好不要光腿。女性如果光腿，通常会被理解成是有意对对方显示自己的性感和魅力，男性如果光腿则只会给人一种"飞毛腿"的感觉。如果因为天气热或工作性质比较特殊必须光腿则需选择长于膝盖的裙子或短裤。

2）不光脚。赤脚穿鞋一般会给人以不够正式的感觉，服务人员最好不要赤脚穿鞋。

3）不露趾。服务人员在选择鞋子时，最好不要让脚趾露在外面。无论男女，在正式场合不要穿拖鞋，以示对别人的尊重。

4）不露跟。与不许露趾一样，露跟会给人一种过于散漫的感觉，也是极为不礼貌的。

互动研讨

> 讨论：作为女性服务人员日常工作的常用品，你认为应选择什么颜色的丝袜比较适宜？对于丝袜的穿着有哪些注意事项？

（2）下肢的美化

1）修剪脚趾甲。服务人员要认真检查，经常修剪脚趾甲。在修剪时，不仅要注意其长度适中、外形美观，还要将周围出现的死皮一并清理掉。

2）去除腿毛。一般腿毛都出现在男性的腿上，但是少数女性腿部也会出现较长或较浓的腿毛。在这种情况下，如果要穿裙子，就要把腿毛去掉，或是选择色深而不透明的袜子盖住。

3）忌化彩甲。不可在手指甲或脚趾甲上涂抹彩色指甲或做其他修饰。

学 以 致 用

学有所思

1. 旅游服务人员的仪容基本要求有哪些？
2. 旅游服务人员头部修饰的基本要求有哪些？
3. 旅游服务人员化妆的程序是什么？
4. 旅游服务人员肢体修饰需要注意什么？

实战演练

1. 两人一组，分为领班与员工，检查发型是否符合工作要求。
2. 两人一组，练习化工作淡妆，然后交换角色，相互点评。
3. 分小组，互相抽检肢体修饰要点。

项目五　旅游服务人员的仪态礼仪

学习目标

1. 了解仪态礼仪的基本要求。
2. 掌握站姿、坐姿、行姿、蹲姿的具体要求。
3. 掌握表情运用的基本要求。
4. 掌握手势礼仪的运用。

任务一　了解旅游服务人员仪态礼仪的基本规范

仪态是指人在行为中的姿态和风度，其是经过修饰而成的。《礼记》有言："足容重，手容恭，目容端，口容止，声容静，头容直，气容肃，立容德，色容庄。"人们通常借助人体的各种姿态去进行情感表达与感情交往，这就是我们常说的体态语言。旅游服务人员在工作中需要掌握仪态礼仪。通过良好的仪态充分展现个人形象魅力，这样才能赢得对方的好感，有利于良好形象的塑造与服务质量的提升。

情境导入

某天，导游员小刘在带团过程中，需要清点游客的人数。由于团内人员比较多，为了避免数错，便伸出一根手指头对着游客一边点一边数，嘴里还念念有词。这时候，车里有位游客以开玩笑的语气说："刘导这是准备要单挑啊！"车里其他的游客也跟着笑了起来。

问题：为什么游客会这样说？你觉得小刘的做法妥当吗？

一、正确认识仪态

(一)仪态与口语相结合

尽管仪态有着口语无法替代的作用，但作为无声语言，在传递信息的功能上，口语要比肢体语言更优越。因此，两者不可偏颇，要完美结合，才能"声情并茂"，全面、准确地表达思想情感，具体生动地传递信息。

(二)内在与外在相结合

尽管仪态有很强的感染力，但是，它是表象的、外在的，不可以过度或刻意追求这种外在美，而忽视心灵美。只有心灵美与优美的仪态相结合，才能相辅相成，相得益彰。

(三)自然美与修饰美相结合

优美的仪态是后天获得的，应当积极主动地参与形体训练，掌握正确的方法，矫正不良的习惯，尽力达到自然美与修饰美相结合的完美境界。

二、旅游服务人员仪态的基本要求

(一)举止文明

作为一名旅游服务人员，举止文明是基本的要求。得体到位的举止行为不仅显示出良好教养，还显示出稳重与成熟。

对于旅游服务人员来说，要显得文明又稳重，就要使自己的举止四平八稳，力戒毛手毛脚。例如，与别人交谈时，切莫手舞足蹈，或者对对方指手画脚。在公共场所行走或就座时，力求悄然无声，而不宜响声大作，制造噪声。在客人的房间停留期间，未经主人允许，千万不要为满足个人的好奇心而随意翻动他人物品。还应不急不躁，切忌风风火火。又如，在外走动时，一般应保持正常速度，不宜快步疾走，或者狂奔而去；前去拜访他人时，应首先敲门或者按响门铃，获得许可后方可入内。切不可直截了当地推门而入，更不可砸门、踢门。

(二)举止优雅

一般来讲，举止优雅就是要求一个人的举止行为美观、大方、自然，能够给人以赏心悦目之感。在旅游服务过程中，服务人员应力争使自己的举止行为达到这个要求。

1. 举止美观

所谓举止美观，就是一个人的举止优雅，能给人以美感。要做到举止美观就要对自己的动作有所要求、有所约束，要认真学习、反复训练，并遵守有关规则。不文明的举止绝对不会美观，美观的举止是文明的。

2. 举止大方

所谓举止大方，就是要求旅游服务人员的行为举止显得洒脱、大气、不卑不亢。换言之，就是要求旅游服务人员在服务场合不忸怩作态、拘束怯场，以免给客人以缺乏自信、不够开放、眼界不高、怯于交际的感觉。

3. 举止自然

所谓举止自然，就是要求服务人员在追求行为举止美观、大方的同时，力求"顺理成章""水到渠成",具体来讲有三点必须注意。一是要防止过分程式化。优雅的举止,当然有一定的规则可循。但是讲究有关规则时,须强调表里如一,防止只讲究外表、不重视内涵,敷衍了事,致使举止行为勉强、做作。二是要防止过分脸谱化。在不同场合、不同对象面前,对举止动作往往会有不同的具体要求。不应墨守成规,而应以不变应万变。三是要防止过分戏剧化。任何一种举止行为,都会被赋予一定的思想感情。"平平淡淡才是真",没有必要使自己平时的举止行为过于戏剧化,矫揉造作,虚张声势,华而不实。

(三)举止敬人

一个人的举止行为,通常会自觉或不自觉地表现出其对待他人的基本态度和看法。作为窗口行业的旅游业,服务人员应诚心诚意地通过自己的举止行为向服务对象表达敬重之意,此即举止敬人。具体而言,一方面,服务人员要注意通过举止行为来表达对对方的重视。任何时候,都不允许给人以忽视对方、目中无人之感。另一方面,服务人员还要注意以举止行为来表达对对方的尊重。在任何情况下,服务人员都不能傲慢无礼,以至失礼于人。

(四)举止有度

一名久经历练、训练有素的旅游服务人员,在工作场合的一切举止行为都要表现得适时、适事、适宜、适度,也就是合乎常规、符合身份、适应对象,并且适应场合,这便是举止有度。举止有度中的"度",实际上就是有关服务人员举止行为的基本规矩。适应这个"度",即可称为举止得体;达不到或者超越了这个"度",则为举止不当。在实际工作中,旅游服务人员在其举止行为方面所应恪守的这个"度",主要体现于下列两个方面。

1. 普遍性的"度"

普遍性的"度",又叫共性的"度"。它是指在国际社会中通行的有关人们举止行为的普遍性规则。在旅游服务过程中,服务人员对其不仅要了解得一清二楚,还必须认真遵守。

2. 特殊性的"度"

特殊性的"度"亦称为个性的"度"。主要指在个别国家、地区或民族适用的有关人们举止行为的特殊性规则。虽其适用范围较为狭窄,但旅游服务人员仍需有所了解,以备不时之需。

相关链接

肢体语言的重要性

美国人类学家雷·博威斯特做出过推断。他指出:一个普通人每天说话的总时间为10~11分钟,平均每说一句话所需的时间大约为25秒。

博威斯特还发现,在一次面对面的交流中,语言所传递的信息量在总信息量中所占的份额还不到35%,剩下超过65%的信息是通过非语言交流方式完成的。针对发生于二十世纪七八十年代的上千次销售和谈判过程的研究结果表明,在商务会谈中,谈判桌上60%~80%的决定是在肢体语言的影响下做出的。人们在对一个陌生人的最初评判中,60%~80%的评判观点是在最初不到四分钟的时间里形成的。除此之外,研究结果还表明,当谈判通过电话来进行的时候,那些善辩的人往往会成为最终的赢家,可是如果谈判是以面对面交流的形式来进行,那么情况就大为不同了。总体而言,当我们做决定的时候,对于所见到的情形与所听到的话语,会倾向于相信前者。

三、仪态的禁忌

（1）无论采用哪种姿态，都不可弯腰、驼背，两肩一高一低。
（2）女性的双腿不可叉开，男性的双腿打开后不可超过肩宽。
（3）不可双脚平伸或腿部抖动。
（4）姿态灵活而不轻浮，庄重而不呆滞。
（5）不可表现得过于懒散和懈怠，以免显示出对工作不负责任的态度。

任务二　掌握旅游服务人员的体姿礼仪

优雅的姿态可以透露出个人良好的礼仪修养，给对方留下好印象，进而赢得更多被认可的机会。旅游服务人员进行服务工作时的站、立、行、走、蹲便是个人姿态的展示，其中站姿是其他姿势的基础，是培养优美典雅仪态的起点。优美的坐姿则会让人觉得安详、大方；凡是协调稳健、轻松敏捷的走姿都会给人以美的感觉；蹲姿则是人体静态美与动态美的结合。旅游服务人员掌握站姿、坐姿、行姿、蹲姿的基本规范，有助于提升服务工作质量。

情境导入

小张是某酒店餐饮部的员工，一天，当有客人召唤她点餐时，她靠在餐桌上，"踩蹬式"地将其中一只脚搭在桌子腿上。客人看了她一眼，但并没有说什么。后来，用餐到一半，客人想加菜，便又把小张叫了过来，小张依旧采取刚刚的站姿，可是这次不巧的是，她不小心踢到了另外一位客人的腿上。小张慌忙道歉，客人虽然没有过多地责怪她，可是表情明显不是很愉悦。

问题：请对小张的行为进行评价。

一、旅游服务人员的站姿礼仪

（一）旅游服务人员规范站姿的基本要求

1) 头正。两眼平视前方，嘴微闭，收颌梗颈，表情自然，稍带微笑。
2) 肩平。两肩平正，微微放松，稍向后下沉。
3) 臂垂。两肩平整，两臂自然下垂，中指对准裤缝。
4) 躯挺。胸部挺起，腹部往里收，腰部正直，臀部向内、向上收紧。
5) 腿并。两腿立直、贴紧，脚跟靠拢，两脚夹角成60度。
6) 朝向。与他人交谈时，通常应将整个上身朝向对方，以示尊重。

(二)旅游服务人员常见的标准站姿

1. 侧立式站姿

抬头挺胸,目视前方,下颌微收,颈部挺直,双肩放松,自然呼吸,腰部直立脚掌分开呈 V 字形,两脚尖间角度为 45~60 度,脚跟靠拢,两膝并拢,双手放在腿部两侧,手指稍弯曲,呈半握拳状。

2. 前腹式站姿

在侧立式立姿的基础上,将双手相交放于小腹处。男性服务人员应用左手握住右手,两脚也可打开,两脚尖平行,并与肩同宽。女性服务人员应用右手握住左手,并且左手的五个指尖和右手的拇指尖不应露于外面,两脚保持侧立式立姿的姿势。

3. 后背式站姿

在侧立式立姿的基础上,两脚打开,两脚尖平行,并与肩同宽。双手放于背后,右手握住左手放在后腰处(此姿势仅适用于男性)。

4. 丁字步式站姿

在前腹式立姿的基础上,将一脚的脚跟靠于另一脚内侧,两脚尖向外略展开,大约 60 度,形成斜写的一个"丁"字,身体重心在两脚上(此姿势仅适用于女性)。

(三)旅游服务人员站姿的礼仪规范

1. 男性旅游服务人员站姿的礼仪规范

(1)服务站姿

运用平行脚位,腹肌、臀大肌微收缩并上提,臀、腹部前后相夹,髋部两侧略向中间用力。脊柱、后背挺直,胸略向前上方挺起。两肩放松下沉,气沉于胸腹之间,自然呼吸。两手臂放松,自然下垂于体侧。脖颈挺直,头向上顶。下颌微收,双目平视前方。男性服务站姿如图 5-1 所示。

(2)交流站姿

运用平行脚位,腿部肌肉收紧,大腿内侧夹紧,髋部上提。腹肌、臀大肌微收缩并上提,臀、腹部前后相夹,髋部两侧略向中间用力。脊柱、后背挺直,胸略向前上方挺起。两肩放松下沉,气沉于胸腹之间,自然呼吸。右手在腹前握住左手手腕靠近手掌的位置。男性交流站姿如图 5-2 所示。

(3)礼宾站姿

运用平行脚位或 V 字脚位,腿部肌肉收紧,大腿内侧夹紧,髋部上提。腹肌、臀大肌微收缩并上提,臀、腹部前后相夹,髋部两侧略向中间用力。脊柱、后背挺直,胸略向前上方挺起。两肩放松下沉,气沉于胸腹之间,自然呼吸。双手在背后腰际相握,左手握住右手手腕靠近手掌的位置。男性礼宾站姿如图 5-3 所示。

图 5-1　男性服务站姿　　　　图 5-2　男性交流站姿　　　　图 5-3　男性礼宾站姿

2. 女性旅游服务人员站姿的礼仪规范

(1) 服务站姿

服务站姿即运用 V 字脚位或平行脚位，自然挺拔站立，将双臂自然下垂，双手虎口相交叠放于身前（小腹的位置），右手在上，左手在下，手掌尽量舒展，两手服帖，成自然的弧度，不能僵硬地重叠放在一起，手指伸直但不要外翘。这样的站姿会给人一种有专业素养的感觉。女性服务站姿如图 5-4 所示。

(2) 交流站姿

交流站姿运用平行脚位，挺拔站立，挺直的脊背能显现出女性的优美身材和端庄的气质，右手轻握左手放在腹前，这样的站姿看上去比较轻松自然，但又不过分随意。女性交流站姿如图 5-5 所示。

(3) 礼宾站姿

礼宾站姿即运用 V 字脚位或丁字脚位，自然挺拔站立，双手虎口相交叠放于腰际，左手在上，右手在下，拇指可以顶到肚脐处，手掌尽量舒展，两手服帖成自然的弧度，让别人可以看到女性修长纤细的手指。不要僵硬地重叠放在一起，手指伸直但不要外翘。这种站姿既能够体现出职业特点，又能够恰到好处地表现女性的优美。女性礼宾站姿如图 5-6 所示。

图 5-4　女性服务站姿　　　　图 5-5　女性交流站姿　　　　图 5-6　女性礼宾站姿

(四)旅游服务人员站姿的禁忌

1)双脚叉开过大。面对外人时,如果双腿叉开过大,不论是小腿还是大腿叉开,都是极其不雅的。此外,双腿不可不停地抖动。

2)东倒西歪。工作时不可东倒西歪,一肩高一肩低,站没站相,坐没坐相,很不雅观。

3)双手乱放。切忌双手抱胸或叉腰,也不要将手插入衣袋内,不可双臂胡乱摆动。

4)做小动作。下意识做小动作,如摆弄打火机或香烟盒、玩弄衣服和发辫、咬手指甲等。

5)弯腰驼背。驼背弓腰会显得人健康欠佳,无精打采。

6)趴伏倚靠。懒洋洋地倚靠在墙上或椅子上,将破坏自己和酒店的形象,显得自由散漫,极不雅观。

7)全身乱动。站立是一种相对静止的体态,因此不宜在站立时频繁地变动体位,甚至身体不自主地上下乱动。眼睛不可不断左右斜视。

学习小贴士

不良站姿纠正的小妙招

1. 靠墙训练

站姿训练刚开始可以采取靠墙站立,训练直立、头正、梗颈、展肩、立腰、收腹、提臀、直腿、平视微笑等基本要领。靠墙站立时,脚后跟、小腿肚、臀部、双肩、头部、背部都要贴墙。

2. 背对背训练

两人背对背站立,两人的小腿、臀部、双肩、后脑勺都贴紧。两人的小腿之间夹一张小纸片,不让其掉下。每次训练20分钟左右。

3. 顶物训练

把书本放在头顶,头部、躯体自然保持平衡,对身体的各部位进行训练,重点纠正低头、仰脸、头歪、头晃、左顾右盼的毛病。

二、旅游服务人员的坐姿礼仪

(一)旅游服务人员规范坐姿的基本要求

1)入座和离座时都要轻、稳、缓,动作协调、文雅。
2)落座后上体自然挺直,收腹立腰。
3)上身略微前倾,朝向服务对象。
4)头正、颈直,下颌微收,双目平视前方或注视对方。

(二)旅游服务人员坐姿的礼仪规范

1. 入座

(1)方式

1)从座位的左侧入座。

2)伸右腿，左脚跟上，并拢。
3)右腿向后撤半步。
4)上身保持正直轻稳坐下，左腿后撤，两腿并拢。
(2)要领
1)着裙装的女士，入座时将裙子的下摆稍微收拢一下。
2)男士在直接坐定后，两腿自然分开。

2. 坐定

(1)男士的坐姿

1)上身的姿势。头部端正，上身自然挺直，背部成一平面，身体重心垂直向下。
2)手的摆放。两臂自然弯曲，两手自然放于双膝之上。
3)腿的摆放。垂腿开膝式：男士的正规坐姿。要求上身与大腿，大腿与小腿，小腿与地面，都应当成直角；双膝分开，分开幅度不要超过肩宽，如图5-7所示。

双腿叠放式：右膝叠放在左膝上，右小腿内收贴向左腿，脚尖下点，双手叠放在上面的腿上，如图5-8所示。

图5-7 垂腿开膝式　　　　图5-8 双腿叠放式

(2)女士的坐姿

1)上身的姿势。头部端正，上身自然挺直，背部成一平面，身体重心垂直向下。
2)手的摆放。两臂自然弯曲，右手握左手自然放于大腿上。
3)腿的摆放。正襟危坐式：最基本的坐姿，适用于正规场合。要求上身与大腿，大腿与小腿，小腿与地面，都应当成直角；双膝双脚完全并拢，如图5-9所示。

前伸后曲式：可以展现女性优美的一种坐姿。要求大腿并紧之后，向前伸出一条腿，并将另一条腿屈后，两脚脚掌着地，双脚前后保持在同一条直线上，如图5-10所示。

双腿叠放式：适合穿短裙子的女士采用，造型优雅。要求将双腿完全一上一下交叠在一起，交叠后双腿间没有任何缝隙，犹如一条直线；双腿斜放于左右一侧，并与地面呈45度夹角，叠放在上面的脚尖垂向地面，如图5-11所示。

双腿交叉式：适用于穿裙子的女性在较低处就座时使用。要求双腿先并拢，双脚在脚踝处交叉,然后双脚向左或向右斜放,也可内收,但不宜向前方远远伸出,力求使斜放的腿部与地面呈 45 度角,如图 5-12 所示。

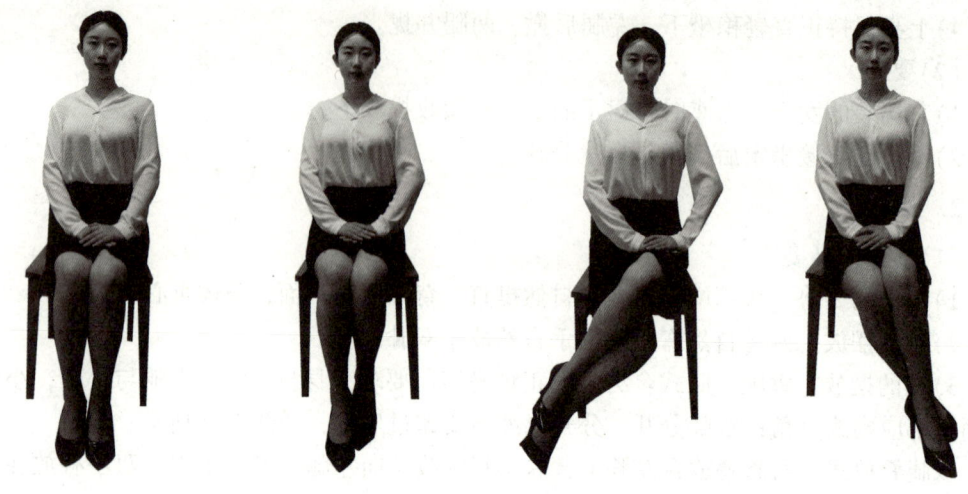

图 5-9　正被危坐式　　图 5-10　前伸后曲式　　图 5-11　双腿叠放式　　图 5-12　双腿交叉式

3. 离座

1) 方式。从座位左侧离座。

2) 要领。起立时先示意一下,右腿后撤半步,起身;右腿迈半步,与左腿并齐,左腿向椅子的左侧迈一步,右腿跟上并起;从椅子左侧出;动作要轻、稳、缓。

(三)旅游服务人员坐姿的禁忌

1) 坐在椅子上,勿将双手夹在双腿之间,这样显得胆怯、害羞,缺乏自信,也显得不雅。

2) 双腿叉开过大,或双腿过分伸张,或呈"4"字形,或把腿架在椅子、茶几、沙发扶手上,都不雅观,忌用脚打拍子。

3) 避免内八字,当跷起二郎腿时,悬空的脚尖应朝下或朝向他处,切忌朝天或指向他人,不可上下抖动。

三、旅游服务人员的行姿礼仪

(一)旅游服务人员规范行姿的基本要求

1. 从容

上身应保持挺拔,双肩保持平稳,双臂自然摆动,手臂距身体 30~40 厘米为宜。

2. 平稳

起步时,身体微向前倾,身体重心落于前脚掌;行走中大腿带动小腿,脚跟先着地,步态需平稳,身体重心随着移动向前过渡,而不要让重心停留在后脚跟。

3. 直线

男子步履雄健有力,走平行线,展示刚健、英武的阳刚之美;女子步履轻捷、娴雅,步伐略小，走直线，展现温柔、娇俏的阴柔之美。

(二)旅游服务人员行姿的礼仪规范

旅游服务人员行走时，应保持上身正直、挺胸、收腹、直腰；身体重心落于脚的中央，不可偏斜。腰部以上到肩部尽量减少动作，保持平稳；双臂靠近身体，随着步伐前后自然摆动；手指自然弯曲朝向身体。行走路线尽可能保持平直，双脚应注意尽可能走在两条平行直线上，如图5-13、图5-14所示。男性步伐可稍大一些，两臂摆动有力，膝盖和脚腕都要富有弹性，走起来潇洒、豪迈，展示男性的阳刚之美；女性步幅要有韵律感，体现女性温婉动人、阴柔之美，给人以柔和的美感。

图5-13　男性旅游服务人员行姿(正面)　　图5-14　男性旅游服务人员行姿(侧面)

(三)旅游服务人员变向时的礼仪规范

1. 后退步

1)向他人告辞，应先向后退两三步，再转身离开。

2)退步时，脚要轻擦地面，不可高抬小腿，后退的步幅要小。转体时要先转身体，头稍后再转。

2. 侧身步

1)当走在前面引导来宾时，应尽量走在宾客的左前方。

2)髋部朝向前进的方向，上身稍向右转体，左肩稍前，右肩稍后，侧身向着来宾，与来宾保持两三步的距离。

3)当在较窄的路面或楼道中与人相遇时，也可采用侧身步，两肩一前一后，并将胸部转向他人，不可以后背示人。

(四)旅游服务人员行姿禁忌

1)走路时身体不要前俯后仰、弯腰弓背。

2)两脚脚尖不要同时朝向里侧或外侧，呈现出内八字或外八字。

3)双臂甩动幅度不要过大。摇头晃脑、扭腰摆臀、左顾右盼都不可取。

4)不要双手插入裤袋或背手而行。

四、旅游服务人员的蹲姿礼仪

(一)旅游服务人员规范蹲姿的基本要求

1)下蹲时应当自然、得体、大方,不遮遮掩掩。
2)下蹲时两腿合力支撑身体。
3)下蹲时应该使头、胸、膝关节在一个角度上,背部要挺直,使蹲姿更优美。
4)女士无论采取何种蹲姿,都要将腿靠紧,臀部向下。
5)弯腰捡物时,两腿并拢,臀部不要向后撅起。
6)不要两腿展开平衡下蹲。
7)下蹲时注意内衣不可以露或不可以透。

(二)旅游服务人员常见的蹲姿礼仪规范

1. 高低式蹲姿

基本特征是双膝一高一低。下蹲时,双腿不并排在一起,而是左脚在前,右脚在后,左脚完全着地,小腿基本上垂直于地面;右脚脚掌着地,脚跟提起。此时,右膝应低于左膝,右膝内侧靠于左膝的内侧,形成左膝高于右膝的姿态。此时,女性要靠紧双腿,男性则可以适度地将其分开,臀部向下,分别如图5-15、图5-16所示。服务人员选用这种蹲姿既方便又优雅。

2. 交叉式蹲姿

交叉式蹲姿通常适用于女性,尤其是穿着短裙的女性。它的优点是造型优美、雅典。基本特征是蹲下后双腿交叉在一起。下蹲时,右脚在前,左脚在后,右小腿垂直于地面,全脚着地。右腿在上,左腿在下,二者交叉重叠。左膝由后下方伸向右侧,左脚跟抬起,并且交叉着地。两腿前后靠近,合力支撑身体。上身略向前倾,臀部向下。交叉式蹲姿图5-17所示。

3. 半跪式蹲姿

半跪式蹲姿为非正式蹲姿,基本特征是双腿一蹲一跪。下蹲后,改为一腿单膝点地,臀部坐在脚跟上,以脚尖着地;另一条腿,应当全脚掌着地,小腿垂直于地面;双膝应同时向外,双腿应尽力靠拢。半跪式蹲姿如图5-18所示。

图5-15 女性高低式蹲姿　　图5-16 男性高低式蹲姿　　图5-17 交叉式蹲姿　　图5-18 半跪式蹲姿

> **互动研讨**
>
> 讨论：哪些服务场合需要旅游服务人员运用蹲姿进行服务？

（三）旅游服务人员蹲姿的禁忌

1）不要突然下蹲。当自己在行进中需要下蹲时，切勿速度过快，否则会令人感到突兀惊讶。

2）不要离人太近。下蹲时注意与人保持一定的距离，以防相撞或产生不必要的误会。

3）不要方位失当。在他人身边下蹲时，要与之侧身相向。正对或背对他人下蹲是不礼貌的。

4）不要毫无遮掩。尤指身着裙装的女性在下蹲时要注意遮拦，尽可能不要下蹲。

5）不要随意下蹲。不可蹲在椅子上或凳子上，不可蹲着休息，不可在不需要的情况下下蹲。

任务三　掌握旅游服务人员的表情礼仪

表情就是指面部神态，即通过面部眉、眼、嘴、鼻的动作和脸色变化表达出大家内心的思想感情，是人的心理状态的外在表现。表情在传达一个信息的时候，视觉信号占55%，声音信号占38%，文字信号占7%。表情礼仪包括眼神礼仪和微笑礼仪。眼神礼仪是面部表情的核心，在交往时，眼神是一种真实的、含蓄的语言，从一个人的目光中可以看到他的整个内心世界。一个交际良好的交往，眼神是坦诚、亲切、友善、炯炯有神的。微笑是人与人之间最短的距离，当与陌生的顾客相遇时，温暖的微笑和友善的表情能驱逐陌生感，使陌生人之间的距离立刻拉近，能缓解和消除陌生顾客内心的抵触或拒绝心理，进而有利于进一步洽谈。当遇到生气或情绪激昂的顾客时，热情的态度和友好的微笑会让对方的怒火熄灭，正所谓"伸手不打笑脸人"，愉悦和善意的表情有重要的作用。

> **情境导入**
>
> 在一家饭店，一位住店客人外出时，有一位朋友来找他，要求进他房间去等候，由于客人事先没有留下话，总台服务员没有答应其要求。客人回来后十分不悦，跑到总台与服务员争执起来。公关部年轻的王小姐闻讯赶来，刚要开口解释，怒气正盛的客人就指着她鼻尖，言辞激烈地指责起来。王小姐心里很清楚，在这种情况下，勉强做任何解释都是毫无意义的，反而会让客人情绪更加冲动。于是她默默无言地看着他，让他尽情地发泄，脸上则始终保持友好的微笑。一直等到客人平静下来，王小姐才心平气和地告诉他饭店的有关规定，并表示歉意。客人接受了王小姐的劝说。没想到后来这位客人离店前还专门找到王小姐辞行，激动地说："你的微笑征服了我，希望我再来饭店时能有幸再次见到你的微笑。"
>
> 问题：请谈一谈微笑的作用。

一、旅游服务人员的眼神礼仪

(一)注视的时间

1)表示友好。应不时注视对方,注视对方的时间约占全部相处时间的三分之一。

2)表示重视。应常常把目光投向对方那里,注视对方的时间约占相处时间的三分之二。

3)表示轻视。目光游离对方,注视对方的时间不到全部相处时间的三分之一。

(二)注视的角度

注视别人时,目光的角度,即目光从眼睛里发出的方向,表示交往对象的亲疏远近。注视别人的常规角度有以下几种。

1. 平视

平视即视线呈水平状态。平视常用于在普通场合与身份、地位平等的人进行交往时,以表示客观、平等、理智之意。在对客服务的多数情况下,采用此种视角。旅游从业人员应有意识地注意自己与顾客之间的位差,及时调整视线高度,以免引起误会。在面对儿童时,也应蹲下身躯,与其保持视线水平,以示自己亲和、爱护之意。

2. 侧视

侧视是平视的特殊情况,即位于交往对象的一侧,面向并平视着对方。侧视的关键在于面向对方,否则为斜视对方,即为失礼之举。

3. 仰视

仰视即主动居于低处,抬眼向上注视他人,以表示尊重、敬畏对方之意。

4. 俯视

俯视即向下注视他人,可表示对晚辈的宽容、怜爱,也可表示对他人的轻慢、歧视。

(三)注视的部位

一般情况下,与他人相处,不要注视对方头顶、大腿、脚部与手部。对于异性而言,通常不应该注视肩部以下的部位。

1. 公务凝视(严肃感)

在磋商、谈判等洽谈业务场合,眼睛应看着对方双眼或双眼与额头之间的区域。

2. 社交凝视(舒适感)

社会凝视是在社交场合面对交往对象时所采用的常规方法,眼睛应看着对方双眼到眉心的三角区域。

3. 亲密凝视(亲近感)

在亲人或家庭成员之间,目光应该注视对方双眼到胸部第二颗纽扣之间的区域。

(四)注视的方式

1)直视型。直盯对方,使对方有紧迫感。

2)他视型。与对方讲话,眼睛却望着别处,容易让人误以为不愿意与他谈话。

3）转换型。在与对方讲话时总是眼神四处游离，给人心神不定的感觉，不利于双方谈话。

4）柔视型。目光直视对方，但眼神柔和，间或变化一下视角；目光炯炯有神，却又不失温柔。这种目光给人以自信和亲切之感。

5）斜视型。不正眼看对方，给人心怀叵测的感觉。

6）无神型。目光疲软，不时看向自己鼻尖，这种目光表现出冷漠之感。

7）热情型。目光充满活力，给人以朝气蓬勃之感。这种目光在有些场合会让对方情绪渐涨，可提高谈话的兴趣，有些场合则令人反感。

(五) 眼神交流禁忌

1）忌用冷漠、傲慢、鄙夷、轻视的眼神。
2）忌眼神游离、散漫，左顾右盼，挤眉弄眼。
3）忌长时间盯视对方，尤其是对异性，会造成不必要的误会和麻烦。
4）忌上下打量，这种目光含有自以为是、唯我独尊的意味。
5）忌咄咄逼人，带有挑衅意味的目光。
6）忌暧昧、猥琐、闪烁不定的目光，这种目光会给人造成轻浮的印象。

二、旅游服务人员的微笑礼仪

俗话说："出门看天色，进门看脸色。"在人际交往中，真诚的微笑会产生思想上和情感上的强烈共鸣。

(一) 旅游服务人员微笑的基本要求

合乎礼仪的笑容大致可分为含笑(不出声，不露齿，只是面带笑意)、微笑(唇部向上移动，略显弧形，笑不露齿)、轻笑(嘴巴微微张开，上齿显露，但不发出声响)、浅笑(笑时抿嘴，下唇大多被含于牙齿之中，抿嘴笑)、大笑(一般交往场合不宜使用)。为了更好地表达自己的情感，微笑应该做到以下几点。

1. 发自内心

发自内心、自然适度的微笑，才是内心情感的自然流露，才能笑得自然亲切、温柔友善、恰到好处；充满爱心和理解的微笑才使人如沐春风，切不可故作笑颜、假意奉承。微笑要做到表里如一，使微笑与自己的仪表举止、谈吐相呼应。

2. 适时尽兴

微笑不但要讲究精神饱满、气质典雅，而且要注意适时尽兴，指向明确，不可以笑得莫名其妙，更不可在不明白对方意图、听不懂对方语言的情况下贸然微笑。

3. 表现和谐

笑要由眼睛、眉毛、嘴唇、表情等方面协调完成，防止生硬、虚伪的假笑和笑不由衷。通常，一个人在微笑时，应当目光柔和发亮，双眼略为睁大，眉头自然舒展，眉毛微微向上扬起，力求表里如一。微笑要具有感染力。真正的微笑应该是发自内心的，是内心活动的一种自然流露。

4. 亲切庄重

微笑不宜发出笑声，特别是女士更要注意克制，切不可咯咯地笑个不停，更不能不分场合表现出显然不合时宜的微笑和大笑。应根据服务对象的实际情况和场合,决定是否采取微笑,以及采取怎样的微笑。

5. 始终如一

在交际、服务场合,必须将微笑贯穿于交际、服务的全过程,要做到对所有的宾客一视同仁,微笑服务。

> **学习小贴士**
>
> **适合自己的招牌笑容**
>
> 发"茄"——苹果肌发力:适合长脸、长中庭、长人中的人,不适合苹果肌太发达、鼻翼缘后缩的人。
>
> 发"嘿"——下巴发力:适合苹果肌太发达、圆脸、方脸、下巴后缩的人,不适合长脸的人。
>
> 发"咦"——嘴角发力:适合嘴角下垂、嘴裂小、嘴唇厚的人。
>
> 发"哈"——嘴角和下巴一起发力:适合活泼可爱、轻微凸嘴的人,不适合嘴大、唇厚的人。

(二)旅游服务人员微笑的禁忌

1) 假笑,即笑得虚假,皮笑肉不笑。
2) 冷笑,即含有怒意、讽刺、不满、无可奈何、不屑一顾、不以为然等容易使人产生敌意的笑。
3) 怪笑,即笑得怪里怪气,令人心里发麻,多含有恐吓、嘲讽之意。
4) 媚笑,即有意讨好别人,非发自内心,具有一定功利性目的的笑。
5) 怯笑,即害羞、怯场,不敢与他人对视,甚至会面红耳赤的笑。
6) 窃笑,即偷偷地、洋洋自得或幸灾乐祸的笑。
7) 狞笑,即面容凶恶的笑,多表示愤怒、惊恐、吓唬之意。

> **互动研讨**
>
> 讨论:你认为微笑是无所不能的吗?

任务四 掌握旅游服务人员的手势礼仪

手势是我们日常生活中常用的一种体态语言,是通过手和手指活动所传达的信息。手势美能给人一种优雅、含蓄、彬彬有礼的感觉。在旅游社交活动中适当地运用手势辅助语言,可以为自身的交际形象添彩。学会观察对方的手势,也可以从中了解到对方的情绪与心理状态,有助于旅游服务人员更好地与客人沟通。

情境导入

小张是某酒店公关部经理,由于业务出色,被派到中东地区某国家进行考察。抵达后,受到主人热情的接待,并设宴会招待。席间,为表示敬意,主人向每位客人一一递上当地的特产饮料,一向习惯于"左撇子"的小张不假思索,伸出左手去接。主人见此情景脸色骤变,不但没有将饮料递到小张的手中,反而非常生气地将饮料重重地放在餐桌上,并不再理睬小张。

问题:请分析主人生气的原因。

一、旅游服务人员手势的基本要求

手势由手势的速度、力度、幅度和弧度四部分构成。通常介绍某人或给对方指示方向时,应掌心向上,四指并拢,大拇指张开,以肘关节为轴,前臂自然上抬伸直。指示方向时上体稍向前倾,面带微笑,自己的眼看着目标方向并兼顾对方是否意会到。这种手势有诚恳、恭敬之意。打招呼致意、告别、欢呼、鼓掌也属于手势的范围。总的来说,需要注意以下几点。

(一)速度适中

手势速度不宜过快,手势过快地指来画去,不但会给人杂乱无章、不稳重、不和谐的感觉,而且难以让人有一个心理过渡,无法引人注目,反而造成紧张感。

(二)力度适宜

手势力度轻重适宜能产生"柔中带刚"的美感。手势力度过大地挥来舞去和伸张无度的手势,会给人造成惊异感,也缺乏美感和艺术感,会令人烦躁不安,心神不定。

(三)幅度适度

与人交谈时的手势不宜过多,动作不宜过大。手势动幅应服从内容表达和对象、场合的需要。手势动幅过大过多会显得张扬浮躁,过小会显得暧昧不堪,手势生硬则会使人敬而远之。若要表达理想、希望等积极肯定的思想感情,动幅可高于肩部。若要表达叙事和说明比较平静的思想,动幅应该控制在肩部至腰际之间。若要表示否定的意思,动幅应在腰部以下。但无论两臂如何挥动,两腋都要微微夹住,手肘尽量靠近自身,两臂横动不可超过两尺[①]半。

(四)弧度优美

手势弧度越优美,越能体现出对他人的敬意。所以,手部动作要柔和协调。手势弧度动作要与语言表达、面部表情相协调。

(五)区别地域

相同的手势动作,在不同地域有不同的含义。所以,在使用手势时,要注意国别差异

[①] 1尺≈0.33米。

和宗教信仰差异等。

二、旅游服务人员不同场合的手势礼仪规范

(一) 引导方向

1. 直臂式

直臂式又称高位手势，常用来表示"请这边走"。五指伸直并拢，屈肘由腹前抬起，掌心向上，手臂的高度与肩同高，肘关节伸直，再向要行进的方向伸出前臂，与地面呈45度角。在指引方向时，身体要侧向来宾，眼睛要兼顾所指方向和来宾，直到来宾表示已清楚方向，再把手臂放下，向后退一步，施礼并说"请您走好"等礼貌用语。直臂式如图5-19所示。

2. 横摆式

横摆式常用来表示"请进"，五指伸直并拢，然后以肘关节为轴，手从腹前抬起向右摆动至身体右前方，与腰同高，不要将手臂摆至体侧或身后。左手下垂，眼睛看向手指的方向，面带微笑。引导员应注意，一般情况下要站在来宾的右侧并将身体转向来宾。横摆式如图5-20所示。

3. 斜摆式

斜摆式常用来表示"请坐"，请来宾入座时，即要用双手扶椅背将椅子拉出，然后一只手曲臂由前抬起，再以肘关节为轴，前臂由上向下摆动，使手臂向下成一斜线，到于大腿中部齐高。上身前倾，目光兼顾客人和椅子，座位在哪，手就该指向哪，表示请来宾入座。斜摆式如图5-21所示。

图 5-19　直臂式　　　　图 5-20　横摆式　　　　图 5-21　斜摆式

4. 曲臂式

曲臂式常用来表示"里边请"，右手五指伸直并拢，从身体的侧前方，由下向上抬起，上臂抬至离开身体45度的高度，然后以肘关节为轴，手臂由体侧向体前左侧摆动成曲臂状，请来宾进去。曲臂式如图5-22所示。

5. 双臂横摆式

双臂横摆式常用来表示"欢迎"或者"大家请",适用于对面人多时。双手从身体前,向两侧或一侧抬起,再以肘关节为轴,与胸同高,上身略微前倾。双臂横摆式如图5-23所示。

图5-22 曲臂式　　　　　图5-23 双臂横摆式

(二)打招呼

1)五指并拢,手掌举过肩头,全手掌摆动,而不能仅用手指。
2)掌心要面向对方,而不宜朝向其他方向。

(三)举手致意

服务人员工作繁忙而又无法向面熟的顾客问候时,可向其举手致意。这样可消除误会,消除对方被冷落的感觉。

1)面向对方。举手致意时,应全身直立,并且至少要使上身与头部朝向对方,面带微笑。
2)手臂上伸。致意时手臂应自下而上向对应肩头的侧上方伸出。手臂可略微弯曲,也可全部伸直。
3)掌心向外。致意时须五指并拢,并且掌心面向客人,指尖向上。

(四)挥手道别

1)身体站直。挥手时身体要站直,不可走动、乱跑,更不可摇晃。
2)手臂前伸。道别时,可用右手,也可双手并用,但手臂应向前平伸,与肩同高,注意手臂不要伸得太低或过分弯曲。
3)掌心朝外。要保持掌心朝向客人,指尖向上,否则是不礼貌的。
4)左右挥动。要将手臂向左右两侧挥动,但不可上下摆动。若使用双手,挥动的幅度应大些,以显示热情。
5)目视对方。挥手道别时,要目视对方,直至道别对象在服务人员的视线范围内消失,否则会被对方误解为他是"不速之客"。

(五)手持物品

1)手持物品时,可根据物品重量、形状及易碎程度采取相应手势,以稳妥为手持物品的第一要求，并且尽量做到轻拿轻放，防止伤人或伤己。

2）手持物品时，服务人员可以采用不同的姿势，主要由服务人员本人的能力以及物品的大小、形状、重量决定。无论采用什么姿势，都一定要避免在持物时手势夸张、小题大做。

3）手持物品时要有明确的方向感，不可将物品倒置。很多物品有其固定的手持位置，可"按物所需"而手持物品。

4）为客人取拿食品时，切忌使自己的手指与食物接触，如不可把手指搭在杯、碗、碟、盘边沿，更不可无意之间使手指浸泡在其中等。

（六）展示物品

1. 便于观看

在展示物品时，一定要将其正面朝向观众。如果物品上有文字，一定要使文字的方向便于观众阅读，并且展示的高度和时间以有利于观众观看为原则。另外，当四周皆有观众时，展示还须变换不同的角度。

2. 手位正确

在展示物品时，应将物品放在身体一侧展示，不能挡住展示者的头部。物品要与展示者的双眼齐高。如有必要，还可将双臂横伸，使物品向体侧伸出。物品应放在肩至肘之处，上不过眼部，下不过胸部。

（七）递接物品

1. 用双手递接物品

双手递物是体现对顾客的尊重的最为重要的一点。即使不方便双手并用，也应尽量采用右手，切记不可以左手递物（在很多宗教信仰的国家里，这种行为通常被视为失礼之举）。

2. 尽量递到手中

递给他人的物品，如果环境等因素允许的话，应直接交到对方手中；不到万不得已，最好不要将所递的物品经别处"中转"。

3. 礼貌主动

若递接双方相距过远，递物者应主动走近接物者；假如自己坐着，还应尽量在递物时起立。

4. 方便接取

服务人员在递物时，应为对方留出便于接取物品的空间，不要让其感到接物时无处下手。若是将带有文字的物品递交他人，还须使文字方向合适，以便对方接过后利于阅读。

5. 尖、刃向内

将带尖、带刃或其他易于伤人的物品递给他人时，切勿将尖、刃的一头朝向对方，应使其朝向自己或他处。

（八）鼓掌

鼓掌作为一种礼节，应当做得恰到好处。在鼓掌时，最标准的动作是：面带微笑，抬起两臂，抬起左手手掌至胸前，掌心向上，以右手除拇指外的其他四指轻拍左手中部。此时，节奏要平稳，频率要一致。至于掌声大小，则应与气氛相协调。通常情况下，不要对他人"鼓倒掌"，即不要以掌声讽刺、嘲弄别人。也不要在鼓掌时伴以吼叫、吹口哨、跺脚、起哄，这些做法会破坏鼓掌的本来意义。

互动研讨

几种常见的手势含义

讨论：分组研讨翘大拇指、"OK"、V形手势在不同地区的含义。

三、旅游服务人员手势的禁忌

(一) 指点摆手

用手指指点别人，或用手指指点对方的面部，尤其是指鼻尖，是对人的极不恭敬的举动。另外，也不要将一只手臂伸在胸前，指尖向上、掌心向外、左右摇动，或掌心向内，由内向外地摆动手臂，这些动作是拒绝别人，还有极不耐烦之意。

(二) 双臂抱前抱后

在工作时，若双臂抱在胸前，是旁观他人、置身事外之意，会令交往对象心生不快；双臂抱在脑后，则会给交往对象目中无人的感觉。

(三) 摆弄手指

反复摆弄自己的手指，如活动关节、握拳松拳、打响指，一只手或一双手插入口袋，这种动作通常是不允许的，会给交往对象冲动烦躁、不努力的感觉。

(四) 弄姿抚体

在工作岗位上，旅游从业者整理自己的服饰、梳妆打扮、抚摸自己的身体，如摸脸、擦眼、搔头、抓痒等，会给交往对象矫揉造作、不专心做事的感觉，也是不讲卫生、缺乏公德意识、素质低下的表现。

学以致用

学有所思

1. 标准的站姿、坐姿、行姿、蹲姿规范是什么？
2. 请列举常见的站姿、坐姿类型。
3. 常用的引导手势有哪些？
4. 表情礼仪如何运用能达到最大的效果？
5. 蹲姿的注意事项是什么？

实战演练

1. 分组练习旅游服务人员常用的站姿、坐姿、行姿、蹲姿。
2. 情境模拟演练。
   (1) 分组设计服务场景，要求至少能够体现三种体态礼仪。
   (2) 每组进行表演，全班评议角色扮演的得失。

项目六　旅游服务人员的仪表礼仪

学习目标

1. 了解旅游服务人员着装的基本要求及原则。
2. 掌握旅游服务人员制服着装的礼仪规范。
3. 掌握男性西装、女性套裙的着装礼仪规范。
4. 掌握旅游服务人员适合佩戴的饰品及佩戴礼仪规范。

任务一　了解旅游服务人员着装礼仪的基本规范

仪表对人们的形象起到自我标志、修饰弥补和包装外表的作用，是人际交往中的主要知觉对象之一。它是其主体审美能力的体现，道德水平的展现，也是树立人们自信心的有效手段。俗话说，爱美之心，人皆有之。美感享受属于人类高层次的心理需求，好的仪表可以给对方留下深刻印象，从而拉近人与人之间交往的心理距离，为进一步交往打下基础。旅游服务人员的仪表礼仪主要通过着装礼仪来体现。仪表美对旅游服务工作的作用是不可轻视的，很大程度上会影响对方对旅游服务人员的工作满意度的评价效果。

情境导入

小王刚毕业便来到了某旅行社从事导游工作，第一次带团的时候为了显示对这次工作的重视，便进行了一番精心打扮。小王穿着时髦，耳朵上佩戴着突出的圆环耳环，戴着墨镜，脚踩8厘米的高跟鞋。当她出现在游客面前时，大家都有些诧异，但并没有说什么。一天下来，小王的服务工作结束了，因为鞋跟太高，好几次没有跟上团队，出现了多次混乱状况，她自己也是一身的疲惫。

问题： 你认为小王应该怎样着装比较适合带团队？

一、旅游服务人员着装的基本要求

(一)服饰清洁

服饰清洁是着装的基本要求,它既体现了旅游服务人员的精神面貌、良好的卫生习惯,也反映了旅游行业的管理水平和卫生状况。旅游服务人员保持服饰清洁是对旅客的尊重,可以使旅客产生受尊重感和安全感。

具体要求包括:衣裤无污垢、油渍、异味,尤其是领口、袖口要保持干净。每天上岗前要检查制服上是否有菜汁、油渍等污垢,若发现不清洁应及时清洗。应多备一套制服,以备急用时替换。

(二)服饰整洁美观

1. 穿着合身

注意四个长度适中,即衣袖长于手腕、衣长至虎口、裤长至脚面、裙长至膝盖。注意"四围",即领围以插入一指大小为宜,上衣的胸围、腰围及裤裙的臀围以穿一套羊毛衣裤的松紧为宜。

2. 符合规范

内衣不能外露,不挽袖卷裤,不漏扣、掉扣,领带、领结、飘带与衬衫领口的大小要搭配,戴好岗位帽子和手套。

3. 服饰挺括、美观大方

衣裤烫平,不起皱;裤线笔挺,穿后要挂好,保持平整、挺括;制服的款式简练,穿着利落,线条自然流畅,以便于接待服务。

二、旅游服务人员着装的原则

(一)整体性原则

职场着装的各个部分应相互呼应、精心搭配,特别是要遵守服装与鞋帽之间约定俗成的搭配原则,在整体上尽可能做到完美、和谐,展现着装的整体之美。服饰的整体美构成因素是多方面的,包括人的体型和内在气质,服装饰物的款式、色彩、质地、加工技术,着装的环境等。外在美指人的形体及服饰的外在表现;内在美指人的内在精神、气质、修养及服装本身所具有的神韵。内在美是更高层次的美,只有不断充实自己的内涵,培养自己优雅的风度及高雅的气质,着装才会成功。

(二)协调性原则

人们的服饰必须与自己的年龄、形体、肤色、脸型相协调。只有充分认识与了解自身的具体条件,一切从实际出发来着装打扮,才能真正达到扬长避短的目的,故应考虑以下几方面因素。

1. 年龄

年龄是选择服饰的重要"参照物"。不同年龄层次的人,应穿与其年龄相适应的服饰,才算得体。

2. 体型

人们的体型千差万别，而且往往难以尽善尽美。若能根据自己的身材选择服装，就能达到扬长避短、显美隐丑的效果。例如，身材富态的人不应穿横条纹的服装，以避免产生体型增宽的视觉；身材高而瘦的人如穿上竖条纹的服装，就会显得更加纤细；身材矮小的人，穿上同质同色的套装，可以产生整体拉长的效果；身材高大的人，则适合穿不同颜色的上衣和下装。

3. 肤色

人们在选择服饰时，应使服饰的颜色与自己的肤色相协调，以产生良好的着装效果。一般来说，面色偏黄的人适宜穿蓝色或浅蓝色上装，将偏黄的肤色衬托得洁白娇美，而不适合穿群青、莲紫色上衣，因为这会使皮肤显得更黄。肤色偏黑的人适宜穿浅色调、明亮些的衣服，如浅黄、浅粉、月白等颜色的衣服，这样可衬托出肤色的明亮感，而不宜穿深色服装，最好不要穿黑色服装。皮肤白皙可选择的颜色范围较广，但不宜穿近似于肤色的服装，而适宜穿颜色较深的服装。

4. 脸型

面孔是最吸引视线的部位。选择服饰，首先考虑的就是如何有效地衬托人的面孔，而最接近面孔的衣领造型特别重要。衣领类型繁多，男女有别。领型适当，可以衬托面孔的匀称，给人以美感；反之，则有损于人的视觉形象。所以，衣领的造型一定要与脸型相配。例如，面孔小的人，不宜穿领口开得太大的无领衫，否则会使面孔显得更小；而面孔大的人，通常脖子也比较粗，所以领口不能开得太小，否则会给人勒紧的感觉，这种人如果穿V形领的服装，使面部和脖子产生一体感，效果会好得多。

> **互动研讨**
>
> 讨论：现代社会越来越开放，注重每个人的个性发展，追求个性解放，你认为个性化服饰在旅游服务工作中是否适用？

（三）TPO 原则

TPO 原则是西方人提出的服饰穿着原则，T、P、O 分别表示时间（Time）、地点（Place）、场合（Occasion）。穿着的 TPO 原则，要求人们在着装时考虑时间、地点、场合三个因素。

1. 时间原则

时间原则要求人们着装时考虑时间因素，做到随"时"更衣。通常，早晨人们在家中或进行户外活动时，着装应轻便、随意，可以选择运动服、便装、休闲装。工作时间的着装，应根据工作特点和性质，以服务于工作、庄重大方为原则。晚间的宴请、舞会、音乐会之类的正式社会活动，人们的交往距离相对较近，服饰给予人们视觉和心理上的感受程度相对增强。因此，晚间穿着应讲究一些，以晚礼服为宜。许多西方国家明文规定，人们去歌剧院观赏歌剧一类的演出时，男士一律着深色的晚礼服，女士着装也应该端庄、雅致，以裙装为主，否则，是不能入场的。

此外，服饰应当随着一年四季的变化而变换。夏季以凉爽、轻柔、简洁为着装格调，在使自己凉爽舒服的同时，让服饰色彩与款式给予他人视觉和心理上良好的感受。色彩浓重的服饰不仅使人感到更热，而且一旦出汗就会影响女士面部的化妆效果。冬季应以保暖、轻便为着装原则，避免臃肿不堪，也要避免"要风度不要温度"，为形体美观而着装单薄。应该注意，即使同是裙装，在夏天，面料应是轻薄型的，而冬天要穿面料厚的裙子。春秋两季可选择范围更大。

2. 地点原则

地方、场所、位置不同，人的着装也应有所区别。特定的环境配以与之相适应、相协调的服饰，才能获得视觉和心理上的和谐美感。与环境不协调的服装，会给人以身份与穿着不符或华而不实、呆板怪异的感觉，这些都有损于商务人员的形象。避免如此的最好办法是"入乡随俗"，穿着与环境地点相适应的服装。

3. 场合原则

不同的场合有不同的服饰要求，只有与特定场合的气氛相一致、相融洽的服饰，才能产生和谐的美观效果，实现人景相融的最佳效应。正式场合应严格遵守穿着规范。例如，男子穿西装，一定要系领带，西装里面有背心的话，应将领带放在背心里面。西装应熨得平整，裤子要熨出裤线，衣领、袖口要干净，皮鞋要光亮等。女子不应赤脚穿凉鞋，如果穿长筒袜子，袜子口不要漏在衣裙外面。在宴会等喜庆场合，服饰可以鲜艳明快、潇洒一些。一般说来，在正式的喜庆场合，男性服装以深色为宜，单色、条纹、暗格都可以；女性不论在什么喜庆场合，都可以选择适合自己的色彩鲜艳的服装。至于服装款式，男士在正式的商务场合，以中山装、西装为主；而女性则以裙装为主。

互动研讨

> 讨论：分组利用网络资源进行查找，制定适合旅游服务人员的服饰色彩搭配方案。

任务二　掌握旅游服务人员制服着装礼仪

在实际工作中，不同职业往往需要不同的制服，制服是标志一个人所从事职业的服装。与警服、空乘服等彼此各具特色一样，从事不同类型的旅游服务人员所穿的制服，通常也各不相同。穿制服可以展现职业魅力，让人产生责任感与自豪感。旅游服务人员穿制服是行业的需要，也是对宾客的尊重。

情境导入

小王是某旅行社的接待人员，社里有统一的制服，但是小王觉得制服款式过于宽松，体现不出自己的曲线美。于是，小王擅自将制服的尺寸进行了修改。某天，在接待游客的过程中，裙子突然开线了，小王一时间特别尴尬。

问题：请谈一谈该案例给你的启示。

一、旅游服务人员穿着制服的作用

（一）彰显职业特点

旅游服务岗位众多，不同岗位各具特色的制服既体现了本岗位的职业特点，也展示了整个旅游行业。

（二）表明职级差别

在旅游服务岗位中，每位服务人员的分工各不相同。通过不同的制服，体现不同部门、不同级别、不同职位的人员，既方便辨认，也能起到互相监督的作用。

（三）展现凝聚力

身着统一的制服可以体现整个企业的精神风貌，展现员工的合作性和凝聚力。

（四）树立企业形象

根据现代公共关系理论，要求穿着统一制服，实际上是建立某一社会组织以树立自身形象的"企业静态识别符号系统"的常规手法之一。员工每天穿着制服，久而久之，企业的形象便会深入人心。

二、旅游服务人员制服着装的基本要求

（一）整体大方

制服的款式要简洁、高雅，线条自然流畅。制服必须合身，内衣不要外露，不挽袖裤，不漏扣、不掉扣，领带、领结与衬衫的搭配要紧凑且不歪，工号牌或标志牌要佩戴在胸前，有的岗位还要戴好手套和帽子。敞胸露怀、不系领扣、高卷袖筒、挽起裤腿、不打领带、衬衫下摆束起等，不仅有损制服的整体造型，还破坏了企业的形象。

（二）清洁

制服要定期或不定期地换洗，做到无油渍、无污垢、无异味。领口与袖口尤其要保持干净。

（三）挺拔

为了保证衣裤不起皱，穿前要烫平，穿后要挂好，做到上衣平整、裤线笔挺。穿制服时，不要乱倚、乱靠、乱坐。

（四）无破损

制服穿着时要整整齐齐、外观完好。如制服有破损，就不宜继续在工作岗位穿着。在工作中发现破损，应立即采取措施补救。特别是在窗口部门工作的人员，更应注意制服的完好。

三、旅游服务人员制服着装的注意事项

（一）忌露、透、短、紧

通常认为，制服不应使着装者的胸部、腹部、背部和肩部"暴露"出来。若露出这些部位，是不文明的体现。若制服的面料极透，使得内衣等若隐若现，不但有碍观瞻，也会使

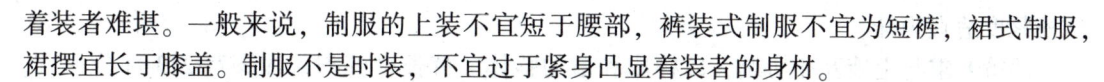

着装者难堪。一般来说，制服的上装不宜短于腰部，裤装式制服不宜为短裤，裙式制服，裙摆宜长于膝盖。制服不是时装，不宜过于紧身凸显着装者的身材。

（二）忌脏、皱、破、乱

制服应保持干净而清爽的状态，无异味、无异物、无异色、无异迹。制服皱是一种邋遢、不修边幅的体现，因此，需要采取一些措施防止制服皱。对残破的制服，应分别进行处理，若经过修补后痕迹明显，则不宜再度穿着。在穿着制服的单位里，忌讳"乱"，一是不按规定穿，二是不守规矩。

任务三　掌握旅游服务人员正装着装礼仪

目前，国际上一般以西装作为男士在正式场合着装的优先选择。对于职业男性而言，西装早已是一种国际性服装了。一套合体的西装，不仅可以使穿着者显得风度翩翩，而且也能衬托出男性阳刚、干练、稳重、专业的职业气质。线条流畅、柔美雅致的西装套裙既能展现女性婀娜多姿的身材，又能体现女性端庄文雅的性情，越来越成为女性的标准职业着装。

情境导入

小王是某旅行社的营销经理，一天，他受邀参加商务晚宴。他知道应该穿西装，可是没有合适的皮鞋，他觉得没人会在意脚上穿什么，于是便穿了一双黑色运动鞋。由于平时工作中以休闲装为主，穿着西装有些不适应，他便把衬衫放在外面，以这样的形象去了晚宴。认识他的朋友看到他开玩笑说，今天是混搭风啊，他也不以为意，这一晚上便再也没人和他搭话。

问题：请评价小王这一身的着装。

一、男士西装的着装礼仪规范

（一）选好面料与颜色

西装面料与颜色是比较引人注目的方面，就面料而言，鉴于西装往往作为正装，因此面料的选择应力求高档，纯毛面料被列为首选，高比例含毛的混纺面料也可以，化纤面料则尽量不用。就颜色而言，适合于接待客人穿着的西装首推藏蓝色。黑色是礼服西装的颜色，更适合于在庄重而肃穆的礼仪性活动中穿着。

（二）穿着合体

穿西装之所以使人显得精干、潇洒，是因为西装裁剪合体、制作精良。选择西装领子应注意，一般长脸形应选用短驳头，圆脸形、方脸形宜选用长驳头。西装领子应紧贴衬衫领口，上衣长度宜为垂下手臂时与虎口相平，袖长至手腕，胸围以穿一件"V"字领羊绒衫后松紧度适宜为佳。

西裤要求与上装互相协调，以构成和谐的整体。裤长以裤脚盖住脚背 2/3 部分为宜。西裤要烫出裤线，裤扣要扣好，拉锁全部拉严。西裤的腰带首选黑色，宽度在 2.5~3 厘米时较为美观，腰带系好后留有皮带头的长度一般为 12 厘米左右，过长或过短都不符合美学要求。

(三) 选好衬衫

穿西装，衬衫是重点，颇有讲究。一般来说，与西装配套的衬衫首选白色，此外，蓝色、灰色、棕色等也可考虑，其他单色或花色皆不可取。穿着硬领衬衫，领口必须挺括、整洁、无皱。领围以合领后可以伸入一个手指为宜，既不能紧卡脖子，又不可松松垮垮。西装穿好后，衬衫领应高出西装领口 1~2 厘米，衬衫袖应比西装袖长出 0.5~1 厘米。这样可以避免西装领口、袖口受到过多的磨损，而且能用白衬衫衬托西装的美观，显得更干净、洒脱。衬衫的下摆应扎在西裤里，袖口扣好，不可卷起。不系领带时，衬衫领口可以敞开。按标准要求，衬衫里面不应穿内衣，若有特殊原因需要穿，内衣领和袖口不能外露，否则显得不伦不类，很不得体。

(四) 系好领带

1. 领带的质地、色彩、图案

领带被誉为西装的"灵魂"，在西装的穿着中起画龙点睛的作用。一般在正式场合，都应系领带。领带的质地，以丝、毛为好，化纤次之。领带的色彩可以根据西装的色彩来搭配，以单色为好；图案以圆点、条纹、方格等几何图形为宜，以达到相映生辉的效果。在穿着时需保证领带绝对干净、平整，因为系领带是为了进一步表明精神、尊严和责任。

2. 领带的系结长度

领带系好后，两端都应自然下垂，上面宽的一片必须略长于底下窄的一片。长度以大箭头正好垂到皮带扣为标准。如有西装背心相配，领带应置于背心之内，领带尖亦不可露于背心之外。

3. 领带棒、领带夹、领带针、领带别针等的使用

这些配件有各种型号，主要功能是固定领带，不应突出其装饰功能。领带夹除作为企业标志时使用外，其他情况下最好不用。佩戴时领带夹的位置不能太靠上，以从上往下数衬衫的第三粒与第四粒或第四粒与第五粒纽扣之间为宜。西装上衣系好扣子后，领带夹是不应被看见的。

(五) 系好纽扣

西装纽扣除实用功能外，还有很重要的装饰作用。西装有单排扣和双排扣之分，双排扣西装一般要求把扣全部系好；单排扣西装，三粒扣的可系中、上两粒，两粒扣子的可系上面一粒，下粒扣不系或全部不系。在外国人眼中，只系上扣是正统，只系下扣是流气，两粒都系是土气，全部不系是潇洒。

(六) 鞋袜整齐

1. 皮鞋穿着要求

鞋子的款式和颜色应与服饰相配。在礼仪场合，穿着最多、最普通的是皮鞋。穿西装

一定要穿皮鞋，夏天也是如此，只是可以穿镂空的。皮鞋的颜色要与西装配套。黑色皮鞋是万能鞋，它能配任何一种深颜色的西装。黑、棕色皮鞋可以搭配深色西装，夏天穿白色皮鞋可以搭配浅色西装。牛仔服可以搭配皮鞋，但如果运动装搭配皮鞋就显得不伦不类了。休闲装只适合搭配轻便的皮鞋。有光泽的皮鞋一年四季都可以穿，翻毛皮鞋只有冬季穿才合适。皮靴一般在冬天穿，一般的服装也可以把裤脚塞到靴筒里；穿西装时只能用裤筒盖住靴筒，要么就换穿皮鞋，否则会破坏整体效果。最正式的皮鞋款式提倡传统的有系带的皮鞋。

皮鞋必须保持鞋面光亮明净，不要穿沾满尘土的鞋。穿鞋者的品行和可信度就如同鞋的质量一样。

2. 袜子穿着要求

袜子的颜色要比西装稍深一些，使它在皮鞋与西装之间显示一种过渡。袜子对男士的要求比较简单，颜色上一般倾向于深色的，如蓝、黑、灰、棕等。穿西装时袜子要穿黑色或深色不透明的中长筒袜子，不能穿花袜子，且不可穿棉质的运动袜。深色袜子可以配深色的西装，也可以配浅色的西装。浅色的袜子能配浅色西装，但不宜配深色西装。

3. 鞋袜穿着注意事项

1）穿拖鞋参加社交或公共活动是极不礼貌的，即使是上街闲逛或休闲，也不应该穿拖鞋。

2）除了进入专门场所等需要脱鞋外，不要当着他人的面把脚从鞋里伸出来。社交场合不应该出现脱鞋这样的举动。

3）不管穿哪一种鞋子，既不应该拖地，也不应该跺地，这样不仅制造噪声影响别人，也会给别人造成不好的印象。

4）作为男士，皮包、皮带、皮鞋应该颜色一致。

5）忌用白色袜子配西装。

6）袜子长度宁长勿短。

（七）整体协调

正确选用西装、衬衫和领带后，应注意三者间的合理搭配。整体协调更会使人风度翩翩，格外优雅。一般来说，单色西装应配单色衬衫，杂色西装可配以色调相同或近似的衬衫。但带条纹的西装不可配方格的衬衫，反之亦然。衬衫、领带和西装在色调上要形成对比，西装颜色越深，衬衫、领带的颜色越明快；若西装的色调朴实淡雅，领带的颜色则应华丽而明亮。另外应注意的是，穿西装时，西装的袖口和裤边不能卷起，西装袖口上的商标一定要拆掉，否则有伤大雅。

学习小贴士

领带搭配小技巧

1. 同类型的图案不要相配。
2. 领带颜色与衬衣或外套同色系或形成反差。
3. 选择多种颜色图案的领带时，如果图案中的任一颜色与衬衣或西装颜色一样，便会产生锦上添花的效果。

二、女士套裙的着装礼仪规范

(一)大小适度，穿着到位

一般情况下，套裙中的上衣最短可以齐腰，裙子最长可以到达小腿中部，袖长以盖住着装者的手腕为宜。无论上衣还是裙子，都不可过大或过小。另外，着裙装时要穿好，仔细检查。如上衣的领子要翻好，衣袋的盖子要拉出来盖住衣袋，上衣不能披在或搭在身上，裙子要穿得端端正正、上下对齐，纽扣一定要系好，裙子拉链要拉好。

(二)搭配适当，装饰协调

衬衫与套裙的搭配很关键，其面料要轻薄柔软，色彩应高雅而端庄，以单色为佳。衬衫的色彩与所穿套裙的色彩要匹配，有层次感，衬衫下摆掖入裙腰。在工作时，装饰品讲究以少为佳，兼顾身份，可以不戴或最多不超过三件。在旅游服务行业，浓妆艳抹、珠光宝气是不允许的。

(三)内衣忌露，鞋袜得体

女士内衣包括胸罩、内裤、腹带、吊袜带、连体衣、衬裙等。根据服饰礼仪的要求，内衣不得外露和外透，衬裙不可高于套裙的裙腰。配以黑色船式或盖式皮鞋较为正统，袜子以肉色长筒连裤袜为宜。裤袜应大小相宜，无破损，袜口不可外露。

(四)举止得体，优雅稳重

着装者应注意自己的仪态，站则亭亭玉立，不可伏桌倚墙；坐则优雅端庄，不可散漫松懈；行则稳重轻盈，不可扭捏作态。由于裙摆所限，着裙装时走路应以小碎步为宜，行进之中步子以轻、稳为佳，不可发出较大响声。

任务四 掌握旅游服务人员饰品佩戴礼仪

饰品，不仅包括我们平时看到的项链、耳环、戒指，还包括眼镜、帽子、腰带等。除了服装之外所有穿戴在身上的物件，都是饰品。

得体的饰品能够提高服装的整体造型水平，为服装增光添彩，各种饰品款式繁多且风格各异，合理选择饰品能够反映出旅游服务人员不俗的审美品位，是旅游服务人员素质高、修养好的具体体现。

情境导入

小王刚大学毕业来到酒店工作。平日里，小王很爱美，有很多精美的饰品。在上班第一天，她佩戴了名贵的手表以凸显自己的气质，耳朵上佩戴着流苏耳环，这样可以起到修饰脸型的作用。她兴高采烈地来到了工作岗位上，却被告知她的饰品佩戴不符合规定，小王有些沮丧。

问题： 你可以为小王答疑解惑，解除她的困扰吗？

一、旅游服务人员饰品佩戴的基本要求

（一）以少为宜

数量上以少为佳，一般不宜超过两个种类。每种饰品不宜超过三个。

（二）符合身份

要与自己的性别、年龄、职业、工作环境保持一致。切不可盲目模仿。

（三）协调性强

要兼顾所穿服装的质地、色彩、款式，使之在风格上相互般配。也要与自己的脸形、体形相协调，起到扬长避短的作用。

（四）讲究美感

当同时佩戴两至三件饰品时，其色彩应一致，质地也要相同。

二、旅游服务人员常戴饰品的礼仪规范

（一）常佩首饰的礼仪规范

1. 发饰

长发女性服务人员一般佩戴有发网的发夹。总体发饰风格应简单实用，色彩不宜过于鲜艳花哨，材质不宜过于贵重。

2. 耳饰

在工作岗位上，男性服务人员不允许佩戴任何耳饰；女性服务人员不宜佩戴任何大的耳环或长的耳坠，只适宜佩戴小巧含蓄的耳钉，且每只耳朵上只能佩戴一只耳钉，耳钉上若有宝石镶嵌物，其直径不宜超过5毫米，耳钉色彩应与制服色彩搭配协调。

3. 颈饰

项链是最为常见的颈饰。在工作岗位上，男性服务人员不宜佩戴颈饰；女性服务人员若有需要，应注意款式简洁精致，色彩与工作服装相协调。

4. 胸饰

常见胸饰有胸针、领带夹等。胸针常佩戴在衣领或左胸前，男女皆可佩戴。服务人员若需要佩戴单位统一的徽章或姓名牌等上岗，则不适宜再佩戴其他装饰性胸针。服务人员在工作岗位上只能佩戴单位统一的领带夹，穿西装时领带夹应别在衬衫从上往下数第四粒和第五粒纽扣之间的位置。

5. 腰饰

服务人员穿着制服时必须按规定使用，制服腰带上不宜悬挂手机、钥匙等物品。

6. 手饰

服务人员在工作岗位上常有较多的操作性工作，若佩戴手链或手镯上岗，会给工作带来不便，且手镯或手链也容易受损，因此，服务人员工作时，一般不宜佩戴手链或手镯。服务人员上班期间只允许佩戴一枚戒指，且款式要简单，不能佩戴有明显凸起物的戒指，

以免划伤他人。一般来说，涉及餐饮食品销售岗位的服务人员不允许佩戴戒指。

(二)其他常佩饰品的礼仪规范

1. 胸卡

胸卡是佩戴在胸前以示工作身份的卡片类标志牌，应按单位规定佩戴。要保持胸卡干净整洁，完好无损。不要在胸卡上乱写乱画，也不可在胸卡上粘贴或悬挂其他物品，佩戴时注意其正面朝外。

2. 手表

服务人员应当选择时间准确的手表，并应经常校对时间。手表的颜色、款式要适合自己的个人风格，并与场合相适应。一般来说，工作场合佩戴的手表应当简洁大方。

3. 眼镜

服务人员若有需要，在室内应佩戴镜片透明无色的眼镜，佩戴有色眼镜会影响与顾客的眼神交流。眼镜框的颜色与样式应与自己的肤色及整体着装风格相配。在室外强光下可按照规定佩戴墨镜，但与顾客打招呼或谈话时，墨镜应摘掉。

4. 丝巾

有些服务岗位需要统一佩戴丝巾，则按单位统一要求佩戴。其余情况如在工作岗位上佩戴丝巾，款式要简单、大方，花色不要过于鲜艳，要与服装的颜色相协调。

互动研讨

> 讨论：你知道哪些常见的丝巾系法？旅游服务人员应使用哪些系法？

5. 香水

香水是一种看不见摸不到的饰品。很多服务岗位，因其岗位的特殊性而不允许使用香水。一般服务岗位的工作人员在使用香水时都要注意选择清淡雅致的香型；服务人员在允许使用香水的工作场合使用时，必须控制香水的浓度。若不能把握香水的度，以不用为宜。

学以致用

学有所思

1. 旅游服务人员应遵循哪些着装原则？
2. 旅游服务人员的制服穿着有何规定？
3. 男性旅游服务人员应如何穿着西装？
4. 女性旅游服务人员在穿着套裙时需要注意些什么？
5. 旅游服务人员如何佩戴饰品，才能为工作岗位上的自己增添魅力？

实战演练

1. 请各位同学在学习平台上传身穿西装或套裙的照片，同学及教师评价着装是否符合旅游服务人员的着装规范。
2. 互相观察同学之间都佩戴了哪些饰品，评价这些饰品是否适合从事旅游服务工作的人员佩戴。

模块三

旅游服务语言礼仪

项目七　旅游服务语言基本知识

> **学习目标**
> 1. 理解旅游服务语言的功能。
> 2. 了解旅游服务语言礼仪的特点与原则。
> 3. 掌握旅游服务语言的基本要求和禁忌。

任务一　了解旅游服务语言概述

语言是一种纽带，任何一种语言，除了具有表情达意的功能，还起到消除误会、拉近距离、增进感情的作用。在人际交往中，语言更是不可或缺的沟通工具。

得体、艺术的语言不仅能体现自身素质，还能彰显企业和国家形象。说话很简单，但是要把话说好，就大有学问。在恰当的时机对恰当的人说出恰当的话，不仅是聪明的体现，更是智慧的体现。所以，在旅游服务工作中，旅游服务人员要想把语言的"力量"发挥出来，就应该时刻注意礼貌服务语言的使用，这是对旅游服务人员运用语言的基本要求。

> **情境导入**

某外宾在餐厅用餐，点了清蒸鱼，可是等了很久。外宾有些不满，服务人员随后对他说："对不起，让您久等了。为了让您吃上新鲜的清蒸鱼，厨师用现杀的活鱼制作，所以耽误了您的时间。"外宾听后露出笑容，并表示谅解。

问题：谈一谈以上案例给你的启示。

一、旅游服务语言的功能

在服务工作过程中，语言作为一种服务手段和工具，有别于一般人际交往语言，它强调是对顾客的尊重。具体来说，服务语言的功能，体现在以下几个方面。

(一) 服务语言是一种重要的服务方式

在对客服务过程中，无论是有声语言，还是无声语言，同是信息载体，是一种重要的服务方式。它在一定程度上影响着顾客的情绪与服务体验。例如，服务人员语言粗鲁，那么即使饭菜再可口，环境再优美，也会招致顾客的不满；相反，如果服务人员注意语言表达的艺术，那么即使出现问题，也可以弥补不足。

互动研讨

> 讨论：回想经历过的服务场景或你知道的典型服务案例，分享让你印象深刻的服务用语。

(二) 服务语言具有提升服务价值的功能

马克思曾说：对于提供这些服务的生产者来说，服务就是商品。服务具有一定的使用价值和一定的交换价值。旅游服务过程中的无声语言可以传递服务的档次和品质，有声语言则可以体现服务的理念和规格。

(三) 服务语言具有优质高效的功能

旅游服务人员在服务过程中，与顾客进行沟通与联系，都是通过语言来完成的。语言是最有效率的一种服务工具，具有传播迅速、接收便捷、反馈迅速的功能。

二、旅游服务语言的特点

(一) 礼貌性

礼貌性主要体现为，旅游服务人员对客人服务的任何一次对话都需要正确使用敬语并始终贯穿着敬语。

(二) 情感性

服务语言的使用是饱含深情的，也就是将自己愿意为顾客服务的意愿化作满腔热情渗透到每句话中，让顾客感受到真情实意，而不只是例行的工作语言。

(三) 灵活性

虽然旅游服务行业的不同岗位形成了相应的"模式语言"，但并不意味着生搬硬套，不考虑具体情况，简单机械地使用模式语言。旅游工作者在掌握模式语言的基础上，在实际工作中还要根据不同的场合、服务对象和工作性质灵活运用相应的词语、语调语速、表情、体态和动作来表达自己的思想感情，获得满意的服务效果。

互动研讨

> 讨论：分组查找旅游服务行业不同岗位的"模式语言"，谈一谈你的看法。

(四) 婉转性

婉转性主要表现在经常使用谦虚语与委婉语两个方面。前者通常用来表示征询商量，后者通常用委婉的方式来表达双方都明白但又不便说明的问题。旅游服务中广泛使用婉转性的语言来解决难以解决的问题。如在旅客提出不合理的要求时，作为旅游服务人员，职业要求我们不能轻易说"不"，只有变换方式，用婉转性的语言加以拒绝。

（五）专业性

旅游服务语言是指旅游服务人员在接待客人的过程中，用来与客人沟通、交际，以达到为客人服务的目的的语言。旅游服务语言由有声语言和无声语言两部分构成，通常有三种表现形式：口头语言、副语言和形体语言。其中，有声语言通过恰当的词语、语速和语调给对方以听觉刺激；无声语言中的体态语言，通过表情、体姿与动作，给对方视觉刺激。在旅游服务过程中，要求服务人员用语简洁、准确、科学而灵活，语速符合语境，有抑扬顿挫的语调，突出词语表达的形象性与生动性。通过训练有素的形体动作和恰如其分的表情流露调动起旅游者的情绪。

三、旅游服务语言的基本原则

（一）讲究礼貌

恰当使用礼貌用语会提升语言品质，同样的话只要在前面加个"请"字，顾客受尊重的感觉就会油然而生。例如，"请这边走"和"这边走"两句话都是为顾客进行指引，但听起来感觉不尽相同。

（二）恰到好处

服务不是展现语言能力的舞台，也不是彰显嘴皮子功夫的时候，因此必须清楚有些话可说，有些话最好不要说，要把握语言交流的分寸。服务人员在工作过程中要确保自己的语言与服务有关，简明礼貌地表达服务内容即可，而把更多的空间留给客户。

（三）音量适中

声音是服务过程中能够给予顾客听觉享受的。使用服务语言时，一定要声音柔和清晰，并且音量适中，既要确保顾客听到，也不要妨碍顾客之间的沟通交流。若服务人员说话声音较小，不仅顾客听起来费劲，也有不情愿为客户服务之嫌。但是，也不要过于响亮，尤其是在涉及账户信息等私密信息时，要保护客人的私密信息，同时要保证服务质量。

> **互动研讨**
>
> **讨论**：分小组进行音量测试，体会一对一服务、一对多服务等不同服务范围内合适的服务用语音量。

（四）语言规范

在对客服务过程中，应使用普通话，这是最规范、易懂、通行的交流语言。同时，注意遣词造句，尽量文雅、准确，避免使用较为粗俗的语言。

（五）及时周到

语言讲究时效性，在适当的时候说适当的话是最有效果的，如果错过绝佳的时机再说话，效果就会大打折扣。因此，体现服务品质的关键在于服务语言的及时周到。要做到：顾客进店有欢迎声，离店有道别声；顾客帮忙或表扬有致谢声，及时代表个人和企业表示感谢；遇见顾客有问候声，服务不周有道歉声，服务之前有提醒，顾客召唤有回应，暂时离开有知会。

任务二　了解旅游服务语言的基本规范

旅游服务人员掌握服务语言的技巧极为重要。服务人员应该加强服务语言培训，遇到一些突发事件才不至于惊慌失措、有口难言。一句话把人说笑，一句话把人说跳，服务人员的语言修养是多么重要。因此，旅游服务人员必须会使用服务语言，讲究语言规范，与客人建立情感线、编织情感网，使礼貌用语成为每位服务人员的职业习惯，达到良好的沟通效果，树立完美的自身形象。

情境导入

某日，几位客人在客房吃西瓜，桌面、地毯上到处都是西瓜籽。一位服务员看到这个情况后，赶紧拿了两个盘子，走过去对客人说："真对不起，不知道您几位在吃西瓜，我早应该送两个盘子过来。"说着就去收拾桌面上和地毯上的西瓜籽。客人见服务员不仅没有指责他们，还提供了热情周到的服务，觉得很不好意思，连忙自我批评："真对不起，给你添麻烦了！我们自己收拾吧。"服务员说："请各位不要客气，有什么事尽管找我。"

问题：服务员用了什么样的方式进行沟通呢？

一、旅游服务语言的基本要求

（一）用词准确

首先，旅游服务人员对客交流中，语言要规范。一方面要使用普通话，另一方面要发音准确，否则可能会因为客人听不懂而产生不必要的误会。其次，表达要严谨、简洁，即解答客人提出的问题、阐明相关的服务规章制度时，条理清楚，不说模棱两可的话。最后，注意称谓准确、得体，例如对于不同身份、不同习惯的人要加以区分，注意严防称呼犯忌。

（二）语平沉稳

1. 口齿清晰

旅游服务人员要吐词清楚，不紧不慢。比较适当的语速为每分钟 200～220 个字。

2. 语调柔和

语调一般指的是人们说话时的具体腔调。通常，一个人的语调主要体现在他讲话时的语音高低、轻重、快慢的节奏上。语调柔和即在语音的高低、轻重、快慢等方面表现得较好。

3. 语气缓和

语气即人们说话时的口气。语气一般具体表现为陈述、疑问、祈使、感叹、否定等不

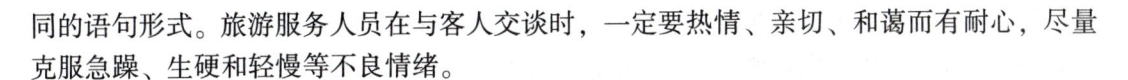

同的语句形式。旅游服务人员在与客人交谈时，一定要热情、亲切、和蔼而有耐心，尽量克服急躁、生硬和轻慢等不良情绪。

(三) 文雅大方

1. 态度诚恳、亲切

语言本身是用来传递思想感情的，所以，说话时的神态、表情都很重要。例如，当向别人表示祝贺时，如果嘴上说得十分动听，而表情却是冷冰冰的，那么对方一定会认为是在敷衍。所以，说话必须做到态度诚恳和亲切，才能使对方产生表里一致的印象。

2. 用语谦逊、文雅

多用敬语和雅语。使用敬语是对服务人员的一项基本业务要求，也是服务礼仪的一项主要规范。敬语主要包括礼貌用语、文明用语以及自谦用语等。要提倡在服务岗位上，人人都常讲、多讲，并且表里如一，长期坚持，永不懈怠。

(四) 专业适度

恰到好处地使用专业服务用语，可以充分显示职业的优势，赢得顾客的充分理解和信任。例如，导游通过对人文或自然景观进行讲解，选择恰当的语言讲解服务，可以提高导游服务质量，有助于增进彼此了解和陶冶游客性情，有助于传播文化，是一位导游能力的最佳体现。

此外，还需注意不讲空话、套话，不存私心。严禁出现旅游服务人员对游客提出的问题不懂装懂，胡乱编造，指鹿为马。

> **互动研讨**
>
> 讨论：导游词有时会用一些神话传说，或为了引起游客的兴趣而进行创作，你认为在这个过程中应如何掌握专业适度原则？

(五) 诙谐幽默

诙谐幽默的语言风格如果使用恰当，不仅可以使旅游服务人员的工作锦上添花，更能起到活跃气氛、提高游兴、增进旅游服务人员和游客之间的感情交流的作用，使游客听了格外开心而且耐人寻味，甚至有时候还可以摆脱尴尬局面。

二、旅游服务语言的禁忌

(一) 禁用不专业的服务语言

旅游服务人员如果缺乏语言技巧方面的知识，不重视自身素质的培养，在工作中会无意识地伤害到客人，引起不愉快事情的发生。例如，服务人员在向客人介绍餐位时，"单间儿"一词是忌讳的词语，因为"单间儿"在医院指危重病人的房间，在监狱指关押要犯、重犯的房间，所以用"包间"代替"单间儿"为好。

(二) 禁用不尊重的服务语言

旅游服务人员在服务过程中，任何对客人缺乏尊重的语言，都会直接影响到客人的感受和最终的服务质量。每个人都希望被他人尊重，尊重他人也是一种有教养的表现。如对于身体有缺陷或外表欠佳的客户，服务人员不能当面评价他们，要用平等的态度对待，对他们不尽如人意的地方做到视而不见，这就是对他们最大的尊重。

（三）禁用不友善的服务语言

旅游服务语言是衡量旅游服务质量的重要标准。服务人员在说话前一定要有所斟酌。友好的语言往往代表一种工作精神和服务态度。绝不能图一时的痛快，逞一时的口舌之勇，而引起客人的不悦和不满。要学会换位思考，以宽容之心对待客人，尽可能平和友好。

（四）禁用不耐烦的服务语言

服务过程本身就是琐碎繁杂的，旅游服务人员在接待客人时，应表现出足够的热情和耐心，努力做到：有问必答，答必尽心；百问不烦，百答不厌；不分对象，始终如一。若遇到啰唆、絮叨的客户，绝不能显示出不耐烦的表情，更不能粗暴地打断或制止客人的话题，可以采用含蓄的方式表达想要结束谈话的意愿。即使遇到个别不文明的顾客，也不能对其表现得冷淡或不耐烦，相反，更应通过主动、热情的服务使他意识到自己的失礼。对于从事旅游服务工作的人员来说，保持耐心是最起码的职业素质。

学 以 致 用

学有所思

1. 旅游服务语言有哪些特点？
2. 旅游服务语言的基本要求有哪些？
3. 旅游服务语言的使用有哪些注意事项？

实战演练

1. 接龙游戏：分组进行接龙游戏，每组说一句旅游服务用语，另一组接力，若说错或说不出来服务用语，则其他各小组加一分。
2. 情境模拟：分组设计服务场景，要求每个场景至少使用五句服务用语。评选"旅游服务语言使用小达人"三名。

项目八　旅游服务语言使用规范

> **学习目标**
>
> 1. 了解问候与迎送用语的特点，熟悉其使用的时机和顺序，掌握其使用规范。
> 2. 了解请托与致谢服务用语的形式，熟悉其使用时机，掌握其使用规范。
> 3. 了解推托与致歉服务用语的形式，熟悉其使用时机，掌握其使用规范。
> 4. 了解征询与应答服务用语的形式，熟悉其使用时机，掌握其使用规范。
> 5. 了解赞赏的原则和祝贺用语的形式，熟悉其使用时机和方式，掌握其使用规范。

任务一　问候与迎送服务用语的运用

　　问候也称打招呼。打招呼是人们见面时最简便、最直接的礼节。一般适用于人们相遇时。问候是以热情、简洁的语言互相致意，可以缩短人与人之间的距离，是服务工作中不可缺少的情感沟通工具。

　　迎送用语指欢迎语和送别语。欢迎语是在接待宾客开始时根据不同时间、场合和对象所使用的规范化语言；送别语是当宾客某次服务过程结束时，服务人员应很礼貌地与客人告别。恰当的迎送语，会让宾客感到亲切与受尊重，并给宾客留下深刻的印象。

情境导入

　　情景一：客户进门，服务员在忙，马上放下手上的工具，走上前，与客人目光相对，并在三米左右的位置热情地问候"早上好"，客人很愉快，回应"早上好"。

　　情景二：客户进店，服务员看到了没什么表示，眼皮垂下，继续擦台子，直到客户走到跟前，才抬头说"早上好"，客人没反应，好像没听到。

　　情景三：客户进店，服务员仍然在擦台子，客户突然说"早上好"，服务员吓了一跳，连忙回应"早上好"。客户很生气,扭头走了。

问题:谈一谈以上案例给你的启示。

一、问候用语

(一)问候用语的特点

1. 主动性

问候用语的使用是服务人员基本服务意识的体现。积极主动地使用问候用语,能淡化客人的陌生感,消除双方之间的戒备、抵触情绪,恰到好处地向对方表示亲近友好之意,使对方感受到对他的重视。

2. 时效性

首先,问候用语要及时,错过了一定的时机,问候将变得无意义。其次,问候用语应根据不同的时间和空间有所变化,避免简单重复。

3. 同时性

问候语常常与欢迎语同时使用。问候用语的使用还要配合肢体语言、面部表情才能达到最佳效果。若面无表情地向宾客进行问候,会让宾客感受到他是一个不受尊重、不受欢迎的人。

(二)问候用语的形式

1. 标准式

在日常服务工作中,使用频率最高的问候语是"您好"。"您好"在问候的同时又表达了对他人的祝福。在问候之前,可以加上适当的人称代词或其他尊称,如"王先生,您好"。

2. 时效式

有的问候语,需要在一定时间范围内使用才有作用,例如"晚上好""下午好"等。同样地,可以在问候语前面加上人称代词或其他尊称。

> **学习小贴士**
>
> **问候语的"特别提示"**
>
> 问候语的内容要注意一些传统的习惯用语与现代社会的不同,并注意不同国家、不同民族的风俗习惯。例如,中国传统的问候"您吃了吗"不适合对外宾使用,会让对方感到你在干涉他的私事。与客人问候时,也不可以涉及婚姻、年龄、收入、住址等有关私人方面的情况。

(三)问候用语的使用时机

1)主动为客人服务时。
2)客人有求于自己时。
3)客人进入本人的服务区域时。

4）客人与自己相距过近或四目相对时。

5）自己主动与他人进行联络时。

（四）问候的顺序

1）身份较低者首先向身份较高者进行问候。

2）下级首先向上级问候。

3）服务人员应首先主动向客人进行问候。

4）如果被问候者不止一人，应遵循以下原则：统一对在场的人员进行问候，不再具体到每个人，例如"大家好""各位下午好"；采用"由尊而卑"的礼仪原则，按身份高低依次问候；当被问候者身份相似时，以"由近及远"的顺序，依次进行问候。

> **学习小贴士**
>
> 在营业高峰，要注意"接一顾二招呼三"，即手里接待一个，嘴里招呼另一个，同时通过表情、眼神等向第三位客人传递信息。

二、迎送用语

（一）欢迎用语

1. 欢迎用语的形式

1）在日常接待服务中，使用频率最高的欢迎用语有"欢迎光临"。欢迎用语一般带有"欢迎""很高兴"等词，例如，"很高兴您到我们这里来用餐。""欢迎参加我们的旅行团。"

2）当宾客再次光临时，应在欢迎用语前面加上对方的称谓，表示自己记得对方，让宾客产生被重视的感觉。例如，"您好！张小姐，欢迎您再次光临我们的酒店。"

2. 欢迎用语的使用时机与顺序

在与客人见面或客人光临自己的工作岗位时，服务人员应主动使用欢迎用语。欢迎用语有时也在接待过程中使用。其一般与问候用语一起使用，与问候的顺序一致。

> **互动研讨**
>
> **敬语缘何招致不悦**
>
> 一天中午，一位住在某饭店的国外客人到饭店餐厅去吃饭，走出电梯时，站在电梯口的一位女服务员很有礼貌地向客人点点头，并且问候道："您好，先生！"客人微笑地回道："你好，小姐！"当客人走进餐厅后，引位员发出同样的一句话："您好，先生！"那位客人微笑着点了一下头，没有开口。客人吃好午饭后，顺便到饭店的庭院中去遛遛。当走出内大门时，一位男服务员又是同样的一句话："您好，先生！"这时客人下意识地只是点了一下头了事。等到客人重新走进内大门时，见面的仍然是那个男服务员，"您好，先生！"的声音又传入客人的耳中。此时这位客人已感到不耐烦了，默默无语地径直去乘电梯，准备回房间休息。恰好在电梯口又碰见那位女服务员，自然又是一成不变的套话："您好，先生！"客人实在不高兴了，装作没有听见的样子，皱起了眉头，而这位女服务员却丈二和尚摸不着头脑。

> 这位客人在离店时，写给饭店总经理一封投诉信。信中写道："我真不明白你们饭店是怎样培训员工的，在短短的午饭前后，我遇到的几位服务员竟千篇一律地简单重复一句话：'您好，先生！'难道不会使用其他的语句吗？"
> （资料来源：张利民. 旅游礼仪[M]. 北京：机械工业出版社，2004.）
> 讨论：请分析这位客人不高兴的原因。

（二）送别用语

1. 送别用语的形式

常用的送别用语有"再见""慢走""欢迎再来""希望有机会再次为您服务""祝您旅途愉快"等。

2. 送别用语的使用时机与顺序

客人某次消费结束或离开时，应有礼貌地与客人告别。与问候时的顺序一致，有时欢迎语与送别语同时使用，如客人某次消费结束，可以说"欢迎客人下次光临"。

任务二　请托与致谢服务用语的运用

请托用语通常指在请求他人帮忙或托付他人代劳时使用的专项用语。"请"字虽简单，但包含着旅游服务人员对客人的尊敬与敬重，以及旅游服务人员希望通过优质服务让客人满意的诚心。致谢用语中的"谢谢"常用，其不仅是就某件事向客人表示感谢，还作为一种礼貌习语对客人的光顾、客人的理解与配合、客人的赞扬与认可等表示感激，是"感恩之心"和通情达理的表示。

情境导入

一天，有位外宾来到南京某饭店下榻。前厅部开房员为之办理住店手续。由于确认客人身份、核对证件耽误了一些时间，客人有些不耐烦。于是开房员使用中文向客人的陪同进行解释。言语中他随口以"老外"二字称呼客人，可巧这位陪同正是客人的妻子，结果引起客人极大的不满。事后，开房员虽然向客人表示了歉意，但客人仍表示不予谅解，给酒店声誉带来了消极的影响。

（资料来源：张永宁. 饭店服务教学案例[M]. 北京：中国旅游出版社，1999.）

问题：请分析外宾不满的原因。

一、请托用语

（一）请托用语的形式

1. 标准式请托用语

标准式请托用语主要是"请"字当先。如"请稍后""请让一下""请跟我来"等。

2. 求助式请托用语

求助式请托用语常见的有"劳驾""拜托""打扰了""借光""请关照"等。

3. 组合式请托用语

将标准式请托用语和求助式请托用语合在一起使用,便是组合式请托用语。例如,"打扰了,请您帮我一个忙""劳驾您替他签收一下""拜托大家爱护卫生,不要随地吐痰"等,都是较为典型的组合式请托用语。

(二)请托用语的使用时机

1)当服务人员向客人提出一般要求时,一般要用到标准式请托用语。

2)当服务人员向客人提出某一具体要求时,如请客人让路、请人帮忙、打断对方的交谈,或者要求对方照顾时要用到求助式请托用语。

3)在请求或托付他人时,往往要用到组合式请托用语。

二、致谢用语

(一)致谢用语的形式

1. 标准式致谢用语

无论在何种情况致谢,通常都要说"谢谢"。有时,还需要在其前后加上尊称或人称代词,如"某某先生,谢谢您""谢谢某某小姐"等,这样不仅可使其对象性更明确,也能让对方感受到被尊重。

2. 加强式致谢用语

可在标准式致谢用语前加上具有感情色彩的副词来加强感谢之意。常见的加强式致谢用语有"十分感谢""万分感谢""非常感谢""多谢"等。

3. 具体式致谢用语

因某一具体事情向他人致谢时,使用具体式致谢用语。致谢时,致谢的原因通常会被一并提及。如"有劳您了""让您替我们费心了""上次给您添了不少麻烦"等。

(二)致谢用语的使用时机

致谢用语主要用在以下几种情况:获得宾客帮助时;得到宾客支持时;受到宾客理解时;感到宾客善意时;婉言谢绝宾客时;赢得宾客赞美时。

> **学习小贴士**
>
> 致谢用语使用时,需要注意中西方文化的差异。按照中国的习俗,家庭成员之间一般很少说谢谢,而西方人则喜欢把谢谢挂在嘴边,成为口头禅。

任务三 推托与致歉服务用语的运用

在服务过程中,为使客人满意,应该竭尽全力为客人提供一流的服务,但如果客人向服务人员提出一些有违情理、规范等的要求，服务人员应回绝。但这个"不"字对客人说起来不容易，要避免因回绝不当而造成的尴尬和误会。为了使服务工作能够顺利进行，服务人员需要掌握推托的语言技巧。若服务人员的工作没能让客人满意或有其他情况影响服务顺利进行，服务人员需要使用致歉用语，缓和双方紧张的关系，使服务能够顺利进行。

情境导入

小李是一位优秀的导游员，在带团过程中像往常一样为游客唱歌，她歌声动听，赢得了游客阵阵掌声。一位游客此时从口袋里掏出几张百元大钞走到小李面前，对她说："李小姐的歌声太悦耳了，再来一首，这些钱就当我给你的小费。"此时，小李回答道："先生，感谢你的夸奖，我的歌声是献给所有在场朋友们的。导游员是不收小费的，您的心意我领了。这样，我再唱一首，作为离别时一份小心意，祝大家一路顺风。"

问题：请谈谈该案例给你的启示。

一、推托用语

(一) 推托用语的形式

1. 道歉式推托用语

当对方的要求难以被立即满足时，可以直接向对方表示歉疚之情，以求谅解。

2. 转移式推托用语

不纠缠于某一具体细节问题，而是主动提及另外一件事以转移对方注意力。例如："女士，我可以为您推荐另一家餐厅。"

3. 解释式推托用语

在推托时尽可能详细准确地说明缘由，以使对方觉得推托合情合理。例如："真的很抱歉，现在是旅游旺季，我们的客房已经全部预订满了，欢迎您以后再来。"

(二) 推托用语的使用时机

当宾客提出的要求难以满足或宾客的请求无法接受时，必须拒绝对方，但又不能损伤客人的自尊心，既不能说违心之言，又不能直接顶撞对方，此时应婉言推托。

(三) 推托用语的使用禁忌

1) 不适宜用身体姿势、道具等非语言的行为拒绝对方。
2) 拒绝对方要掌握语言技巧，即把拒绝融于情理之中。切忌断然拒绝和颠三倒四、词不达意。

互动研讨

讨论：某旅行团正按规定的日程和线路观光游览，一位客人因去过某个景点想让导游员改变线路。面对客人的要求，应该如何处理？

二、致歉用语

(一)致歉用语的形式

常见的致歉用语有"抱歉""对不起""请原谅""多多包涵""很抱歉，打扰您了"等。

(二)致歉用语的使用时机

致歉用语主要用在以下几种情况：客人的要求未能得到满足时；工作中打扰客人，需要客人的协助与配合时；婉拒客人的不合理需求时；提醒客人一些注意事项时；同时接待多名客人，需要客人等待时；听不清或未能听懂客人问话时。

> **互动研讨**
>
> 讨论：请根据需要使用道歉用语的时机设计道歉模式用语。例如，接待等候多时的客人，可以说"对不起，让您久等了"。

(三)致歉用语使用的注意事项

致歉用语使用时注意三点：一要真诚，二要及时，三要适度。

> **学习小贴士**
>
> 用"对不起"在工作场合向客人道歉，是缓和双方可能产生的紧张关系的一帖灵药。道歉要有诚意，切忌道歉时先辩解，以免让人产生在推脱责任的感觉。

任务四　征询与应答服务用语的运用

在接待服务过程中，服务人员常常需要以礼貌语言主动向客人进行征询，以取得良好的反馈，如"您有什么事情""还有别的事情吗""请您讲慢一点好吗""你们一行有多少人"等。应答服务用语是在答复宾客的问话或回答所交代事宜时的用语。旅游服务人员运用好征询与应答服务用语，能够让客人感到受尊重，为服务工作的顺利进行保驾护航。

> **情境导入**
>
> 小王是客房部的服务人员，一天，在酒店遇到一位客人将她叫住，对她说："你好，我刚刚点的餐太差了，怎么是凉的，而且有个菜还没熟。"小王回答说："抱歉，先生，我不是餐饮部的人员，您去找餐饮部的人问问吧。"这位客人听到她这样说更生气了："你们这是在推脱责任吧，你是这个酒店的员工吧，我怎么知道什么部门。"此时，听到声音的客房部领班走了过来，解决了这件事。
>
> 问题：你认为客房部领班会如何解决？

一、征询用语

(一)征询用语的形式

1. 主动式征询用语

主动式征询用语多用于主动向服务对象提供帮助时,如"您需要帮助吗?""我能为您做点什么?""您需要点什么?""您想要哪一种?"主动式征询用语的优点是节省时间,直截了当。

2. 封闭式征询用语

封闭式征询用语多用于向客人征求意见或建议时,只给对方一个选择方案,以供对方决定是否采纳。如"您觉得这件工艺品怎么样?""您不来一杯咖啡吗?""您是不是很喜欢这种样式?""您是不是先来试一试?""您不介意我来帮助您吧?"

3. 开放式征询用语

开放式征询用语也叫选择式征询用语,其做法是提出两种或两种以上的方案供对方选择,这样更意味着尊重对方。如"您打算预订雅座还是散座?""这里有三种套票,您喜欢哪一种?"

(二)征询用语的使用时机

征询用语主要使用在以下几种情况:主动提供服务时;了解客人需求时;给予客人选择时;启发客人思路时;征求客人意见时。

二、应答用语

(一)应答用语的基本要求

应答用语主要使用在以下几种情况:随听随答;有问必答;灵活应变;热情周到。

(二)应答用语的使用时机

1)对于前来问询的客人,在客人开口之前,应面带微笑,倾身向前的同时主动说:"您好,我能为您做什么?"

2)接受客人吩咐时,应说:"好,明白了!""好,马上就来!""好,您放心。我一定给您办好。"

3)没听清或没听懂客人的问话时,应说:"对不起,麻烦您,请您再说一遍。""很对不起,我没听清,请您再说一遍好吗?"

4)不能立即明确回答客人问话时,应说:"对不起,请您稍候。""对不起,请稍等一下。"

5)对待等候的客人,应说:"对不起,让您久等了。"

6)当客人表示感谢时,应说:"别客气,这是我应该做的。""不用谢,我很乐意为您服务。""不用谢,这是我应该做的。"

7)当客人因误解而致歉时,应诚恳地说:"没关系。""没关系,这算不了什么。"

8)当受到客人的赞扬时,应说:"谢谢,您过奖了。""承蒙夸奖,谢谢您了。""谢谢您的夸奖,这是我应该做的。"

9）当客人提出无理或过分的要求时，不要直接、生硬地说"不"，而应该说："很抱歉，我无法满足您的这个要求。""对不起，我们没有这种做法。"或者是满怀遗憾地说："我也很想满足您的这种要求，但是公司没有这项规定，很抱歉。"

> **学习小贴士**
>
> 在回答客人的提问时，切忌回答"没有""不知道，你问别人去吧"或者"这事不归我管"等带有否定语气、表示与自己无关或不耐烦的语句。

任务五　赞赏与祝贺服务用语的运用

赞赏用语主要在人际交往中称道或者肯定他人时使用，赞赏用语的使用具有积极的意义。

当一个人获得他人中肯的赞美时，内心的愉悦程度常常是任何物质享受难以比拟的。及时而恰当地给予交往对象赞赏，等于是接受自己的交往对象，或是对其所作所为做出正面的认可。

从实际效果来看，它既可以激励别人，促使其正视自己，也可以促进或改善双方之间的人际关系。

在服务过程中，向服务对象道上一句真诚的祝贺，通常能为"人逢喜事精神爽"的对方锦上添花。

情境导入

一位官员到某酒店餐厅请客，点菜时有一道"竹笋炒排骨"。菜单上明明这样写的，上桌时经理却当众介绍说："这道菜的名字是'步步高升'。"于是主人大喜，在兴头上连订两桌酒席，头道菜就是"步步高升"。客人还表示，下次也要住在这家酒店。

问题：是什么打动了这位客人？

一、赞赏用语

（一）赞赏的原则

1. 掌握分寸

过度赞赏会使赞美本身贬值，令其无任何实际的意义。所以，赞赏要适可而止。

2. 实事求是

服务人员必须明白，赞美与吹捧是有区别的，真正的赞美是建立在实事求是的基础上的。

3. 恰如其分

赞美对方一定要明确、具体。如女性比较希望被人赞美的往往是其魅力、风度、青春、容貌、个性及打扮，甚至声音、肤色、服装式样等。而男性，一般则应着重赞美其体魄、气质、风度、事业、学识、技能、谈吐、为人、作风等方面。

(二) 赞赏的形式

1. 评价式赞赏服务用语

评价式赞赏服务用语主要适用于旅游服务人员对宾客的所作所为给予正面的评价时。如"您真有眼光""真不错""太好了""对极了""相当棒"等。

2. 认可式赞赏服务用语

认可式赞赏服务用语主要适用于旅游服务人员对宾客的见解做出认可时。如"您的看法很正确""还是您懂行""看来您一定是内行"等。

3. 回应式赞赏服务用语

回应式赞赏服务用语主要适用于旅游服务人员对宾客的夸奖做出回应时。如"哪里哪里,我做得还不够""承蒙夸奖,真不敢当""我做得不像您说得那么好"等。

二、祝贺用语

旅游服务人员在其工作中使用的祝贺用语有两种形式。

(一) 应酬式的祝贺用语

应酬式的祝贺用语适用于各种一般性的场合,它们往往被用来祝贺服务对象顺心如愿。其具体内容往往各异,因此在使用的时候,通常要求对对方的心思有所了解。常见的应酬式祝贺用语主要有"祝您成功""祝您好运""一帆风顺""心想事成""身体健康""龙马精神""事业成功""生意兴隆""全家平安""生活如意"等。除此之外,"恭喜,恭喜""向您道喜""向您祝贺""真替您高兴"等,亦属应酬式的祝贺用语。

(二) 节庆式的祝贺用语

节庆式的祝贺用语主要在节日时用。其时效性极强,但通常缺少不得。如"节日愉快""活动顺利""仪式成功""新年好""周末好""假日愉快""春节快乐""生日快乐""新婚快乐""白头偕老""福如东海,寿比南山""旗开得胜,马到成功"等。

学 以 致 用

学有所思

1. 问候时的顺序怎样才是合理的?
2. 请托与致谢服务用语的使用时机是什么?
3. 推托用语常见的形式有哪些?
4. 应答用语的使用场合有哪些?
5. 赞赏应遵循什么原则?

实战演练

1. 两人一组,练习使用赞美用语。标准是区分对象、实事求是、恰如其分、适可而止。
2. 分组设计情境,使用推托用语和致歉用语。

项目九　旅游服务语言能力培养

学习目标

1. 掌握旅游服务语言培养的基本途径。
2. 掌握旅游服务语言恰当的表达方式。
3. 掌握倾听的技巧。

任务一　了解旅游服务语言能力培养的基本途径

旅游服务人员每天的工作内容就是以不同的方式与人打交道。有声语言作为效率最高的一种手段，其最大的特色在于通过声音的轻重缓急、抑扬顿挫构成语调语气的多种变化来表情达意。说话时声音的高低、强弱起伏、节奏、音域、转折、速度等都能表达情感，但要使语言丰富、生动、传神。因此，旅游服务人员要掌握科学的发声方式，为对客交流打下坚实的基础。

情境导入

小王准备考取导游资格证，可是自己的普通话不太标准，所以为了备考小王做了大量练习。练了几天后，小王发现自己声音有些嘶哑，但她并没有在意，依旧坚持练习。谁知，到了考试那天小王的声音依旧是沙哑的，影响了考试的发挥。

问题：你有什么好的方法帮助小王进行训练吗？

一、旅游服务语言的科学发声

(一)科学发声的锻炼方式

锻炼发声主要是掌握正确的口腔形式和发声方法,以达到字正腔圆、清晰饱满的发声要求。可通过以下方式进行训练。

1. 口腔肌肉及状态的锻炼

声音的优美和响亮,需要有良好的发音共鸣器,口腔肌肉无力,是发不出响亮的声音的。因此发声技巧练习首先是发音器官的力度练习。

2. 发音共鸣练习

声带本身发出的声音是微弱的,只有经过喉腔、咽腔、口腔、鼻腔、胸腔的共鸣,声音才能扩大,才能获得洪亮、圆润、悦耳的声音。

3. 吐字归音练习

字正腔圆、清晰饱满,是口头语言的基本要求,可以通过吐字归音的练习逐步达到。吐字归音练习的关键是把每个字音的字头、字腹、字尾都发得清楚、完整。

(二)嗓音的科学保健

1. 选择恰当的发声方法

除了科学地用气发声、共鸣控制外,还要特别注意选择自己声区中的最佳音域。

2. 注意保持咽喉的清洁与湿润

用鼻子呼吸有利于保持喉咙湿润,多喝水也有利于润湿咽喉,防止咽喉部位干燥,以温水为主。同时,避免食辛辣食物,适量选食银耳、蜂蜜、番茄、萝卜、海带、生梨、荸荠等清热退火且润肺的食物。

3. 养成良好的生活习惯

休息与护嗓紧密相关,睡眠不足,最容易使声带疲劳。应避免咽喉受损。此外,烟酒、咸辣与过冷过热的食物都应注意节制。

4. 注意调节心理

嗓音的好坏、声带的负荷程度与人的心态关系十分密切。

学习小贴士

胸腹联合呼吸

胸腹联合呼吸是科学发声中最重要的概念。平卧在床上,做若干次叹气练习,并把尾音拉长。因为平卧时的呼吸一般是自然的胸腹联合的呼吸。在腹部放几本比较厚重的书,顺序地进行慢吸慢呼、快吸快呼、快吸慢呼或慢吸快呼等练习。不要使书摇晃或歪倒,要使书平稳升起又落下。做数次放声大笑的练习,再做若干次抽泣及快速喘气的练习,使腹部快速颤动。

吸气:用口、鼻垂直向下吸气,将气吸到肺的底部,注意不可抬肩。吸气时,使下肋骨附近扩张起来;横膈膜逐渐扩张,使腹部向前及左右两侧膨胀,小腹则要用力

> 收缩，不扩张。背部要挺立，脊柱几乎是不动的，但它的两侧是可以动的，而且是必须动的，还必须是向下和向左右扩张的，这时气推向两侧与背后并贮在那里，保持住，然后再缓缓将气吐出。
>
> 呼气：呼气在用气时仍要保持吸气状态，控制住气息缓缓吐出，要节省用气，均匀地吐气，这就是所谓的气息的对抗。这个力可以在生活中体会到。例如，我们抬重物时一定要"一鼓作气"，要屏住一口气，站起来之后，还要保持住这股气，这股气需要保持横膈膜的扩张，才能顺利抬起，如果一泄气、一松劲，重物就难以抬起了。

二、旅游服务语言的知识积累

(一)科学文化知识积累

科学文化知识包括政治、经济、军事、法律、历史、地理、自然科学、风土人情等，这是旅游服务人员必须具备的基本文化知识。

(二)文学知识积累

文学知识赋予语言丰富的情感色彩，如名人名言、成语故事、名篇佳作、奇闻逸事等，能丰富语言的内容，增强语言的感染力。适当地运用一些文学语言，会收到意想不到的效果。

(三)社会学知识积累

社会学知识包括教育学、心理学、公共关系学、人际关系学等。通过这些学科知识的学习，可以学会懂得对方的需要，揣摩他的情感、气质、性格等，从而在人际交往活动的言语表达中做到知己知彼、游刃有余。

三、旅游服务语言的实践锻炼

(一)勤讲多练

语言的实践很重要的一点就是要勤讲多练，即多说、多实践。表达的过程是越练越快速、越准确，不练反而会越来越迟钝。在现实生活中，你会发现，大多数被人们公认为口才好的人有个共同特点：喜欢说话，乐于表达，对语言的驾驭能力很强。而那些被人认为口才很差的人也大都有这样的特点：不爱说话。他们总觉得自己说不好，于是就不愿意说，越不说就越说不好，甚至感觉表达不出来了。

(二)持之以恒

一个人从笨嘴拙舌到口若悬河的过程，实际上是一个永不懈怠的训练与实践的过程，要持之以恒。一个人的口才不可能在短时间内达到理想的境界，只有不懈努力，不断进取，并认真地对待每次待人接物、登台发言的机会，充分利用这些机会，才能逐步提升自己的语言表达能力。

任务二 旅游服务语言的艺术表达

人们在使用语言传情达意时发现，有时交际的成功，并不在于语言内容恰当，而在于用什么样的方式来表达这些内容。同样一句话，用不同的方式说出来，其效果可能会迥然相异，这就是为什么要在人际交往中强调语言艺术。旅游服务人员掌握恰当的表达艺术，体现了个人的服务礼仪修养水平。

情境导入

某酒店501房间刚入住的客人站在门口喊道："服务员，我的钥匙怎么打不开门？"

1. 服务员小王："请给我试一下好吗？"小王接过钥匙一试，门开了。小王对客人说道："可能刚才是您使用不当，您看，门现在开了。"

2. 服务员小李："请给我试一下好吗？"小李接过钥匙，边试边说："您将磁条向下插进门锁，待绿灯亮后立即向右转动把手，门就能够开了。"门开后，小李将钥匙插进取电牌内取电。

问题：请谈一谈该案例给你的启示。

一、平等互敬

运用语言应坚持平等互敬的原则。现代礼仪体现着人们内部的平等、合作关系。所以，谈话时在心理、语调上，都要体现出对对方人格的尊重，把对方作为平等的交流对象。语言装腔作势、哼哼哈哈或者以势压人，不仅是不礼貌的，而且会使对方由尊重自己转为反感。可见，尊重他人是被他人尊重的前提。在交谈中，应尽量使用礼貌用语，谈到自己时要谦虚，谈到对方时应尊敬，运用敬语与自谦语能显示出个人的修养、风度和礼貌。

二、准确流畅

在交谈时，如果词不达意、前言不搭后语、语无伦次，很容易被人误解，达不到交际的目的。因此，在表达思想感情时，应做到口音标准、咬字清晰，说出的词句应符合语言规范，避免使用似是而非的语言。另外，应去掉过多的口头语以免语句割断；语句停顿要准确，思路要清晰；谈话要缓急有度，从而使交流过程畅通无阻。

三、机智幽默

交谈本身就是一个寻求一致的过程，在这个过程中常常会出现不和谐的音符产生争论或分歧。这就需要交谈者随机应变，凭借机智消除障碍。同样幽默也常被用于化解尴尬场面或增强语言的感染力。有趣而意味深长的语言，能给人以欢笑和愉悦。当然，机智幽默

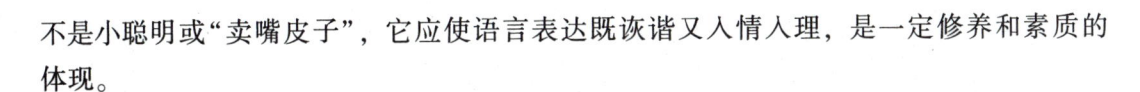

不是小聪明或"卖嘴皮子",它应使语言表达既诙谐又入情入理,是一定修养和素质的体现。

> **学习小贴士**
>
> 幽默的表达方法
>
> **1. 自我调侃法**
>
> 用夸张、嘲弄的方式自我揭短,以反语、幽默来评说自己的长处。
>
> **2. 荒诞逻辑法**
>
> 1)反常思维法
>
> 反常思维法就是借助片面、偶然的因素,违反常规地进行推理,看似荒诞不经,却又有着荒诞的逻辑性,出其不意,内含幽默的智慧,常收到奇特的效果。例如,景区检票员对大排长龙的游客说道:"各位不要挤,不要挤。我们难得有机会像今天这样做一次'龙的传人',对不对啊?"
>
> 2)歪打正着法
>
> 歪打正着法又称正题歪解法,就是以一种轻松、调侃的态度,对一个问题故意进行主观臆断或歪曲的解释,使歪因和正果之间有一种貌似紧密的联系。例如,有游客指着青岛小鱼山公园用4 800个青岛啤酒空瓶子造成的"龙"问道:"这里叫小鱼山,可为什么只有'龙',而不见'鱼'呢?"服务人员幽默地说道:"为什么不见鱼,主要原因是鱼喝青岛啤酒过多而变成龙了。"
>
> **3. 一语双关法**
>
> 一语双关法就是利用一个词的语音或语义同时关联两种不同的意义并进行曲解的方法。例如,一位导游员在介绍故宫的午门时说:"皇帝是了不起的'爷们儿',这午门的门也是了不起的'爷门儿',每当皇帝经过这午门时,都要敲响大钟,大鼓伴奏才行……"句中"爷们儿"和"爷门儿"谐音双关,使人们通过幽默理解了午门的重要性。

四、态势得体

谈话之中可以用手势来加强和配合语气,但一般认为,不应当有无意义的体态或举动,以免给人轻浮、失礼之感。手舞足蹈、举止轻狂或者唾液四溅等,都是极不礼貌的行为。此外,交谈语言还应讲究语调亲切生动,措辞易于理解,表达简练,不可饶舌不休,根据谈话对象调整表达方式。只有掌握了这些语言艺术,才能做到谈吐文雅、礼貌。

五、巧用"设问"

有些问题,当觉得不好回答时,尤其是一些带有挑衅意味的问题,或者对方提出一些难以达到的要求,可以采用反问的方式,把问题像踢皮球一样踢给对方,使对方"自问自答"。在自身难以寻求答案或者不能确定对方的真实意图时,将问题反抛给对方实为上策。对方提出问题之后,不马上回答,而是先讲一点道理或者提出一些条件或一些问题,诱使对方自我放弃原来提出的刁钻问题。

任务三　旅游服务语言的有效倾听

苏格拉底曾说："自然赋予我们人类一张嘴、两只耳朵，也就是让我们多听少说。"倾听是既感性又理性的行为。倾听不仅仅是声音进入耳膜，而且要会意理解并对声音做出反应，要积极地把对方的内容听进去。一个好的交流者必须是一个好的倾听者。旅游服务人员掌握有效倾听的技巧，可以更好地了解客人的需求，提高工作效率，与客人建立融洽的关系。

情境导入

小王是旅行社销售部的员工，一天，她接待了一位来咨询的客人。她想当然地开始介绍旅行社的主推团，没有仔细去询问和倾听客人的需求，说了半天，客人也没有任何反应，最后只表示再看看便离开了。

问题：如果你是小王，你会如何接待这位客人？

一、倾听的层次

有效的倾听是可以通过学习而获得的技巧。认识自己的倾听行为将有助于自己成为一名高效率的倾听者。按照影响倾听效率的行为特征，倾听可以分为四种层次。一个人从层次一成为层次四的倾听者的过程，就是其倾听能力、交流效率不断提高的过程。

（一）心不在焉地听

倾听者心不在焉，几乎没有注意说话人所说的话，心里考虑着其他毫无关联的事情，或内心只是一味地想着辩驳。这种倾听者感兴趣的不是听，而是说，他们迫不及待地想要说话。这种层次上的倾听往往导致人际关系的破裂，是一种极其危险的倾听方式。

（二）被动消极地听

倾听者被动消极地听对方所说的字词和内容，常常会错过讲话者通过表情、眼神等体态语言所表达的意思。这种层次上的倾听，常常导致误解、错误的举动，失去真正交流的机会。另外，倾听者经常通过点头示意来表示正在倾听，讲话者会误以为所说的话被完全听懂了。

（三）主动积极地听

倾听者主动积极地听对方所说的话，能够专心地注意对方，能够聆听对方的说话内容。这种层次的倾听，能够激发对方的注意力。

（四）同理心地听

同理心地倾听，不是一般的"听"，而是用心去"听"，这是一个优秀倾听者的典型特征。这种倾听者在讲话者的信息中寻找感兴趣的部分，他们认为这是获取有用信息的契机。这种倾听者不急于做出判断，而是感同身受对方的情感。他们能够设身处地看待事物，总结已经传递的信息，质疑或权衡所听到的话，有意识地注意非语言线索，询问而不是辩解、质疑讲话者。他们的宗旨是带着理解和尊重积极主动地倾听。这种感情注入的倾听方式在形成良好人际关系方面起到极其重要的作用。

> **学习小贴士**
>
> **你是善于倾听的人吗？**
>
> 如果你的行为中出现以下七种情况的一种或一种以上，你就应该注意改进自己的倾听技能了。
> 1. 和别人沟通时，喜欢打断对方讲话，以便讲自己的故事或者提出意见。
> 2. 和别人沟通时，没有和对方进行视线接触，不看对方。
> 3. 和别人沟通时，任意终止对方的思路。
> 4. 和别人沟通时，催促对方，不耐烦。
> 5. 和别人沟通时，接打电话、发电子邮件等，或把注意力转移到其他事情上。
> 6. 和别人沟通时，不记得对方所讲的内容。
> 7. 和别人沟通时，特意等到对方讲完，只为方便你对他所讲的内容"盖棺论定"。

二、倾听的技巧

好的倾听是沟通的保障，倾听者不但要在思想上做好倾听准备，还要在交流中给讲话人以信心，让谈话顺利进行。同时还要及时反馈，从而保证谈话质量，提高倾听效率。

(一)鼓励对方先开口

首先，倾听是一种礼貌，愿意倾听别人说话表明我们乐于接受别人的观点和看法，这会让说话者产生备受尊重的感觉，有助于建立和谐、融洽的人际关系。其次，鼓励对方先开口可以有效降低交谈中的竞争意味，因为倾听可以培养开放融洽的沟通气氛，有助于双方友好地交换意见。最后，鼓励对方先开口说出他的看法，就有机会在表达自己的意见之前，掌握双方意见的一致之处。这样一来，就可以使对方更愿意接纳我们的意见，从而使沟通变得更和谐、更融洽。

(二)营造轻松的氛围

在紧张、拘束的沟通气氛中，谁都不愿意把自己的真实心声说出来，自然也就谈不上倾听。倾听需要营造一个轻松、舒适的环境，这样，说话者才能放松心情，把内心的真实想法、困扰、烦恼等毫无顾虑地说出来。因此，在与人交谈时，最好选择一个安静的场所，不要有噪声的干扰。如果有必要，最好将手机关掉，以免干扰谈话。

(三)控制好自己的情绪

在交谈过程中，可能会涉及一些与自身利益有关的问题，或者谈到一些能引起共鸣的话题。这时要切记，对方才是交谈的主角，即使你有不同观点或很强烈的情绪体验，也不要随便表达出来，更不要与对方发生争执。否则很可能会引入很多无关的问题，从而冲淡交谈的真正主题或导致交谈中断。

(四) 懂得与对方共鸣

有效的倾听还要做到设身处地,即站在说话者的立场和角度看问题。要努力领会对方所说的题中之意和言辞所要传达的情绪与感受。有时候,说话者不一定会直接把他的真实情感告诉我们,这就需要我们从他的说话内容、语调或肢体语言中获得线索。如果无法准确判断对方的情感,也可以直接问"那么你感觉如何?",询问对方的情感体验不但可以更明确地把握对方的情绪,也容易引出更多的相关话题,避免冷场。当我们真正理解对方当时的情绪后,应该对对方给予肯定和认同,说"那的确很让人生气""真是太不应该了"等,让对方感觉到,我们能够体会他的感受并与他产生共鸣。

(五) 善于引导对方

在交谈过程中,我们可以说一些简短的鼓励性的话语,如"嗯""我明白了"等,以向对方表示我们正在专注地听他说话,并鼓励他继续说下去。当谈话出现冷场时,也可以通过适当的提问引导对方说下去。例如,"你对此有什么感觉""后来又发生了什么"等。

(六) 保持视线接触

倾听时,我们应该注视着对方的眼睛。通常情况下,对方会根据我们是否看着他判断我们是否在认真听他说话。如果在对方说话时我们盯着别处,对方就会认为我们对他的谈话不感兴趣,从而打击他谈话的积极性。

(七) 给予真诚的赞美

对于对方说出的精辟见解、有意义的陈述,或有价值的信息,我们要及时予以真诚的赞美。例如,"你说的这个故事真棒""你这个想法真好""你的想法真有见地"等。这种良好的回应可以有效地激发对方的谈话兴致。

(八) 适时提出疑问

虽然打断别人谈话是一种很不礼貌的行为,但"乒乓效应"则是例外。"乒乓效应"是指我们在倾听过程中要适时地提出一些切中要点的问题或发表一些意见和看法,来响应对方的谈话。此外,如果有听漏或不懂的地方,要在对方的谈话暂告一段落时,简短地提出自己的疑问。

(九) 恰当运用肢体语言

在与人交谈时,即便没有开口,我们内心的真实情绪和感觉就已经通过肢体语言清楚地展现在对方眼前了。如果我们在倾听时态度比较封闭或冷淡,对方自然就会特别注意自己的一言一行,比较不容易敞开心扉。反之,如果我们倾听时态度开放、充满热情,对对方的谈话内容很感兴趣,对方就会备受鼓舞,甚至谈兴大发。激发对方谈兴的肢体语言主要包括:自然微笑,不要双臂交叉抱于胸前,不要把手放在脸上,身体略微前倾,时常看对方的眼睛,微微点头等。

(十) 整理出重点,并提出自己的结论

倾听别人谈话时,我们通常会有几秒钟的时间,可以在心里回顾一下对方的谈话内

容，分析总结出其中的重点。在倾听过程中，我们只有删除那些无关紧要的细节，把注意力集中在对方说话内容的重点上，并且在心中牢记这些重点，才能在适当的时机给予对方清晰的反馈，以确认自己所理解的意思和对方一致，例如，"你的意思……吗""如果我没理解错的话，你的意思是……对吗"等。

三、倾听的禁忌

（一）不专注

不专注一般发生在讲话人说话很慢的时候，这是因为倾听者的思考比对方说话速度快。不专注会影响讲话者的情绪。因此倾听者要有耐心，集中注意力，在倾听过程中尽量用短句，多问问题，使谈话更有吸引力。

（二）受视觉干扰

受讲话人的表情、服饰、肢体动作等因素干扰，听不进实际的信息。倾听者要控制自己，暂时忽略其他信息，而将注意力集中到语言上。

（三）爱挑剔

怀着批判的态度听人讲话，目的是挑出毛病，从对方语言中寻找信息用来反驳对方观点，这其实是在考验对方的耐心。此类人应该尽量找出与对方的共同点，从而产生共鸣。

（四）反应力欠缺

自己的阐述能力和对语言文字的理解力有所欠缺，无法透过现象看本质，总是不能用准确的语言表达自己的感情。应该尽量提高自己的阐述能力和对语言文字的理解能力。

（五）夸夸其谈

只热衷于自己讲话而不顾别人是否有话要说。有这种特点的人要形成轮流说话的意识。清楚倾听可以从别人的话中得到启发，从而使自己说话的效果更好。

互动研讨

你会如何回应？

(1)"我最爱开快车了，觉得好过瘾。"

A："开快车多危险啊！"

B："开快车的确蛮刺激、蛮过瘾的，但是安全也很重要。"

(2)"这条路好黑哦，我不敢走过去！"

A："又没有鬼，有什么好怕的咯！"

B："这条路一盏灯都没有，确实让人很害怕。不过我对这里的环境蛮熟悉的，知道治安还不错。不然我陪你走过去，好吗？"

讨论：你认为A与B的回应谁更加合理？

学以致用

学有所思
1. 如何提升旅游服务语言的运用能力？
2. 旅游服务语言恰当地表达需要做到哪几点？
3. 倾听有哪些技巧？需要注意什么？

实战演练
1. 两人一组，练习科学的发声方式。
2. 分组设计情境，分别扮演服务人员与顾客，体会表达与倾听的要点。

模块四

旅游社交礼仪

项目十　见面礼仪

学习目标

1. 掌握称呼、介绍、问候及递接名片的礼仪标准与规范。
2. 能够将标准与规范的称呼、介绍、问候及递接名片礼仪运用在工作实践中，提升人际交往与沟通能力。
3. 养成良好的职业素养，形成良好的职业礼仪风范。

任务一　称呼的使用

音乐始于序曲，交谈起于称呼。称呼，主要是指人们在交往过程中对彼此的称谓语，它表示着人与人之间的关系，反映着一个人的修养和品德。称呼语是交际语言中的先行官，是沟通人际关系的一座桥梁。

在旅游服务工作中，掌握正确的称呼方式，注意称呼的禁忌，不仅体现出个人的文化和礼仪修养，也会使交往对象感到愉快、亲切，促进双方感情的交融，为以后的服务工作打下良好基础。

情境导入

王先生经常来饭店消费，饭店礼宾小张与其非常熟悉，有时就会对王先生以"王哥"相称，王先生也觉得这种称呼很亲切。这天，王先生陪同几位来自香港的客人一同进入饭店，小张热情地打招呼到："王哥好！几位大哥好！"谁知随行的香港客人觉得很诧异，其中有一位还面露不悦之色。

问题：
1. 为什么礼宾小张平时亲切的称呼，在这时却让几位香港客人诧异甚至不悦？
2. 礼宾小张的做法有何不妥，应该如何称呼？

一、称呼的基本要求

(一)称呼因"人"而异

不同性别的对象使用不同的称呼。如对女性可以称呼为"女士""小姑娘"，对男士可以称呼为"先生""师傅""同志"等。不同亲密程度，使用不同的称呼，亲密度高的人使用小名或昵称，亲密度低的人则不适宜。注意，不同国籍的人要采用不同的称呼。

(二)职称因"时"而变

注意正式场合和非正式场合的称呼。一般情况下，人们对对方的称呼都是与其环境相对应的正式称谓。例如，一位姓王的先生，当下级向他汇报工作时称"王总"，同事和他交往时称"老王"，年轻的工人在车间里称"王师傅"，他的亲密朋友在与他私人交往时称"王大哥"。

(三)称呼依据习惯

称呼要周到并照顾到不同国家或地区的文化习惯。例如，"老大"和"爱人"在内地分别指在兄弟姐妹中排行第一和合法配偶，但在海外，往往会被理解为黑社会中的头目和"第三者"。还有，"小姐""同志"等要注意在一些地方的另一层含义，防止伤害对方。一位农民对一位风度翩翩的男士不会称呼"先生"，而多半会按照自己家乡习俗亲热称呼"大哥"之类，这多是因为习惯导致的。

(四)称呼遵照规范

称呼要遵守就高不就低的原则。正式场合绝不允许运用昵称、小名称呼对方，应头衔和敬语一起称呼。若被称呼的不止一人，就要注意周到而不能有遗漏。更重要的是，注意先称呼谁，后称呼谁，要照顾不同国家的文化习惯。

(五)称呼依照顺序

对个人称呼的基本顺序依次是：①职位；②职称和学历；③职业；④女士、先生、顾客；⑤姓名；⑥小名。对不同个体称呼的顺序一般是：①先强调个人，后强调群体；②先强调女士，后强调先生；③先强调职位高的，后强调职位低的。

二、称呼的方法

(一)职务称呼

以交往对象的职务相称，以示身份有别、敬意有加。这是一种最常见的称呼，如李科长、周校长。职务称呼一般有三种形式：称职务、在职务前加上姓氏，在职务前加上姓名(适用于极其正式的场合)。

(二)职称称呼

对于具有职称者，尤其是具有中级、高级职称者，在工作中直接以其职称相称。如王教授、李高级工程师（李高工）。称职称时，可以只称职称，可以在职称前加上姓氏，也可以在职称前加上姓名（适用于十分正式的场合）。

（三）职业称呼

职业称呼是指以交往对象所从事的职业作为称呼，如老师、医生、会计、律师。也可以在职业前加上姓氏、姓名。通常，对旅游从业人员，一般约定俗成地按性别不同称为"女士""先生"等。

（四）姓名称呼

在工作岗位上称呼姓名或简称。一般限于同事、熟人之间，如老张、老李、小张、小李。但是，忌讳岁数小的人对岁数大的人称呼老张、老李。另外，也可以省略姓氏直呼其名，表示亲切友好，如"志海""晓梅""宝林"等。

（五）泛尊称

泛尊称适合于社交场合中大部分交往对象。对男子一般称"先生"，对女子称"夫人""小姐""女士"。另外，泛尊称可以同姓名、姓氏和行业性称呼组合在一起，在正式的场合使用，如"王先生""林夫人""上校先生"等。

三、称呼的禁忌

（一）忌错误称呼

1. 误读

一般表现为念错被称呼者的姓名。有的人的名字不是常用字，有的人的姓或名中有多音字，容易产生误读现象。为了避免这种情况的发生，对于不认识的字，事先要有所准备；如果是临时遇到，要谦虚请教。

2. 误会

误会指对被称呼者的年纪、辈分、婚否以及与其他人的关系做出错误的判断。例如，将未婚女子称为"夫人"，就属于误会。

互动研讨

生气的客人

有一天，张先生委托酒店服务员小王为他的外国朋友（该酒店的住店客人）订做生日蛋糕，小王接过订单问张先生："您的朋友是小姐还是太太？"张先生不知道这外国朋友有没有结婚，也没有打听过，想了想说，朋友不年轻了，应该是太太吧。生日蛋糕做好后，小王按房号给客人送蛋糕。敲门后，小王有礼貌地说："请问您是怀特太太吗？这是你朋友张先生给您送的蛋糕。"

结果对方很生气地说："这里只有怀特小姐，没有怀特太太。"然后啪的一声重重地把门给关上了。

讨论：客人为何生气？

(二)忌替代性称呼

忌使用替代称呼、语气词称呼,例如,"那个穿红大衣的过来!""嗨,靠边点!"

(三)忌不适当的俗称

不适当的俗称包括网络流行称呼、攀亲俗称、绰号。在正式交往场合,即使关系较好也忌用交往对象的绰号来称呼。在旅游服务过程中,称呼的选择和使用重在表达尊重和友好,因此要尽量使用一些被交往对象喜欢又比较文雅的称呼。

(四)忌用地方性称呼

有些称呼属于地方性称呼,不通行使用,具有一定的地域性和针对性,因此在社交场合应慎用,如"师傅""伙计"等。比如北京人爱称人为"师傅",山东人爱称人为"伙计",而在南方人听来,"师傅"等于"出家人","伙计"一般指"打工仔"。

任务二 掌握介绍的方法

介绍是人际交往中人们互相认识、建立联系的必不可少的方式,在陌生人之间起到重要的桥梁和沟通作用。介绍可分为自我介绍、他人介绍和集体介绍。

在从事旅游工作中,掌握恰当得体的介绍可以给人留下深刻、美好的印象,也为进一步的旅游服务工作打下基础。

情境导入

酒店公关经理即将在机场接到公司的一位大客户,并要安排他和酒店董事长见面。
问题:
1. 酒店公关经理接到客户后该如何自我介绍?
2. 安排客户与酒店董事长见面,应该先介绍谁?

一、自我介绍——叩开交际的大门

自我介绍实际上是一种自我推荐,是跨入社交圈、走向社会、结交更多朋友的必修课。学会自我介绍不仅可以树立自信大方的个人形象,也有助于自我展示和宣传。

(一)自我介绍的形式

1. 应酬式

应酬式适用于某些公共场合和一般性的社交场合。这种自我介绍最为简洁,往往只包括姓名一项。

2. 工作式

工作式适用于工作场合,它包括本人姓名、供职单位、部门职务和从事的具体工作等。

3. 交流式

交流式适用于社交活动中，希望与交往对象进一步交流与沟通。它大体应包括本人的姓名、工作、籍贯、学历、兴趣及与交往对象的某些联系。

4. 礼仪式

礼仪式适用于讲座、报告、演出庆典、仪式等正规而隆重的场合，包括姓名、单位、职务等。同时还应加入一些适当的谦辞、敬辞。

5. 问答式

问答式适用于应试应聘和公务交往。问答式的自我介绍应该是有问必答的。

(二)自我介绍的艺术

1. 平和自信——落落大方，不卑不亢

1）自我介绍时，应面带微笑，充满自信和热情，保持诚恳谦恭的态度。

2）在介绍时要善于用眼神去表达自己的友善，显得胸有成竹、落落大方。

3）介绍时注意语气自然、语速正常、语音清晰，举止端庄、大方，表现自己渴望认识对方的真诚情感。

2. 把握时机——见机行事，百无一失

1）希望结识对方。有许多人在场的社交场合，希望得到他人的知晓并与之相识，但无人引荐，这时应主动介绍自己。

2）开展工作需要。承担某项工作时，为了方便工作顺利开展，树立良好形象，需要进行自我介绍。

3）对方希望结识自己。交往对象希望进一步了解自己，但无人引荐，此时应大方得体地进行自我介绍。

3. 掌握分寸——恰如其分，适可而止

1）力求简洁，长话短说，以半分钟左右为宜。

2）实事求是，谦虚谨慎；忌自吹自擂，忌自我贬低。

3）可利用电子名片信息等加以辅助。

4. 独树一帜——巧找角度，加深印象

1）针对不同场合，设计相应的自我介绍，繁简有别。

2）针对不同的性格特点，设计别具一格的自我介绍，突出个人魅力。

二、介绍他人——展现你的社交魅力

介绍他人指作为第三方为彼此不相识的双方进行引见、介绍。通过介绍，可以帮助双方打开原来的陌生局面，拓宽人际交往的圈子。

(一)介绍的时机

介绍他人的时机主要有以下几种情况：与家人外出，遇到家人不相识的同事或朋友时；本人的接待对象遇见了其不相识的人士，而对方又跟自己打了招呼时；在家中或办公地点，接待彼此不相识的客人或来访者时；打算推介某人加入某一方面的交际圈，受到为

他人做介绍的邀请时；陪同领导长者、来宾，遇见了其不相识者而对方又跟自己打了招呼时；陪同亲友前去拜访亲友中不相识者。

学习小贴士

> **如何确定介绍人？**
> 1. 根据不同情况或特定场合确定介绍人。通常情况下，介绍人应该是社交活动的东道主、长者、正式活动的负责人或家庭性聚会的女主人、熟悉双方的第三者以及公务活动中的专职人员。
> 2. 介绍人应该对被介绍双方都比较熟悉和了解。如果有可能在为他们做介绍之前最好先征求一下双方意见，以免双方已经相识或没有相识意愿，而使双方陷入尴尬境地，反而不利于相互交往。
> 3. 介绍人应该审时度势，善解人意。在双方有意结识并期望有人做介绍时，义不容辞地为双方做好介绍工作。

(二) 介绍的顺序

遵守"尊者优先了解情况"的规则，即在为他人介绍前先确定双方地位的尊卑，然后先介绍位卑者，后介绍位尊者。通常情况下，介绍的顺序应遵从以下几点：

1. 把职位低者介绍给职位高者

在公务场合，不分男女老少，一般以社会地位和职位高低来判断介绍顺序。社会地位高者和职位高者拥有优先知晓权。

2. 把自己的同事介绍给客户

在商务场合中，为表示对公司客户的尊重和重视，应把公司同事介绍给客户。客户拥有优先的知晓权。

3. 把男士介绍给女士

在为年龄相仿的男士与女士做介绍时，应把男士引导到女士面前，把男士介绍给女士。此时女士拥有优先知晓权。

4. 把晚辈介绍给长辈

为他人做介绍时，应该把年轻者介绍给年长者，以表示对长辈的尊敬。年长者拥有优先知晓权。

5. 把未婚者介绍给已婚者

一般情况下，应该把未婚者介绍给已婚者，但是如果未婚者明显年长，则应该把已婚者介绍给未婚者。

6. 把主人介绍给客人

在主客双方身份相当时，应该先介绍主人，再介绍客人，以表示对客人的尊敬。

(三) 介绍的动作与语言规范

1. 动作规范

手心朝上，五指轻轻并拢，掌心向上略倾斜来指示，忌用一根手指指人。被介绍者应表现出结识对方的热情，面带微笑，起立或欠身致意；双目应该注视对方；介绍完毕，握手问好。

2. 语言规范

在介绍他人时，应语言简练并将双方的情况表述清晰。表达上，不要过于突出某一方。在双方都介绍完后，尽量找出双方可以继续交流的话题，起到穿针引线的作用。

(四) 介绍的形式

1. 标准式

标准式适用于正式场合。内容以双方的姓名、单位、职务等为主。

2. 简介式

简介式适用于一般的社交场合。内容只有双方姓名一项甚至只提到双方姓氏，接下来就由被介绍者见机行事。

3. 强调式

强调式适用于各种交际场合。其内容除被介绍者的姓名外，还会刻意强调其中一位被介绍者与介绍者之间的特殊关系，以便引起另一位被介绍者的重视。

4. 引见式

引见式适用于普通的社交场合。介绍者所要做的是将被介绍者双方引到一起。

5. 推荐式

推荐式适用于比较正规的场合。介绍者是经过精心准备的，目的就是将某人举荐给某人。介绍时通常会对被介绍者的优点加以重点介绍。

6. 礼仪式

礼仪式适用于正式场合，是最为正规的介绍形式。与标准式略同，但语气、称呼上更为礼貌谦恭。

> **互动研讨**
>
> 如何介绍？
>
> 向公司的李总介绍新来的员工小林，应当先对李总说："李总，这是我们部门新来的员工小林。"然后再对小林说："小林，这是咱们公司的李总。"
>
> 讨论：
>
> 1. 在实际生活中，每个人都有多重身份，当相互有冲突时，应该如何介绍？
>
> 2. 后到的人要以先到的客人为尊，可是如果后到的客人为长辈，而先到的客人都是晚辈，该如何介绍？
>
> 3. 你与父亲一块外出时遇上你的年轻同事，你该如何介绍？如果遇上你的领导，又该如何介绍？

三、集体介绍——搭起沟通的桥梁

集体介绍是介绍他人的一种特殊形式，是指被介绍一方或双方不止一人。做好集体介绍可以搭建起良好的沟通桥梁，使双方乐于接受而不至于使人感到勉强。

（一）介绍的时机

在集体介绍时，时机的把握是首要因素。下面几种情况需要进行集体介绍：正式的大型宴会，主持人一方与来宾均不止一人时；大型的公务活动，参加者不止一方，各方也不止一人时；举行会议，与会者不止一人时；涉外交往活动中，参加活动的宾主双方皆不止一人时；演讲、报告、比赛，参加者不止一人时；会见、会谈各方参加者不止一人时；规模较大的社交聚会有多方参加，各方均有多人时；接待参观、访问者来宾不止一人时。

（二）介绍的顺序

在进行集体介绍时，原则上遵循介绍他人的顺序，介绍者应根据具体情况慎重对待。

1. 被介绍双方地位相似

如被介绍双方地位相似，应遵循"少数服从多数"的原则，即将人数多的一方定为"位尊"，人数少的一方定为"位卑"，先介绍人数少的一方，然后介绍人数较多的一方。

2. 被介绍双方地位不同

若被介绍双方地位、身份存在明显差异，这时以地位高、身份高者为尊，先介绍位卑一方，然后介绍位尊一方，即使尊者人数少或者只有一人，仍应被置于尊贵的位置，最后再做介绍。在介绍各自一方时，顺序应由尊而卑。

> **学习小贴士**
>
> **集体介绍的注意事项**
> 1. 在首次介绍时要准确地使用全称，不要使用易产生歧义的简称。
> 2. 介绍时要庄重、亲切，切勿开玩笑。
> 3. 集体介绍应脉络清晰，考虑好介绍的内容以及语言表达的态度和"火候"。

任务三　掌握问候的方法

问候，即寒暄，就是打招呼。问候是人际关系发生的起点，是打破陌生人之间的界限的重要方式。热情简洁的问候是人际交往的润滑剂。见面问候的礼节通常有致意礼、握手礼、鞠躬礼、拥抱礼、贴面礼、亲吻礼等。在旅游服务工作中，选择恰当的问候礼，如温暖的春风，让人倍感温馨，能激发交往的兴趣。相反，问候不当，则非常失礼。

情境导入

小张是刚进公司的旅游销售业务员。这天，小张在公司内遇到了销售经理，他立即跑过去，向经理问好，并伸出双手，去握住经理的手，却看见经理微蹙眉头，面露不悦之色。小张很纳闷，不知自己哪里做错了。

问题：
1. 小张和领导在握手时有何不妥之处？
2. 小张应如何处理？

一、致意礼

致意是一种用非语言方式表示问候的礼节，也是最为常用的礼节，它表示问候尊敬之意。通常用于相识的人或有一面之交的人在公共场合或间距较远时表达心意。致意时应该诚心诚意，表情和蔼可亲。若毫无表情或精神萎靡不振，则会给人以敷衍了事的感觉。通常，致意礼又可分为以下几种方式。

1. 微笑致意

1）微笑致意适用于与相识者或只有一面之交者在同一地点，彼此距离较近但不适宜交谈或无法交谈的场合。

2）微笑致意可以不做其他动作，只是两唇轻轻示意，不必出声，即可表达友善之意。

3）微笑如与点头示意结合起来，效果则更佳。

2. 点头致意

1）点头致意（也称颔首礼）适用于在公众场合与熟人相遇不便交谈时，或在同一场合多次见面时、路遇熟人时等。

2）点头致意要面带微笑，目视对方，轻轻点一下头。行点头礼时，不宜戴帽子。

3. 举手致意

举手致意的场合与点头致意的场合大体相同。举手致意分远近两种方式，正确做法如下：

1）远距离举手致意：适用于与距离较远的熟人打招呼。一般不必出声，只要将右手臂伸直，举过头或略高于头，掌心朝向对方，以肩肘为中心，轻轻摆动几下手臂即可。

2）近距离举手致意：一般用于不便停留交谈的熟人之间。要轻轻问候一声，将右手臂弯曲，手掌放在右耳旁，以手腕为中心，轻轻摆动手掌。

4. 脱帽致意

1）在戴帽子进入他人居室、路遇熟人或长者、与人交谈、行其他见面礼、升降国旗演奏国歌等情况下，应行脱帽致意礼。

2）脱帽致意应微欠上身，用距对方稍远的那只手脱帽，并将其置于大约与肩平行的位置，同时眼睛看着对方。脱帽致意时，另一只手不能插在口袋里。坐着时不宜脱帽致意。

互动研讨

讨论：你还知道哪些致意形式？分别在什么场合使用？

二、握手礼

握手是世界上最通行的见面礼仪，是在相见离别、恭贺或致谢时相互表示情谊的一种礼节。如果应用得当，能进一步增添别人的信赖感。它能在不经意间泄露一个人的教养。

(一)握手四部曲

握手的姿势、力度、顺序和时间被称为握手四部曲,能够表达出对握手对象的不同礼遇和态度,彰显自己的个性,给人留下良好的印象,从而赢得交际的主动权。

1. 握手的姿势

双方距离1米左右,均呈立正姿势,上身略向前倾,伸出右手,四指并拢,拇指张开,双方虎口相交,用力适度上下抖动约三下。握手时神态要专注、热情、友好、自然,目视对方,面带微笑,同时向对方问候。

2. 握手的力度

握手时为了表示热情友好,应当稍许用力,以不握痛对方的手为限度。男性握女性手不能握得太紧,西方人往往只握女性的手指部分,但朋友可以例外。

3. 握手的顺序

握手的顺序原则为位尊者有决定权,即由位尊者决定双方是否有握手的必要。遵循这一原则,握手的先后顺序为:男女之间,男方要等女方先伸手后才能握手,如女方不伸手无握手之意,可用点头或鞠躬致意;长幼之间,年幼的要等年长的先伸手;上下级之间,下级要等上级先伸手,以示尊重。

宾主之间的握手顺序不仅应遵循"以客为尊"的原则,还要讲究"迎来送往,主客有序"的原则。即在迎接客人时,由主人先伸手,以示欢迎客人;在送别客人时,由客人先伸手主人再伸手回握,否则会有逐客之嫌。

> **学习小贴士**
>
> **握手顺序小规律**
>
> 握手顺序有一个小规律可以遵循:如果是工作场合,握手时根据对方的职位身份来依次握手;如果是社交场合,可以根据对方的年龄、性别、婚否来判断握手的次序。

4. 握手的时间

握手时间的长短可根据握手双方亲密程度灵活掌握。初次见面者,一般应控制在三秒钟以内,切勿握住异性的手久久不松开。握手时间过短,则会被人认为傲慢冷淡、敷衍了事。

(二)握手的注意事项

在人际交往中,握手还要注意以下五点,以免引起交往对象的误会,从而留下不好的印象。

1. 右手相握

握手时,应该伸出右手,伸出左手是失礼的。特别是有的国家、地区忌讳使用左手握手。在特殊情况下,不能用右手相握,应说明原因并道歉。

2. 逐一相握

遇到两位以上交谈对象行握手礼时,应逐一相握。有的国家视交叉握手为凶兆,交叉成"十"意为十字架，认为会招来不幸。

3. 摘手套

握手前应摘下手套，因为戴手套本身会显得讨厌别人接触你的手。在大多数国家，戴手套与别人握手，既不礼貌又带有侮辱之意。但是，在西方国家，女士身着礼服、戴手套时，与他人握手可以不摘手套。

4. 一视同仁

同时面对多人却只同某一人握手，而对其他人视而不见，是极其无礼的行为。这种情况下，不仅要与在场的所有人握手，还要与每人握手的时间大致相同，切忌给人厚此薄彼的感觉。

5. 真诚相待

与人握手时要微笑着注视对方，表示真诚。握手时忌东张西望、心不在焉或面无表情。除了长者或因身体原因不方便起身的人，坐着与人握手是不礼貌的。除非眼部有疾病或者特殊原因，否则不要在握手时戴着墨镜。在条件和时间允许的情况下，握手前应将帽子、墨镜等物品摘下以后再握手，以示尊敬。

> **学习小贴士**
>
> **握手四字歌谣**
> 笑脸相迎，视线交流
> 双脚立正，上身前倾
> 伸出右手，四指并拢，虎口相对
> 力度七分，上下三下

三、鞠躬礼

鞠躬，即上身向前弯曲行礼，源自古代祭天仪式。现今，演绎成向人致意、表示尊敬、谢意、致歉等方面的常用礼节。

(一) 鞠躬礼的要求

1) **面部表情**：保持微笑。
2) **距离要求**：距离适当，一般在距对方 2~3 米的地方。
3) **身体要求**：身体前倾，头、颈、背呈一条直线。
4) **鞠躬角度**：15 度为"轻度行礼"，视线落于体前 1.5 米处，适用于面对平辈、同事，或者端茶送水、请人落座、递接名片等，时间为 1~2 秒；30 度为"一般行礼"，视线落于体前 1 米处，适用于见到上司、迎送客人、接待长辈、演讲或谢幕时，时间为 2~3 秒；45 度为"尊敬行礼"，视线落于体前 0.5 米处，强调尊敬之意，用在拜托别人、接待重要客人以及表达深度感谢和致歉时，时间一般为 3~4 秒；90 度为"隆重行礼"，是程度最高的鞠躬度数，一般为深度道歉或者致哀时使用，时间为 4~5 秒。
5) **双手位置**：男士放在裤缝两侧，女士交叉放在体前。
6) **目光顺序**：按照注视对方、落于体前、注视对方的顺序。

7) 双脚摆放：男士双脚并列或成V字，女士双脚成丁字或并列。

(二) 鞠躬礼的形式

1. 三鞠躬

行礼之前应当先脱帽，摘下围巾，身体肃立，目视受礼者。身体前倾90度，行礼三次。

2. 深鞠躬

基本动作同三鞠躬。与三鞠躬礼区别在于，深鞠躬一般只鞠躬一次。

3. 社交、商务鞠躬礼

行礼时，立正站好，保持身体端正。面向受礼者，距离为两三步远。身体前倾15度以上，一般是60度，具体视行礼者对受礼者的尊敬程度而定，同时问候"您好""早上好""欢迎光临"等。

> **互动研讨**
>
> 讨论：入乡随俗，不同国家的鞠躬礼各有讲究，你了解哪些国家的鞠躬礼？

(三) 鞠躬礼的注意事项

受鞠躬者应还以鞠躬礼。地位较低的人要先鞠躬。地位较低的人鞠躬要相对深一些。上级或长者还礼时可以欠身点头，不鞠躬也可以。

四、拥抱礼

拥抱礼一般指的是交往双方互相以自己的双手揽住对方的上身，借以向对方致意。拥抱是与握手一样重要的见面礼仪，可用于熟人之间、生人之间、男人之间、女人之间、异性之间、新知故友见面时。拥抱礼不但是人们平常交际的重要礼仪，也是各国政府首脑外交场合中的见面礼节。

(一) 拥抱礼的动作要领

1) 两人在相距约20厘米处相对而立。
2) 彼此都右臂偏上，左臂偏下，右手扶着对方的左后肩，左手扶着对方的右后腰。
3) 各自都按自己的方位，两人头部及上身都向左相互拥抱，礼节性的拥抱可到此完毕。
4) 如果是为了表达较为亲近的情感，更为密切的关系，在保持原手位不变的情况下，双方还应接着向右拥抱，再次向左拥抱，才算礼毕。

> **学习小贴士**
>
> **拥抱礼要诀**
>
> 左脚在前，右脚在后；左手在下，右手在上；胸贴胸，手抱背；贴右颊，才正规。

(二)拥抱礼的注意事项

1)拥抱时双方身体不要贴得过紧,特别是男士与女士拥抱时。

2)拥抱时间不可过长,或用嘴亲对方的面颊。久别友人或至亲之间的拥抱在姿势或次数上则不必拘于形式。

3)在商务涉外交往中,应注意所交往者的民族习俗。世界上有些国家和地区的人,见面时不喜欢拥抱。

五、贴面礼

在西方,亲朋好友间见面或分手时,通常双方都会相互用脸颊碰一下,嘴里同时发出亲吻的声音,声音越大表示越热情。行贴面礼时,用右手扶住对方的左肩,左手搂抱对方的腰,身体偏向自己的左侧,贴右脸,与对方贴面三次(有时也只贴两次,一般不超过三次)。多数地区的人会先与对方贴右脸,但也有些地区的人会先与对方贴左脸。西方国家有时会将拥抱礼、贴面礼和亲吻礼连续进行。

六、亲吻礼

亲吻,是源于古代的一种常见礼节。人们常用此礼来表达爱情、友情、尊敬或爱护。据文字记载,在公元前,古罗马与古印度已流行有公开的亲吻礼。当今在欧美许多国家,亲吻礼较为流行。在迎宾场合,宾主往往以握手、拥抱、左右吻面或贴面的连动性礼节,以示敬意。亲吻礼一般分为吻手礼和接吻礼两种形式。

(一)亲吻礼的亲吻部位

1)关系亲近的女士:贴面颊。
2)关系亲近的男士:多数行抱肩或拥抱礼,也可以行贴面礼。
3)男女朋友或兄妹姐弟:吻面颊。
4)父母子女或长辈、晚辈:长辈吻晚辈的面颊或额头,晚辈吻长辈的面颊或下颌。
5)男士对尊贵的女士:行吻手礼。

(二)亲吻礼的注意事项

1)行亲吻礼时,通常忌讳发出声音,而且不应将唾液弄到对方的脸上或手上。

2)行吻面颊的礼仪时,男、女双方均可主动,轻吻右颊表示友谊,轻吻双颊表示双方之间关系比较亲密。

3)行吻手礼只限于室内,而且吻手礼的受礼者,只能是已婚妇女。手腕及其以上部位,是行礼时的禁区。

任务四 名片的使用

名片虽小,空间乃大;名片虽小,内涵乃深;名片虽小,运用乃广;名片虽小,规矩乃多。在旅游服务工作中,掌握正确的名片使用方法,不仅可以用作自我介绍,还可用作祝贺、答谢、拜访、慰问、赠礼附言、备忘、访客留话等。

情境导入

某饭店营销经理约见一位重要的客户。见面之后，客户就将名片递上。营销经理看完后将名片放到了桌子上，两人继续谈事。过了一会儿，服务人员将咖啡端上桌面，请两位经理慢用。营销经理喝了一口，将咖啡杯子放在了名片上，自己没有感觉到，客户方经理皱了皱眉头，没有说什么。

问题：
1. 请分析饭店营销经理的失礼之处。
2. 接到对方的名片后应如何放置？

一、名片的内容

名片的一般内容包括工作单位、姓名、电话、身份、地址、邮政编码等。工作单位一般印在名片的上方，姓名印在名片中央，右侧印有职务、职称；名片的下方为地址、邮政编码、电话号码、E-mail 地址等。

二、名片的递接礼仪

（一）递送名片的礼仪

1. 名片的携带

参加正式交际活动之前，都应随身携带自己的名片，以备交往之用。名片的携带应注意以下三点：

1) **足量使用**。携带的名片一定要数量充足，确保够用。所带名片要分类别，根据不同交往对象使用不同的名片。

2) **完好无损**。名片要保持干净整洁，切不可出现折皱、破烂、肮脏、污损、涂改的情况。

3) **放置到位**。即在外出时将名片放在容易拿出的地方，以便需要时迅速拿取。

2. 递送的方法

1) **表现谦恭**。递送时应起身站立，上身呈 15 度鞠躬状，面带微笑，注视对方，用双手的拇指和食指分别握住名片上端的两角，其余四指托住名片的反面，名片的文字要正向对方。

2) **寒暄**。恭敬地送到对方胸前，同时说"我叫×××，这是我的名片，请多关照""请多联系"等礼貌用语。

3. 递送的顺序

1) **与一人交换名片时**。一般遵循"地位低者先行的原则"，即先客后主、先低后高、先男后女、先幼后长、先近后远的顺序。

2) **与多人交换名片时**。应注意讲究先后次序，或由近到远、或由尊到卑，一定要依次进行，切勿挑三拣四，切勿有的人给有的人不给，以免他人产生厚此薄彼的误会。

4. 递送的时机

递送名片的时机有：希望认识对方时；被介绍给对方时；对方向自己索要名片时；对

方提议交换名片时；打算获得对方的名片时；初次登门拜访对方时。

5. 递送的禁忌

递送名片需要注意以下几点禁忌：不要用左手递交名片；不要将名片背面对着对方或是颠倒着面对对方；不要将名片举得高于胸部；不要以手指夹着名片给人。

(二) 接受名片的礼仪

接受他人名片时，主要应当做好以下几点：

1. 态度谦和

在接别人的名片时，应尽快起身或欠身，面带微笑，用双手的拇指和食指接住名片的下方两角，态度也要毕恭毕敬，使对方感到你对名片很感兴趣。

2. 认真阅读

接到名片时可以说"谢谢""能得到您的名片，真是十分荣幸"等。接过名片后，用30秒以上的时间认真地把名片上的内容看一遍，遇有显示对方荣耀的职务、头衔不妨轻读出声，如"您就是××啊，久仰久仰"，以表示对对方的尊重和敬佩，同时也加深对名片的印象。

3. 精心存放

看过名片后，应将名片郑重地放入自己的西装上衣口袋、名片夹或其他稳妥的地方。切忌接过对方的名片一眼不看就随手乱丢或在上面压上杯子、文件夹等东西，或者在手里把玩。不要把名片拿在手中搓来搓去，那是不礼貌的表现，会伤害对方的自尊，影响彼此的交往。

4. 有来有往（回敬对方）

"来而不往非礼也"，拿到别人的名片一定要回礼。在比较正规的场合，即便没有名片也不要说，可以采用委婉的表达方式，如"不好意思名片用完了""抱歉今天没有带"等，切莫毫无反应。

三、索取名片的礼仪

(一) 索要名片的技巧

1. 明示法

明示法就是直接表明希望得到对方(同年龄、同级别、同职位)名片的请求。例如："老李，好久不见了，我们交换一下名片吧，这样方便联系。"

2. 交换法

交换法就是主动递上自己的名片，"将欲取之，必先予之"。例如，你想要某位知名教授的名片，你把名片递给他后，同时说："×××教授，非常高兴认识您，这是我的名片，请您多指教。"一个知礼、懂礼和用礼的人，在拿到名片之后，必会回敬一张自己的名片。

3. 激将法

激将法就是以否定的态度和口吻来强化事情，结果一般会朝肯定的方向发展。例如，"尊敬的李董事长，很高兴认识您，不知道能不能跟您交换一下名片？"出于礼貌或情面，对方一般不会拒绝。

4. 谦恭法

谦恭法强调的是以谦虚、谨慎的态度索取交往对象(长辈、领导、上级)的名片,往往把自己的位置放得低一些。例如:"汪老师,您的报告对我启发很大,希望能有机会向您请教,以后怎样向您请教比较方便呢?"对方在听到这种被称赞和敬仰的话,一般会主动给予名片。

(二)婉拒他人索取名片的技巧

用委婉的方法表达此意,例如:"对不起,我忘了带名片。""抱歉,我的名片用完了。"特别是在一些比较正规的场合,即便没有名片也不要直说,而要采用委婉的表达方式。

学 以 致 用

学有所思

1. 人际交往中常用的称呼方式有哪些?
2. 为他人做介绍时,应该注意哪些方面?
3. 请列举常用的见面问候礼。
4. 名片的递接过程中,应该注意哪些问题?

实战演练

旅行社客户经理李林因业务需要,初次上门拜访某企业负责人王经理,就即将接待的商务旅行团进行业务洽谈。李林初次见到客户时应如何应对?如果客户上门咨询相关业务,作为接待人员如何应对?

1. 实训方法:情景模拟法,角色扮演法,基于问题的学习方法,评价分析法。
2. 实训步骤:

(1)学生分组,根据背景完成剧本创作。

(2)以角色扮演的方法模拟初次见面时的称呼、握手、自我介绍、递接名片等环节。

(3)对模拟场景及学生进行分析、评析与归纳。

项目十一 位次礼仪

学习目标

1. 掌握行进间的位次礼仪。
2. 掌握中式宴会和西式宴会的位次礼仪。
3. 掌握乘车的正确位次礼仪。
4. 掌握会客的正确位次礼仪。

任务一 掌握正确的行进位次

所谓行进中的位次排列,指的是人们在步行的时候位次排列的顺序。在旅游接待工作中,接待或陪同客人行进是常有的事情,所以旅游服务人员要了解行进中不同情况的位次礼仪,以便树立良好的服务形象,为客人提供周到的服务。

情境导入

某酒店大堂王经理亲自迎接三位重要的客人,这三位客人分别是某公司的董事长王先生、总经理李先生和董事长秘书陈小姐。王经理走在左前方引领客人,沿途介绍酒店的概况。进电梯时,王经理做了请的手势后,便主动地进入电梯按住了电梯按钮,三位客人则随后进入。当电梯一到达客人入住楼层时,王经理便抢先走出了电梯,并在电梯外按住了按钮,之后请董事长一行一一走出电梯,然后走在客人左前侧,引领客人进到房间。王经理按进房程序将房门打开,并退到门边,请三位客人进入房间,简单地做了房间介绍,便退出了房门。当三位客人离店时,王经理又亲自相送,依旧走在左前方引领客人。

问题: 请对王经理接待客人的做法进行点评。你认为行进中礼仪在旅游服务接待中重要吗?

133

一、平地行进

(一) 迎客的行路礼仪

旅游服务人员在迎接客人时，通常应走在宾客的左前方大约 1 米处进行引导。

(二) 送客的行路礼仪

旅游服务人员在送客时，应请宾客走于前方。但当客人对路况不熟悉或路况不佳时，应走在客人的前面 1 米左右进行引导。

(三) 与客同行的行路礼仪

1. 并排行进

两人并排行走，以右为尊，内侧高于外侧。旅游服务人员与一位客人同行时，应请客人居于右侧或内侧，自己居于左侧或外侧；并行者多于三人，中央高于两侧，以居中者为尊。旅游服务人员与多位宾客并行时，应以居中者为尊，内侧次之，外侧最低为原则，服务人员走在客人的外侧。

2. 单行行进

呈一条线行进时，以前为尊，以后为卑。标准的做法是前方高于后方，以前方为上，如没有特殊情况，应该让客人在前面行进；如客人需要引导，则应在客人的斜前方，侧身引路。

(四) 与客相遇的行路礼仪

与客人迎面相遇时，旅游服务人员应右脚向右前方迈出半步，身体向左转，右手放在腹前，左手指引客人前进的方向；与客人相向而遇时，客人从背后走来，旅游服务人员应停步，身体向左边转向客人，向旁边稍让半步，左手放在腹前，右手指引客人前进的方向。

二、上下楼梯

(一) 靠右行走，尊者先行

一般情况下，上下楼梯时，应靠右行走，遵循尊者先行的原则。旅游服务人员与多人一起上下楼梯时，应让客人或受尊敬者先行。

(二) 特殊情况，周到考虑

如果陪同接待的客人是身着裙装的女士，旅游服务人员要走在女士前面；若楼梯较陡，与尊者、女性一起上楼时，应主动走在客人后方，下楼时，应主动走在前方，确保客人安全。

(三) 安全第一，单行行进

上下楼梯为避免拥挤，通常应单行行进，且不能奔跑或追逐打闹，以免影响他人或发生危险。

三、出入电梯

(一)出入有人驾驶的电梯

出入有人驾驶的电梯，应遵循地位低者"后入后出"的原则。旅游服务人员应请客人先进电梯，出电梯时让客人先行。若乘坐电梯的客人较多，为防止出现阻挡他人的情况，地位低者可以先出电梯。

(二)出入无人驾驶的电梯

出入无人驾驶的电梯，应遵循地位低者"先入后出"的原则。旅游服务人员应自己先进入电梯，按住电梯按钮或扶住电梯门，请客人随后进入；出电梯时，应按住电梯按钮或扶住电梯门，让客人先出，自己随后出去。

四、出入房间

(一)出入顺序

如无特殊情况，出入房门的标准做法是位高者先进或先出房门。如需要引导、室内灯光昏暗、男士和女士两个人单独出入房门时，标准的做法是旅游服务人员先进去，为客人开灯、开门。出的时候也是旅游服务人员先出去，为客人拉门导引。

(二)注意面向

进门时，如已有人在房内，则应始终面向对方，切勿反身关门，背向对方；出门时，若房内依旧有人，则行至房门、关门这一系列的过程中，都应尽量面向房内之人，不要以背示之。

(三)礼貌敲门

在进入他人房间时一定要先有节奏地轻声敲门，经允许后再进入。

(四)轻声入门

出入房间时，应轻关房门，勿用脚踢门、用背撞门等。

任务二　掌握正确的宴会位次

宴会的位次指宴会的桌次和席位安排次序。宴会的桌次即桌位的高低次序，表明各桌就座人员的身份。宴会的席位即同一桌中的座次高低。宴会活动中的桌次及每一桌的席位安排都有严格的礼仪规范，中式宴会与西式宴会的桌次与席位安排有区别。旅游服务人员应掌握宴会位次的礼仪，以免在活动或服务中发生不必要的误会。

情境导入

一天，一位中国客人宴请一位外国友人。席间主人将外国友人刻意安排在了自己的左边，但外国友人面露不悦地坐了下来。服务员小王意识到，外国友人眼里主人右手位才是主宾的位置。于是服务员巧妙地告知那位外国友人:"您现在所坐的位置,在我们这儿可是上座呀。"这样一来,外国友人了解了情况,刚刚的不满也就没有了。

问题:请谈一谈本案例给你的启示。

一、中式宴会

(一)中式宴会的桌次安排

1. 中式宴会桌次安排的原则

根据国际惯例,宴会的桌次安排应遵循以下原则。

(1)以右为上

当餐桌的排列有左右之分时,面对正门的右侧为上、为尊。

(2)居中为上

当餐桌的安排有左中右之分时,居中者为上、为尊,主要是因为中间位置醒目,且方便联络。

(3)以远为上

当餐桌的排列有远近之分时,距离正门较远者为上、为尊,主要是因为门口是上菜、撤器等必经之地,受干扰较多,"远"则相对安静。

2. 中式宴会桌次安排的形式

根据以上的安排原则,常见的中式宴会桌次安排的形式主要有以下几种:

(1)两桌宴会

在安排两桌宴会时,根据餐厅的情况可以横排或竖排,分别如图11-1、图11-2所示。

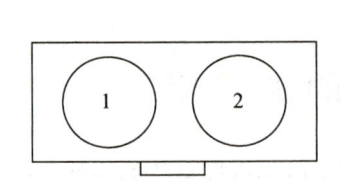

图11-1 餐桌横排桌次排列示意 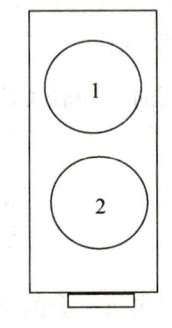　　图11-2 餐桌竖排桌次排列示意

(2)三桌及以上宴会

三桌及以上组成的宴会,叫多桌宴会。一般以最前面或居中的桌子为主桌,同时兼顾其他各桌距离主桌的远近,通常遵循"近高远低、右高左低"原则。离主桌越近,桌次越高;距离相等时,以面对的正门位置为准,右高左低。常见的多桌宴会桌次排列次序及形状:三桌宴会桌次设计呈品字形,四桌宴会桌次设计呈方形或菱形,五桌及以上宴会桌次设计呈梯形、梅花形或长方形,如图11-3至图11-7所示。

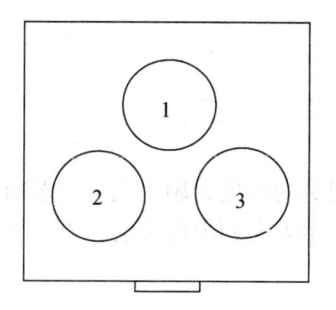

图 11-3　多桌宴会桌次排列示意之一

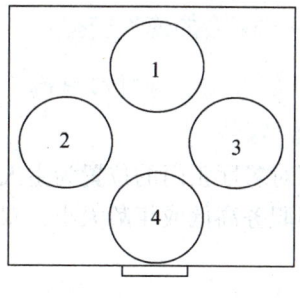

图 11-4　多桌宴会桌次排列示意之二

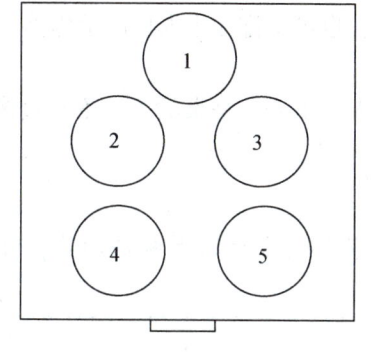

图 11-5　多桌宴会桌次排列示意之三

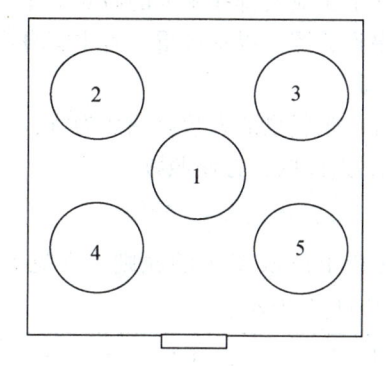

图 11-6　多桌宴会桌次排列示意之四

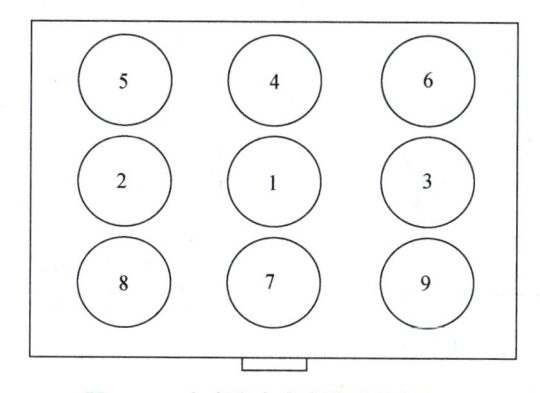

图 11-7　多桌宴会桌次排列示意之五

> ## 学习小贴士
>
> 桌次安排的注意事项
>
> 1. 在安排桌次时，所用餐桌的大小、形状要一致。特殊情况下，主桌可以略大，其他餐桌不要过大或过小。
>
> 2. 为了确保赴宴者能够准确找到自己所在桌次，可以在请柬上注明对方所在的桌次，在宴会厅入口展示宴会桌次安排示意图，安排服务人员引导来宾按桌就座，并在每张餐桌上排放桌次牌。

(二)中式宴会的座次安排

1. 中式宴会座次安排的原则

(1) 面门为主

通常面对餐厅正门的位置为主人位,与主人位相对的座位为副主人位。若有两位主人时,应按照职务高低或年龄大小,双方相对而坐。若主人夫妇出席宴会,女主人在副主人位就座。

(2) 以右为上

通常主宾应安排在主人的右侧就座,因为中餐一般以顺时针的方向上菜,这样会使主宾首先得到关照,以示尊重。若主宾身份高于主人,也可安排在主人位以示尊重。

(3) 双数为宜

通常每张餐桌的人数以偶数为宜,如六人、八人、十人。每桌的人数不宜过多,最好控制在12人以内,方便照顾。

2. 中式宴会座次安排的形式

根据以上座次安排的原则,常见的中餐宴会座次安排有以下两种形式,分别如图11-8、图11-9所示。

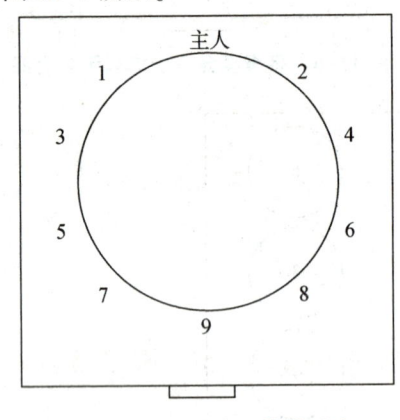

图11-8 一位主位的排列法

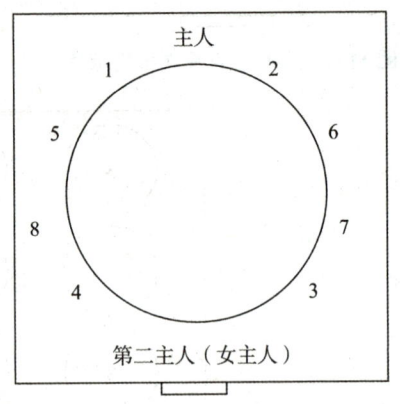

图11-9 两位主位的排列法

> **学习小贴士**
>
> **座次安排要考虑的其他因素**
>
> 1. 政治关系。多边的宴请活动需要注意客人之间的政治关系,避免将政治分歧较大的客人安排在一起。
> 2. 身份、语言、专业背景。可以尽量将身份大致相同、使用同种语言或属于同一专业背景的客人安排在一起。

二、西式宴会

(一)西式宴会的桌次安排

一般情况下,西式宴会习惯用长桌拼成一定的台形,与宴者在同一餐台上用餐。一般遵循"尺寸对称，出入方便"的原则。西式宴会常见的台型有"一"字形台、U形台、T形台、E形台、"回"字形台，分别如图11-10、图11-11、图11-12、图11-13、图11-14所示。

图11-10　西式宴会"一"字形台

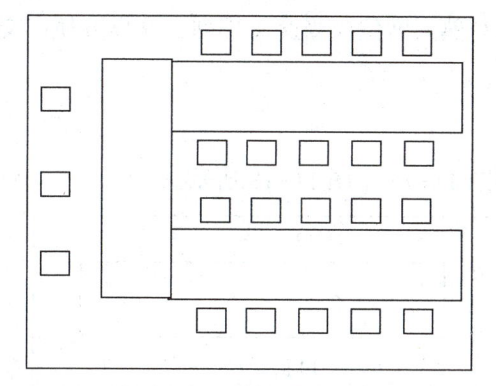

图11-11　西式宴会U形台

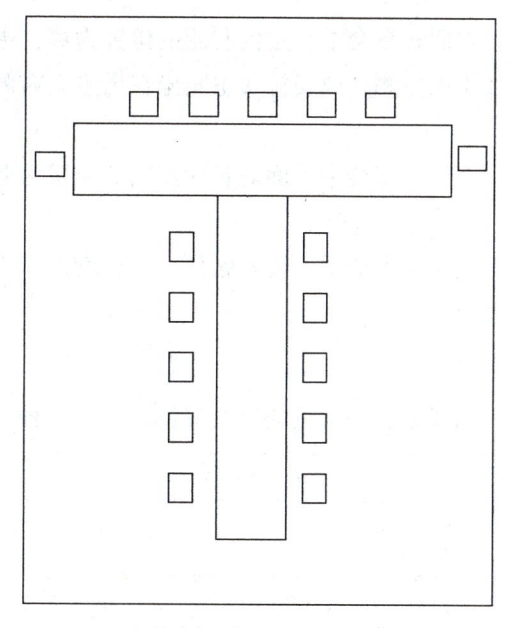

图11-12　西式宴会T形台

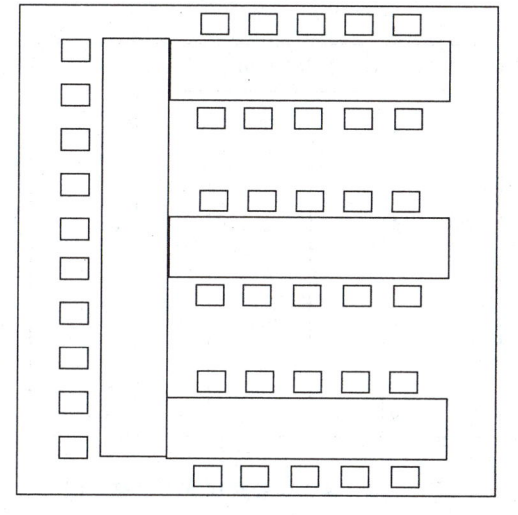

图11-13　西式宴会E形台

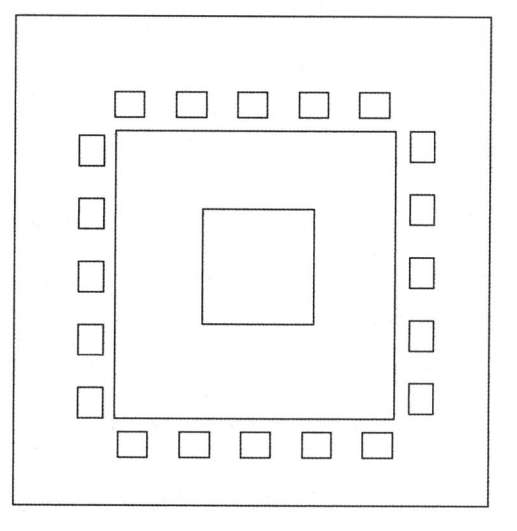

图11-14　西式宴会"回"字形台

（二）西式宴会的座次安排

1. 西式宴会座次安排的原则

(1) 女士优先

西式宴会中，女主人一般为第一主人，男主人为第二主人。

(2) 近高远低

在西式宴会中，距离主位近的位置为尊，距离主位远的位置为次。

(3) 以右为尊

在西式宴会中，主位右侧的位置为尊，主位左侧的位置为次。例如，应安排男主宾坐在女主人左侧，或安排女主宾坐在男主人右侧。

(4) 迎门为上

在西式宴会中，面对餐厅正门的位置为尊，背对或斜对餐厅正门的位置为次。

(5) 交叉排列

在西式宴会中，男女席位、主客席位、生人与熟人席位应当交叉排列，这样方便广交朋友。

2. 西式宴会座次安排的形式

西式宴会中常见的座次安排形式有四种，如图 11-15 至图 11-18 所示。

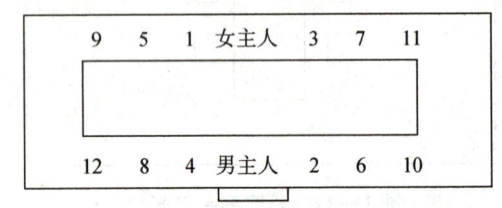

9 5 1 女主人 3 7 11
12 8 4 男主人 2 6 10

图 11-15　西式宴会座次安排示意之一

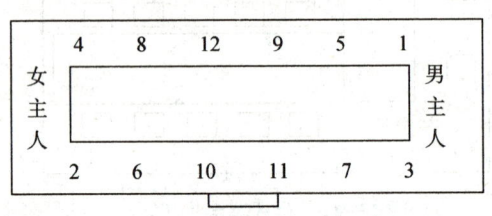

女主人	4 8 12 9 5 1	男主人
	2 6 10 11 7 3	

图 11-16　西式宴会座次安排示意之二

9 5 1 主人 3 7 11
12 8 4 主宾 2 6 10

图 11-17　西式宴会座次安排示意之三

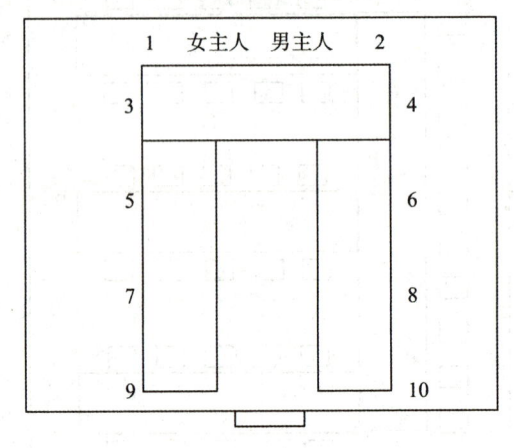

```
    1  女主人  男主人  2
  3                    4
  5                    6
  7                    8
  9                   10
```

图 11-18　西式宴会座次安排示意之四

互动研讨

这种宴会的座次该如何安排？

某次宴会，一位美国学生宴请了教授及其他同学。这位美国学生坐在教授的对面，而其他同学则随意就座。在用餐过程中，大家一直在讨论中美局势的话题。

讨论：请指出宴会中的正确和失礼之处。

任务三 掌握正确的乘车位次

在旅游交往活动中，旅游服务人员会因工作需要与宾客同坐一辆车，或给宾客安排车辆引导宾客上车。乘车时的座位安排有尊卑之分，且不同类型的车辆以及驾驶员身份的不同都会影响座次的安排，因此旅游服务人员要对座次的尊卑有所了解，避免出现不必要的误会，影响服务质量。

情境导入

一次被错过的表现机会

某酒店员工因表现优异被总经理选为助手去参加酒店行业协会，同去的还有公关部杜经理。由于司机小王临时有公务尚未赶回，所以他们改乘董事长亲自驾驶的轿车一同前往。上车时，这名员工快速打开了前车门，坐在了副驾驶座。一路上，董事长和总经理都很少说话，为活跃气氛，该员工便主动找话题，但董事长专注开车，其他人均无反应。到达后，杜经理才告诉他原委。

问题：请评价该员工的做法。

一、上下车的次序

一般来说，应请尊长、女士、来宾先上车、后下车。若由主人亲自驾车，为方便照顾客人，主人应后上车，先下车；若由专职司机驾车，为方便照顾后排客人，坐前排的人应后上车，先下车；若主人与客人同坐后排，应请尊者、女士、来宾从右侧门上车，下车时自己从车后绕过来照顾客人下车。

二、车辆座次排序的形式

（一）双排五座轿车的座次安排

由专职司机驾驶时，座次由尊而卑依次为后排右座、后排左座、后排中座、副驾驶座，如图11-19所示。

由主人亲自驾驶时，座次由尊而卑依次为副驾驶座、后排右座、后排左座、后排中座，如图11-20所示。

图11-19 双排五座轿车座次示意（司机驾驶）　　图11-20 双排五座轿车座次示意（主人驾驶）

(二)三排七座轿车的座次安排

由专职司机驾驶时,座次由尊而卑依次为后排右座、后排左座、后排中座、中排右座、中排左座、副驾驶座,如图 11-21 所示。

由主人亲自驾驶时,座次由尊而卑依次为副驾驶座、后排右座、后排左座、后排中座、中排右座、中排左座,如图 11-22 所示。

```
司机        ⑥           主人        ①
    ⑤    ④                  ⑥    ⑤
 ②   ③   ①                ③   ④   ②
```

图 11-21　三排七座轿车座次示意(司机驾驶)　　图 11-22　三排七座轿车座次示意(主人驾驶)

(三)三排九座轿车的座次安排

由专职司机驾驶时,座次由尊而卑依次为中排右座、中排中座、中排左座、后排右座、后排中座、后排左座、前排右座、前排左座,如图 11-23 所示。

由主人亲自驾驶时,座次由尊而卑依次为前排右座、前排中座、中排右座、中排中座、中排左座、后排右座、后排中座、后排左座,如图 11-24 所示。

```
司机   ⑧   ⑦           主人   ②   ①
    ③   ②   ①              ⑤   ④   ③
    ⑥   ⑤   ④              ⑧   ⑦   ⑥
```

图 11-23　三排九座轿车座次示意(司机驾驶)　　图 11-24　三排九座轿车座次示意(主人驾驶)

(四)越野车和多排座客车的座次安排

越野车一般为四座。无论由谁驾驶,座次由尊而卑依次为副驾驶座、后排右座、后排左座,如图 11-25 所示。

```
驾驶座        ①
        ③        ②
```

图 11-25　越野车座次示意

多排座客车,无论由谁驾驶,均是前排为上,后排为下,以右为尊、以左为卑。同时,以靠近门的远近定尊卑,离门越近,位次越高。

任务四　掌握正确的会客位次

旅游服务人员在日常工作中进行多边接待或为宾客提供服务时，会涉及安排会客活动，旅游服务人员需要对各参加方或各位来宾进行有序安排，才能体现出对宾客的敬重和礼遇规格。常见的会客形式有一般性会客、会见、会谈等。

情境导入

国内某公司董事长与法国某公司董事长就某项合作问题在金山酒店会议室举行会谈，该酒店对此次会谈做了如下安排：会谈桌呈纵向摆放，左边正中位置上放着法国董事长的席位卡，右边正中的位置上放着国内某公司董事长的席位卡，双方董事长的左手边分别放着双方译员的席位卡，在双方人员的后面，各放一把椅子，供双方的记录人员就座。

问题：以上对于会谈席位的安排，哪些是正确的，哪些是错误的？

一、一般性会客的位次安排

（一）相对式

相对式即宾主双方面对面而坐。这种方式主次分明，适用于公务性会客，通常又分为两种情况。

1. 面门为上

双方就座后，一方面对正门，另一方背对正门。面对正门之座应请客人就座，背对正门之座由主人就座，如图11-26所示。

2. 以右为上

双方就座于室内两侧，并且面对面地就座。进门后右侧之座应请客人就座，左侧之座由主人就座，如图11-27所示。

图11-26　相对式位次安排示意(面门为上)　　图11-27　相对式位次安排示意(以右为上)

（二）并列式

并列式即宾主双方并排就座，以暗示双方"平起平坐"、地位相仿、关系密切，具体也分两种情况。

1. 以右为上

双方一同面门而坐，即主人要请客人就座在自己的右侧。其他人员可分别在主人或主宾的一侧，按身份高低依次就座，如图11-28所示。

2. 以远为上

双方一同在室内的右侧或左侧就座，距门较远之座为上座，应当让给客人；距门较近之座为下座，应留给主人，如图11-29所示。

图11-28　并列式位次安排示意（以右为上）　　图11-29　并列式位次安排示意（以远为上）

（三）其他方式

1. 居中式

居中式是并列式的一种特例。当多人并排就座时，讲究"居中为上"，即应以居于中央的位置为上座，请客人就座；以其两侧的位置为下座，由主方人员就座。

2. 主席式

主席式适用于正式场合，由主人一方同时会见两方或两方以上客人。一般应由主人面对正门而坐，其他各方来宾则应在其对面背门而坐。

二、会见

会见指在国际交往中，主客双方的见面仪式。一般普通人见面不能称作会见。会见分为两种情况：凡身份高的人士会见身份低的人士，或主人会见客人，称为接见或召见；凡身份低的人士去会见身份高的人士，或客人会见主人，则称为拜会或拜见。接见和拜会后的回访称回拜。但我国一般不做区分，以上统称为会见。会见时的位次安排一般为主宾坐在主人右侧，记录员、译员坐在主宾和主人后面，其他客人按礼宾顺序在主宾一侧就座，主方陪见人在主人一侧就座，座位不够可在后排加座，如图11-30所示。

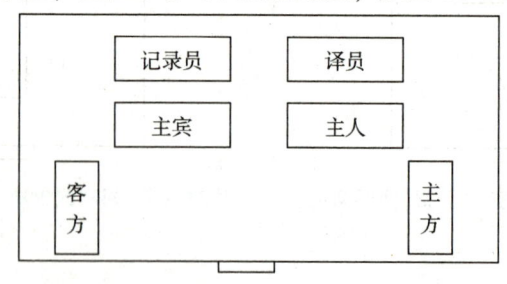

图11-30　会见位次排列示意

三、会谈

会谈指双方或多方就某些政治、经济、文化以及其他相关方共同关心的问题交换意见，也可以指洽谈公务或商业谈判。一般来说，会谈的形式与内容较为正式，政治性和专业性较强。

(一) 双边会谈的位次安排

双边会谈通常使用长方形桌子，也可使用椭圆形或圆形桌。常见的位次安排有两种情况。

1. 桌子横向摆放

宾主双方相对而坐，遵循"面门为上"的原则，主人背门而坐，主宾面向正门而坐，主谈人居中。我国习惯把译员安排在主谈人右侧，但有的国家安排译员坐在后面，一般应尊重主人的安排，其他人按礼宾顺序左右排列，如图11-31所示。

2. 桌子纵向摆放

宾主双方相对而坐，以入门方向为准，遵循"以右为尊"的原则，右侧为客方，左侧为主方，其他人员位次与前述相同，如图11-32所示。

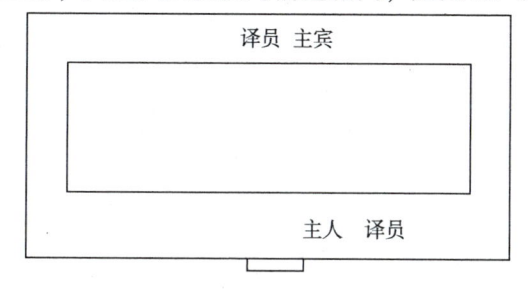

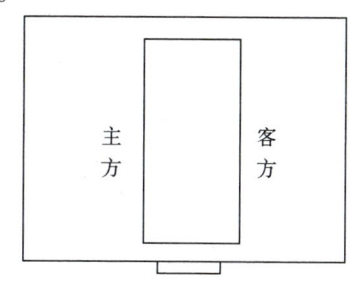

图 11-31 双边会谈位次排列示意（桌子横向摆放）　　图 11-32 双边会谈位次排列示意（桌子纵向摆放）

(二) 多边会谈的位次安排

多边会谈多使用圆桌或方桌，或将桌椅摆成圆圈。若是小范围的会谈，也可只设沙发，按会见的位次安排即可。

> **学习小贴士**
>
> **会客合影留念的位次安排**
>
> 一般按礼宾常规，宾主双方的领导居中间位置，主人右方为上，主客双方穿插排列。若人数较多要分成多排，注意每排人数大体相等，主人一方尽量占据两边。

学以致用

学有所思

1. 行进间的位次礼仪有哪些？
2. 西式宴会的位次应如何安排？
3. 有专职司机时，车内位次应如何安排？
4. 举行双边会谈时，位次应如何安排？

实战演练

1. 将学生分成每组若干人，分别扮演主宾夫妇、主人夫妇以及其他宾客，模拟中式宴会的位次安排。

2. 将学生分为5人、7人、9人一组，分别扮演身份地位不同的角色，模拟上下车及乘车位次礼仪。

项目十二　馈赠礼仪

学习目标

1. 掌握馈赠礼品的选择技巧。
2. 了解不同国家礼品选择的常识。
3. 掌握赠送与受赠的礼仪规范。

任务一　掌握礼品的选择技巧

馈赠是旅游服务工作中重要的一项与客交往活动。馈赠活动中，礼品是为了表示对交往对象的尊重与友好而特意相赠的物品。馈赠礼品能起到促进交往的作用。中国有句老话"千里送鹅毛，礼轻情意重"，虽然所赠礼品并不在于其价值的大小，但要挑选合适的礼品才能准确表达对对方的心意。因此，掌握恰当的礼品选择技巧显得尤为重要。

情境导入

近期，导游员小王接待了一个旅游团，小王以优质的服务赢得了游客的一致赞赏，几天的导游工作也让小王与游客结下了深厚的友谊。在临别之际，小王想给这些游客送些小礼物，因为正值夏天，扇子不仅是消夏用品，正巧也是当地特色。于是，送团当天，便将准备好的扇子送给了游客，不料有的客人拿到扇子却面露不悦。

问题：在此情境中，小王的做法有什么不妥之处呢？

147

一、礼品选择的原则

(一) 轻重原则——以轻礼，寓重情

礼品是言情寄意表礼的，因此礼品的贵贱与其价值并不成正比。选择礼品时，在礼品能够作为自己某种感情表达的前提下，可遵循"小、巧、少、轻"的原则。小指的是礼品要小巧玲珑，容易送存；巧指的是礼品立意巧妙，纪念性强；少指的是礼品要精，忌多忌滥；轻指的是礼品价格不宜过于昂贵。

(二) 效用性原则——正合所需，突显价值

俗话说"酒逢知己千杯少，话不投机半句多"，选择礼品首先要了解受赠对象的兴趣与需要。如果所赠礼品正合受赠者的兴趣与需要，它的实际功能会倍增。例如，给书法爱好者送文房四宝，给有孩子的年轻夫妇挑选适合孩子的礼物。

(三) 投好避忌原则——考究谨慎，切勿犯忌

不同的受赠者由于风俗习惯、民俗差异或宗教信仰的不同，对于同一份礼物的看法不同，因此在选择礼物时，要把握投其所好、避其禁忌的原则，以免出现尴尬局面。如英国人认为百合花代表死亡，中国人认为黄菊花代表死亡，法国人认为核桃是不吉祥的象征。

二、礼品选择的方式

(一) 根据馈赠目的选择礼品

为了通过合适的礼品表达正确的情感，根据馈赠目的进行礼品的选择可以提升礼品的选择效率与适合度。如公司庆典、慰问病人可以送鲜花，对方生日可以送卡片或蛋糕，庆祝节日可以送特产或食品等。

(二) 根据馈赠对象选择礼品

通过考虑彼此之间的关系现状来进行礼品选择，也不失为一种好的方式。例如，可以通过业务关系、性别关系、友谊关系、文化习惯关系等进行礼品的选择。也可以考虑受赠对象的特点进行礼品选择。例如，对老人，以实用性为佳；对孩子，以启智新颖为佳；对外宾，以特色为佳。

三、主要客源国礼品选择常识

(一) 日本

日本是办事中喜欢送礼的国家，选择礼品时需要注意以下几点：礼物的数量不能是4的倍数；不要用狐狸和獾的图案，因为在日本狐狸是贪婪的象征，獾是狡诈的代表；不要用陶瓷、玻璃等易碎品，因为日本人忌讳"破碎"；若选择菊花作为赠送的礼品，注意菊花的花瓣只能有15片，因为只有皇室徽章上才有16瓣的菊花；宜选购"名牌"礼物，因为日本人认为礼品的包装与礼品本身同样重要，包装上要印有著名商店的标志；黑色和大红色不适宜用作包装色。但要注意不要送太贵重的礼品，以免对方觉得欠了人情。

(二) 欧美国家

英国人喜欢较轻的礼物，因为礼品价值过高会被认为是贿赂。高级巧克力、名酒和鲜

花是适合的选择。注意不要赠送带有公司标志的礼品或者涉及隐私的服饰、肥皂、香水等。法国人喜欢知识性、艺术性的礼物，艺术画片、相册或小工艺品都是合适的选择。注意应邀到法国人家里用餐时，可以带几朵鲜花，但菊花不适合。德国人的礼品不宜选择刀、剑、剪、餐刀、餐叉等尖锐物品，以褐色、白色、黑色包装礼品也是不合适的。美国人讲究实用性，酒品或一件高雅的名牌礼物都是适合的。

（三）阿拉伯国家

由于阿拉伯国家信奉伊斯兰教，因此不要送含有酒精的礼品。他们喜欢知识性或艺术性的礼品，如书、唱片等，忌讳拿食物送礼。另外，不要送绘有动物图案的礼品，因为他们认为这暗示着厄运。阿拉伯商人喜欢"名牌"礼品，一般可赠送贵重礼品。

任务二　掌握馈赠的技巧

馈赠除了要考虑选择合适的礼品外，还需要注意礼品赠送与受礼时的礼仪规范。得体的馈赠要考虑送礼的时机、场合、方式等。受礼时也要注意言行举止。良好的馈赠礼仪可以起到联络感情、加深友谊的作用。

情境导入

A集团是金鼎大酒店的大客户，年底为了答谢客户，酒店便举行了答谢宴，邀请各位大客户赴宴。A集团赴宴的代表是该集团的总经理，金鼎大酒店的公关部经理由于平时和该集团的关系相处较好，便想通过此次机会进一步增进双方的交往深度。于是，在答谢宴当天，当着众人的面，公关部经理赠送给该集团总经理一份大礼，但该总经理面露尴尬之色，其他宾客脸色也有些不悦。

问题：在此情景下，酒店公关部经理的做法妥善吗？

一、赠送礼仪

（一）注意礼品的包装

正式的礼品应精心包装。良好的包装不仅使礼品显得更加郑重与典雅，给受赠者留下良好的第一印象，更能体现赠礼人对受礼人的尊重与重视，有利于交往，令双方愉快融洽。

（二）注意赠送的场合

送礼时应注意区分公务场合和私人场合。公务场合一般选择在工作场所或交往地点进行礼品赠送。私人交往中，更适合私下赠送，受赠者家中是适宜的地点。还要注意不要当众只给一群人中的某一个送礼，这样有受贿之嫌，会引起他人的不悦。

（三）注意赠送的时机

赠送礼品要选择恰当的时机，才能达到双方满意的目的。一方面，馈赠要及时。如道喜、道贺、道谢、慰问都要及时。另一方面，馈赠要选好时机。传统的节日或重大纪念日都是送礼的良机。但注意送礼应该少而精，并非每次时机都非送礼不可。

(四) 注意赠送的方式

本人亲自赠送礼品是最好的方式，突显对受赠人的尊重，显得比较郑重。但随着人们交往方式的多元化，有时赠送礼品会选择邮寄或托人送上门。注意，非本人亲自赠送时，应附信说明情况并表达歉意。

二、受赠礼仪

(一) 适当拒绝

通常情况下，只要不是贿赂性礼品，最好不要拒收。若对礼品表示拒绝，要符合礼仪，可以婉言相告，也可以直叙缘由并事后退还。

(二) 仪态大方

受礼时，受赠者应落落大方，起身相迎，面带微笑，目视对方，双手接受。受礼后与对方热情握手，表示感谢。

(三) 赞美道谢

按照国际惯例，受礼后一定要当面打开，仔细欣赏，适当赞赏并对赠礼人表示感谢。中国人比较含蓄，不习惯当面打开礼品并做出评价，所以与国人交往也可遵守这一传统习惯。

三、回赠礼仪

收到馈赠的礼品后，受礼人要回赠。注意回赠的礼品切忌相同，一般应价值相当或视情况而定。除特殊情况一般要尽快还礼，或选择恰当时机予以回赠。例如，在节庆期间，可以在客人临别送行时回赠；生辰、婚庆等时候受礼，应在对方有类似情况时回赠。

学 以 致 用

学有所思

1. 礼品的选择应遵守什么原则？
2. 赠送礼品的时候应注意哪些基本礼仪？
3. 接受礼品时有哪些注意事项？

实战演练

国内某旅行社在接待来华的法国客人时准备送每人一件小礼品。于是，该旅行社订购了一批丝质手帕，手帕上绣着菊花图案，十分精美。但当旅游接待人员致完热情、得体的欢迎词后，在车上代表旅行社赠送给每位游客两盒包装好的手帕时，车上却一片哗然，甚至有游客表现出愤怒之情。

问题：请分析游客不高兴的原因，并找到解决方法。

项目十三 网络礼仪

学习目标

1. 掌握网络礼仪的使用规则。
2. 掌握电子邮件的使用礼仪。
3. 掌握微信的使用礼仪。

任务一 了解网络礼仪

在网络时代，人们的交往方式已经从直接交往延伸到了网络交往，与此相适应，也要求人们采用新的交往礼仪。网络礼仪是互联网使用者在网上对其他人应有的礼仪。真实世界中，人与人之间的社交活动有不少约定俗成的礼仪，在互联网虚拟世界中，也同样有一套不成文的规定及礼仪。旅游服务人员掌握正确的网络礼仪，可以为客人留下良好的印象，这也是提升服务质量的手段之一。

情境导入

某旅行社人力资源部的小张刚大学毕业不久，她工作态度认真，热情也高。然而，最近却有老客户向旅行社人力资源部经理反映，每次和小张在网上交流都很费劲，因为她总喜欢用一些新潮的网络词汇，比如"yyds（永远的神）、芭比Q了（完蛋了）、灰常（非常）、果酱（过奖）"等。与其交流还需要琢磨一些词的意思，非常不方便，而且有的时候确实也想不出来意思。人力资源部经理便找到小张，向她说明这些情况。小张表示虚心接受，没想到自己的"新潮"给客户增添了麻烦。

问题：小张使用网络潮词与客户沟通为什么不合适？

一、网络礼仪的要素

(一)招呼礼仪——正确的问候与称呼

在网络上,若交谈双方的身份明确,可以按照日常生活中的交往礼仪打招呼,如对长辈称呼"您",对同辈和晚辈可以用"你"。若交谈双方的身份是不清楚的,则需要多加考虑,如目前网络礼仪要求大写对方姓名的字母表示对对方的尊重。再者,进行网络交流也要看对方的意愿,若随意发信或塞入广告,可以看成是不礼貌的行为。

(二)交流礼仪——周到的礼尚往来

网络为人们交流提供了方便、多样的方式,但也使网络交流礼仪显现纷繁复杂。"礼尚往来"在日常生活中还可以从容"应付",但网络媒介扩大了交往范围,信息量剧增,会出现无法"应对"的情况,是否给每个来信者回信,这实际上存在着"礼"不"礼"的问题。例如,如果参加了一个新闻组,你既有权利从中获取消息,也有义务为它提供信息,作为一个有责任心和负责的人,你所提供的信息最好是对别人有帮助和别人也感兴趣的。而且,为了保证传输线路的畅通和别人的时间不被浪费,网络对所发信息的长短就可能做出某些规定和要求,这也是一种"礼仪"。例如,许多网络"规定"发信者要写明信件"主题"等,这就是一种交流格式或"礼仪"。

(三)表达礼仪——适宜的态度与情感

在网络上,符号被赋予了表达的含义。如在网络上,表达幽默〔:-)〕可以用比号(:)、连字号(-)和右括号())组合起来表示,这个合成符号按顺时针方向旋转90度就像一张笑脸,这样可以表明发信者对所表述信息的基本态度,可以让收信人决定对待这条信息的方式,收信者看了这个符号后可以像对待一个幽默故事那样轻松处置,不必当真。这实际上是一种"礼仪",一种方式,一种约定成俗的"规矩",在表明个人行为的同时,也表明对对方的尊重。

二、网络礼仪的基本规则

(一)尊重为本

尊重是网络礼仪的核心宗旨,尊重他人是自身良好品质和素养的体现,也是建立良好人际关系的基础。孟子曾说:"爱人者,人恒爱之;敬人者,人恒敬之。"只有相互尊重,网络上人与人之间的关系才会融洽和谐。

(二)表里如一

在现实生活中大多数人是遵纪守法的,在网上也应同样如此。网上的道德和法律与现实生活是相同的,不要因为在网上交流就降低道德标准。

(三)入乡随俗

不同的网站、论坛有不同的规则,如在一个论坛上可以做的事情在另一个论坛上可能就不宜做。好的建议是先观察一会儿,知道该论坛可以接受的行为,再发言。

(四)回避隐私

在与他人交流沟通时,要学会尊重他人的隐私,这是对别人的一种尊重。网络的最大特点是它的匿名参与性,所以聊天时尤其要注意这一点,它包括:不主动询问别人的姓名、单位、住址、电话;面对女士,不问年龄、婚否、体重等;对男士不问钱财、收入、履历等;不随便谈论他人的宗教信仰和政治信仰等。

(五)宽容为怀

宽容是获得友谊、扩大交往的基本要求,它是为人处世的较高境界,也是有较高修养的表现。设身处地地替别人着想,原谅别人的过失,是现代人的一种礼仪修养。例如,在运用聊天工具聊天时,如果有人称呼不得当,说话语气不友好,发过来的话错字连篇,或者发错了信息,就可以以此原则来进行调节。

任务二 电子邮件的正确使用

电子邮件是向交往对象发出的一种电子信件。使用电子邮件进行交往,既方便快捷又成本低廉,已成为人际交往中有效的通信手段。旅游服务人员善于运用这一现代化通信方式,遵守相应的礼仪规范,才能在对客交往中赢得良好的口碑。

情境导入

小张是某酒店销售部的员工,一次偶然的机会在网上结交了小王。在随后的交流中,小王利用某些不良手段窥到小张的电子邮箱,发现小张正在与多位客户进行生意洽谈。小王便伪造邮箱地址,冒充小张把虚假账户信息发给多位客户,致使多位客户遭受损失,而小张的旅行社也大受牵连。

问题:在使用电子邮箱时,应注意哪些问题?

一、主题明确

首先,标题切忌空白。要在"主题"或"标题"栏写明主题,以免对方认为是恶意邮件。其次,标题要简短清晰。用简短的文字概括出邮件的主要内容,便于收件人按邮件的轻重缓急进行处理。尤其要避免出现"…",需要点开才可以看全。回复的邮件,应当根据内容更改标题,避免出现一大串"RE"。可以写上来自××公司××人的邮件,便于收件人阅读与保存。最后,标题勿出错。标题切忌出现错别字或不通顺之处。

二、格式规范

一般来说,电子邮件的文体格式分以下三个部分。

(一)称呼与问候

邮件的第一行顶格。要有恰当的称呼,一般来说可以按照日常称呼礼仪,如用泛尊称"××先生/女士",若是朋友,也可以直呼其名或用昵称等。问候语通常在称呼之后另起一行、空两格,可以用"您好"等。

(二) 正文

正文要简明扼要，行文通顺。若对方不认识你，首先要点明身份，让对方明确你的来意。若内容确实较多，正文简要概括，另写文件作为附件进行详细描述。注意论述的语气。根据收件人与自己的熟悉程度、等级关系选择恰当的语气，以免引起对方的不适。若在发信时还另外加了"附件"，一定要在信件内容里加以说明，以免对方不注意时没看到。

(三) 结尾

电子邮件结尾加上签名是必要的，签名档可包括姓名、职务、公司、电话、传真、地址等信息，但行数不宜过多，一般不超过四行。且结尾要有祝福语，例如可以使用"祝您顺利"，对长辈可使用"此致敬礼"等。

三、及时回复

为了保证电子邮件信息的及时性与有效性，应当定期查看邮件并及时回复。一般来说，收到邮件后应即刻回复，以示尊重。可以设置电子邮件的自动回复，用简短的语言告知对方。理想的回复时间是2小时内，尤其是紧急邮件。对于优先级较低的邮件，可以集中在一定时间内处理，但最好不要超过24小时。

四、保密"防黑"

一是保守秘密。在使用网络时不能泄露机密。尽量避免谈及自己知道的和机密相关的话题，无论是国家机密还是商业机密，不能故意泄密。

二是制止犯罪。"黑客"往往凭借其高超的计算机知识和网络操作技能，进入一些重要单位的服务器，或是擅改程序、偷窥机密，造成网络混乱，并从中牟利。我们必须正确使用网络技术，既不能充当"黑客"，同时又必须防范"黑客"。对于利用网络进行犯罪的事实，知道后应该及时向公安机关举报。

任务三　微信的正确使用

微信作为即时通信工具的代表，已融入人们的生活与工作中，它基本取代了短信、QQ等，成为一种沟通方式。通过微信，我们可以了解一个陌生人的概况，同时也能向别人展示我们的形象，人与人之间的关系被微信无形地拉近，这就需要共同遵守微信的使用礼仪，营造良好的社交关系。

情境导入

路苑大酒店针对端午节推出了一款粽子礼盒，酒店营销部经理为了增加礼盒的销量，便在微信里宣传。他不仅将礼盒销售的内容发布于朋友圈，为了扩大销售范围，他没有经过微信好友的同意便私自将400多名微信好友组成了一个礼盒销售群，然后在里面一连串发布了多条售卖消息，有些微信好友感到莫名其妙，甚至有些气愤，但也只能退出群聊。

问题：营销部经理的做法有何不妥？

一、微信的个人礼仪

微信是一个公开的言论场所，在使用微信时应遵守以下礼仪：

(一) 转发讲究礼仪

转发圈内好友微信前先点赞或在评论中表达转发分享的原因；转发微信好友原创的内容注意交代版权，以免产生"窃文"的误解；不要转发带有"如果不转发就……"等强制字眼的微信。转发需要捐款、捐助、收养等的求助微信时，凡是有电话号码、联系人的，若条件允许，应核实后再转发；虚假不实甚至涉嫌诈骗的信息要"到我为止"。

(二) 发朋友圈注意内容

尽量不在微信中传递负面情绪，如莫名其妙的感叹、无厘头的咒怨等，这样不仅会让人产生猜疑，同时也影响他人心情。如果想求得朋友圈的关注和安慰，可直接表明。节庆时可以在朋友圈发一条针对所有微信好友的祝福微信。但是对于圈中的师长、好友，最好单独一对一地发送祝福微信，这样个性化、有针对性的祝福方显对交往对象的尊重。不要为博人眼球发一些低俗的信息或涉及国家或工作单位的机密信息，甚至别人的隐私信息等。

(三) 添加好友注意分寸

互加微信好友代表着对对方的接受和认同，所以一旦接受好友邀请，不宜长时间"深潜"，若看到美文、好图、好思想不妨赞一个，是捧场也是谦逊；同时，对于给我们点赞留言的人，也应该主动在对方朋友圈中互动交流。忌讳不事先沟通就把相互不认识、不同圈子的朋友拉进一个群里，尤其是发节日的祝福微信，这样会给人不受尊重的感觉。不要在微信群里单独与某人聊天，以免干扰其他微友，可以单独私聊或把相关人拉在一起另外建群。

二、职业微信礼仪

若微信多用于工作，应注意以下问题：

(一) 关于昵称

昵称建议使用真实姓名，最好注明公司名称或来源，便于对方记忆和查寻。

(二) 关于头像

头像应尽可能使用本人的工作照片，这样便于见面交流时对方有"像"可寻。

(三) 关于签名

微信签名的主要目的是让别人在最短的时间内了解并记住你，所以应简洁、明了、易懂。

(四) 关于打招呼

加对方好友后要及时与对方取得联系、说明用意，不要说"你好"后再无下文，更不要在与对方交流时很冒昧地询问"在不在"，请直接说明来意。

(五)拉人入群

拉群之前请一定要征求被拉对象的意见,同时若建群,请注明群名称,同时明确建群目的,建立完善的群管理制度,降低沟通成本。

(六)关于发布内容

尽量不要在工作圈发个人生活方面的相关信息,尤其不要涉及个人隐私,同时精选发送内容,一天内最好不要超过五条信息,以免影响发布效果和质量。若工作需要,发送数字、电话号码、银行卡号时,最好单独发一条信息,因为很多手机没法单独复制。同时,对于比较重要的事情,邮件比微信更合适,发微信容易被遗忘。

三、微信群礼仪

微信群有别于一对一的私聊,因为其中人数较多,若言行不当,就可能打扰到其他群友,其失礼的行为影响更大,所以在微信群更应考虑群友的感受,讲究微信群礼仪。

(一)切忌公群私聊

微信群就像一个主题茶馆,发起人开设了一个群,给大家一个"聊天喝茶"的地方,但是既然是主题茶馆,就要切合主题,不要无限跑题。非常私密的话题请私下加好友聊,切不可因为个人话题干扰大家。

(二)切忌谈论和转发敏感话题

不要盲目转发未经验证、无法确定正误的信息,更不要转发涉及政治的敏感话题。

(三)不要发大图和长的语音

只要条件允许,尽量使用文字交流,切忌无度发大量的无关图片和长的语言信息(微课除外)。考虑到别人的感受和流量的消耗,亦是美德。

(四)注意信息发布时间

发布信息一定要避免在晚上十点后和早上八点前进行,因为群聊的提示音,对于群里的其他人是打扰,当然如果群内的信息没有急迫性,建议关掉"消息通知"选项,有闲暇时再浏览群内的聊天信息。

(五)自我介绍不可或缺

如果加入一个大家都熟识的群,入群伊始,自我介绍亦不可或缺,同时,根据需要及时更改群昵称或者头像,以便群友了解和互相交流。

(六)退群需谨慎

随着微信的普及,我们可能被越来越多的人拉入一些主题群中,若感觉无必要,请退群,这不仅是对群里其他群友的尊重,同时也是对推荐人的尊重。可以私下与群主沟通,向群主表明个人意愿或退群原因。

学以致用

学有所思

1. 网络礼仪有哪些基本准则？
2. 使用电子邮件应注意哪些事项？
3. 微信沟通应注意哪些礼仪规范？

实战演练

1. 某旅行社销售部的职员小王需要给某酒店发邮件咨询相关业务，请自行拟定主题，写一封电子邮件。
2. 某餐厅推出团购优惠活动，如何合理利用微信进行宣传？请设计一套微信营销方案。

模块五

酒店服务礼仪

项目十四　前厅服务礼仪

学习目标

1. 明确酒店前厅服务人员的基本素质。
2. 掌握酒店前厅部门中的门厅、前台、大堂副理及酒店代表等岗位的服务礼仪标准与规范。
3. 提升职业岗位服务意识，形成良好的职业礼仪风范。

任务一　认识酒店门厅服务礼仪

前厅部位于酒店最前部大厅，也称之为前台部或大堂部，是酒店组织客源、销售客房、沟通和协调各部门的对客服务，并为客人提供前厅系列服务的综合性部门。其中，酒店门厅是酒店服务的第一站，是客户入住酒店的第一道服务线，也是客户建立对酒店第一印象的地方。因此，门厅各岗位服务人员务必认真履行职责，做到文明服务。

情境导入

希尔顿于1919年把父亲留给他的1.2万美元连同自己挣来的几千美元投资出去，开始了他雄心勃勃的旅馆经营生涯。当他的资产从1.5万美元奇迹般地增值到5 100万美元的时候，他自豪地把这一成就告诉他母亲，母亲却淡然地说，"依我看，你跟以前没有什么不同。事实上，你必须把握比5 100万美元更值钱的东西：除了对顾客忠诚之外，还要想办法使希尔顿旅馆的人住过了还想再来住，你要想出这样的简单、容易、不花钱而行之久远的办法来吸引顾客，这样你的旅馆才有前途。"

母亲的忠告使希尔顿陷入迷惘：究竟什么办法才具备母亲提出的这四大条件呢？他冥思苦想不得其解。于是他逛商店、入住不同旅馆，以自己作为一个顾客的亲身感受，得出了"微笑服务"的答案。从此，希尔顿实行"微笑服务"这一独创的经营策略。每天他对服务员的第一句话是："你对顾客微笑了没有？"他要求每个员工不论如何辛苦，都对顾客投以微笑。

1929年，西方国家普遍爆发经济危机，美国经济严重萧条，全美旅馆倒闭了80%。希尔顿的旅馆也一家接一家地亏损，一度负债50亿美元。希尔顿并不灰心，他充满信心地对旅馆员工说："目前正值旅馆亏空、靠借债度日的时期，我决定强渡难关。请各位记住，千万不可把愁云挂在脸上，无论旅馆本身遭遇的困难如何，希尔顿旅馆服务员的微笑永远是属于顾客的阳光。"因此，在经济危机幸存的20%的旅馆中，只有希尔顿旅馆服务员面带微笑。经济萧条刚过，希尔顿旅馆便率先进入了繁荣时期，跨入了黄金时代。

（资料来源：https://mp.weixin.qq.com/s?src = 11&timestamp = 1669802867&ver = 4198&signature = 3w63hOhZavXCrfdDGzuZ6SrpfyyR5EixZ8VX9t h0fj2CGH5Nh9u6TRIWpnyJIFTLz-QIUKqpEzZ8kGcPSsHwJzVYc46MLcysgtvuEs-ILgY82qdMoGbJX-kDPRxpVzt&new = 1）

问题：希尔顿提出"微笑服务"的意义是什么？

一、门厅迎送服务礼仪

（一）客人到店时

见到客人光临，应面带微笑，主动表示热情欢迎，问候客人"您好！欢迎光临"，并致15度鞠躬礼。对常住客人应称呼他（她）的姓氏，以表达对客人的礼貌和重视。

（二）载客车辆到店时

客人乘车抵达时，负责车道的门厅礼宾员应立即主动迎上，引导车辆停妥，门厅礼宾员应迅速走向汽车，主动、热情、面带微笑地为客人开启右车门，用礼貌用语向客人表示欢迎。

此时，要注意以下几点：第一，当宾客较集中到达时，要尽可能使每位宾客都看到热情的笑容和听到亲切的问候声。第二，凡来店的车辆停在正门时，必须趋前开启车门，迎接客人下车。一般先开启右车门，用右手挡住车门的上方，提醒客人不要碰头。第三，车上若装有行李，应立即招呼门口的行李员为客人搬运行李，协助行李员装卸行李，并注意车上有无遗漏的行李物品。如暂时没有行李员，应主动帮助客人将行李卸下车，并携行李引导客人至接待处办理登记手续，行李放好后即向客人交接及解释，并迅速到行李领班处报告后返回岗位。

（三）客人离店时

客人离店时，负责离店的门厅礼宾员应主动上前向客人打招呼并开店门。若代客人叫车，须待车停稳后替客人打开车门，请客人上车；如客人有行李应主动帮客人将行李放上车并与客人核实行李件数；待客人坐好后，再轻关车门；车辆即将开动，门厅礼宾员躬身立正，站在车的斜前方一米远的位置，挥手致意，微笑道别，可说："再见。""一路平安。""一路顺风。""欢迎您再来。""祝您旅途愉快。"并目送客人离去。在送别团体客人和重要客人时，还要负责引导车辆和维持门口的交通秩序。

(四)其他服务

如遇雨天且客人没有雨篷,要撑伞迎接,以防客人被雨淋湿。若宾客带伞,应为宾客提供保管服务,将雨伞放在专设的伞架上。

二、行李服务礼仪

行李服务总称为"luggage service",主要负责客人的行李接待工作。行李服务人员应着装整洁,仪表端庄,精神饱满,礼貌值岗。其服务礼仪规范如下。

(一)到店或离店的客人运送行李

1)客人抵达时,应热情相迎,微笑问候,帮助提携行李。当有客人坚持亲自提携物品时,应尊重客人意愿,不要强行接过来。请客人一起清点行李件数并检查无误后,用推车装运行李,要轻拿轻放,切忌随地乱丢、叠放或重压。

2)陪同客人到总服务台办理住宿手续时,应侍立在客人身后一米处等候,以便随时接受客人的吩咐。

3)引领客人时,要走在客人左前方二至三步处,随着客人的步子行进。遇拐弯处要微笑向客人示意。

4)乘电梯时,行李服务人员应主动为客人按电梯按钮,以手挡住电梯门框,敬请客人先进入电梯。在电梯内,行李服务人员及行李的放置都应该靠边侧,以免妨碍客人通行。到所在楼层时,应让客人先走出电梯。如果有大件行李挡住出路,则先运出行李,然后用手挡住电梯门,再请客人出电梯。

5)引领客人进房时,先按门铃或敲门,停顿三秒后再开门。开门时,先打开过道灯扫视一下,确定房间无问题后,再请客人进房并将钥匙交回客人。

6)进入客房,将行李物品按规定轻放在行李架上或按客人的吩咐将行李放好。箱子的正面要朝上,把手朝外,便于客人取用,与客人核对行李,确保无差错。

7)可简单介绍房内设施和使用方法。询问客人是否有其他要求,如客人无要求,应礼貌告别后离开客房,例如,可用以下礼貌用语:"再见""若您有什么需要,请召唤楼层的服务员或打电话到总台""祝您有一个愉快的旅程"。

8)行李服务人员帮客人将行李送至房间,西方客人都会给小费。服务员接受小费后,要向客人道谢。不要当着客人的面数小费,小费无论多少,都是客人的心意。绝对不能向客人伸手索取小费,这是非常失礼的行为,有损酒店的形象。

9)团队行李服务时,行李服务人员应按客人入房时的分房名单,核对每个房间客人的行李件数,装车后应核对行李数量,并在团体行李进出店登记簿上签名备查。

注意:当进出客人较多时,切勿搞错行李。行李排放应有间隔,并及时挂上行李牌。如果客人行李物品上有"易破""小心轻放"等字样,应特别小心。

> **学习小贴士**
>
> **告别动作要领**
>
> 面对客人,后退一二步,自然转身退出房间,将房门轻轻拉上。注意不能关门太重,以防造成宾客不悦。

(二) 寄存行李服务

除了客人入住、离店及退房时为客人运送行李以外，行李服务人员还要负责客人行李的寄存服务。行李寄存分为长时间寄存和临时寄存。

1）向客人了解寄存物品的情况，如果发现有易碎或不予保管的物品，应礼貌地向客人作解释并提议客人与有关部门（保安部、财务部）联系。在收存行李前应向客人报明行李件数，并对行李进行简要检查，如发现有破损，立即向客人说明。

2）在行李卡上填上以下内容：日期、经手人、行李件数、"提示牌"编号、提取时间、客人的房间号码等。将行李卡下联撕下交给客人保管，告知客人届时凭行李卡下联提取行李。如客人寄存行李的提取时间超过一天，则请客人在行李卡上联签名。

3）对寄存的易碎物品应挂上"小心轻放"的标志，把行李卡上联和"提示牌"挂在寄存的行李上，并挂在显眼的位置上。

4）对集中堆放的寄存行李，要用绳子绑好。

5）凡进入行李房的行李，均要在"存放行李登记本"上登记。

(三) 提取行李服务

1）当客人持行李卡提取行李时，应问明客人原住房间号、行李特征、行李件数等相关问题。进入行李房后，迅速寻找行李卡下联所记的"提示牌"编号。再核对行李卡的上下联号码、行李件数、房间号码，如无差错则把行李上的行李牌、提示牌摘下，连同所取的行李一起送到前台。

2）如有他人代寄存者提取行李时，应将两份寄存单核实准确，再将代取者的姓名、住址、单位、证件号填写清楚，请代取者签名。如代取者无另一寄存单，客人又无来电吩咐，不要将行李转交他人。

3）非当天存取的行李卡下联丢失，则要求客人说出姓名、房间号码、行李件数和行李特征，如与所要取的行李及行李卡上联的记录无误，先要客人拿出能证明身份和签名的证件，如护照、信用卡（上有客人签名）等，连同行李卡上联复印在一起，要求客人在复印本上写下收条并签名，然后才把行李交回客人核对，随后由经手人签名，写上日期等，与行李牌上联一起钉在收条右上角，收入"无卡提物登记本"存档。

三、门厅服务礼仪注意事项

1）门厅礼宾员如遇信仰佛教或伊斯兰教的宾客，因教规习俗，不能为其护顶。

2）对老人、儿童及残疾客人，应在征得同意后予以必要的扶助，以表示关心照顾；如客人不愿接受特殊关照，则不必勉强。

3）行李员在送客人去房间的过程中，要当好酒店的"推销员"，向客人介绍自己的酒店，并回答客人的问题。

学习小贴士

"女士优先"应如何体现

在一个秋高气爽的日子里，迎宾员小贺着一身剪裁得体的新制衣，第一次独立地走上了迎宾员的岗位。一辆白色高级轿车向饭店驶来，小贺驾驶技术熟练且姿势标准，并目视客人，礼貌亲切地问候，动作麻利而规范、一气呵成，准确地将车停靠在饭店豪华大转门的雨棚下。小贺看到后排坐着两位男士，前排副驾驶座上则坐着一位身材较高的外国女宾。小贺一步上前，以优雅的姿态和职业性的动作，先为后排客人打开车门，做好护顶并关好车门后，小贺迅速走向前门，准备以同样的礼仪迎接女宾下车，但女宾满脸不悦，使小贺茫然不知所措。通常后排座为上座，一般有身份者在此就座，优先为重要客人提供服务是饭店服务程序的常规，为此，这位女宾为什么不悦？小贺又错在哪里呢？

评析：

在西方国家流行着这样一句俗语，"女士优先"。在社交场合或公共场所，男士应经常为女士着想，照顾和帮助女士。例如：人们在上车时，总要让女士先行；下车时，则要首先为其打开车门；进出车门时，主动帮助她们开门、关门等。西方人有一种形象的说法："除女士的小手提包外，男士可帮助女士做任何事情。"迎宾员小贺未能按照国际上通行的做法先打开女宾的车门，使那位外国女宾不悦。

（资料来源：陈刚平，周晓梅. 旅游社交礼仪[M]. 4版. 北京：旅游教育出版社，2015.）

任务二　掌握酒店前台服务礼仪

酒店前台被誉为酒店的"窗口"。前台接待人员要彬彬有礼地待客，以娴熟的技巧为宾客提供服务，妥善处理宾客意见，认真高效地帮助宾客解决疑难问题。这些不仅直接反映酒店的工作效率、服务质量和管理水平，而且直接影响酒店的总体形象。

情境导入

一位酒店的VIP客人在酒店接机人员的陪同下来到前台办理入住登记。服务人员通过接机人员的暗示，得知其身份，马上称呼客人的名字并问好，同时递上打印好的登记卡请他签字。由于受到超凡的尊重，客人感到格外开心。

问题：酒店前台哪些服务细节可以体现高水平的服务质量？

一、入住登记接待服务礼仪

（一）入住登记服务流程

1）着装整齐，仪容端庄，礼貌站立，注意力集中，精神饱满地恭候宾客的光临。

2）客人来到总台时，接待人员应面带微笑、口齿清楚、声音轻柔、礼貌热情地招呼："小姐（先生），您好！欢迎光临！""请问，您有预订吗""我能为您做些什么？"

3）有较多客人抵达而接待人员工作繁忙时，要按先后顺序办理住宿手续。做到办理一个，接待一个，招呼后一个，以使客人不感到受冷落。

4）请客人填写住宿登记表后，应尽可能按客人要求（楼层、朝向等）安排好房间，提供满意服务。

5）查看、核对客人的证件与登记单时要注意礼貌，正确无误后，要迅速交还证件。并表示感谢："××小姐（先生），让您久等了，谢谢！"当知道客人姓氏后，要尽早称呼为好，这是尊重客人的一种表现。

6）把房间钥匙或房卡交给客人时，应有礼貌地说："××小姐（先生），我们为您准备一间朝南房间，安静舒适，房号是×××。这是房间的钥匙（或房卡）。这位服务员马上陪您去，祝您愉快！"

7）如客房已客满，要委婉地向客人耐心解释、致歉，并且要设身处地地替客人着想，尽量帮助其联系其他酒店。例如："很遗憾，今天客房已满，我帮你联系附近的其他酒店好吗？"

8）重要客人进房后，要及时用电话询问："××小姐（先生），您对这个房间满意吗？"或"有事请您吩咐，我们随时为您服务！"以体现对客人的尊重。

9）对来总台投诉的客人，也要面带微笑，凝视倾听，绝不与客人争辩；要致以歉意，妥善处理。

10）及时做好客人资料的存档工作，以便在下次接待时，能有针对性地提供服务。

（二）入住登记服务注意事项

1. VIP 客人入住登记

VIP 客人入住酒店一般会事先预订房间，前台服务人员要提前将房间的钥匙或房卡准备好，待客人抵达酒店时，将钥匙交给客人或随行礼宾人员，而不必再办理登记手续。

2. 团队客人入住登记

团队客人一般会预订房间，在客人到达前，大堂经理应提前做好接待准备工作。团队客人到达后，应请领队或陪同填写"团队住宿登记表"，核对无误后，请填表人签字，请行李员或专门的陪同人员引领客人前往客房。

学习小贴士

> 最佳饭店是客人享受礼貌、礼仪及快速敏捷服务的理想场所。服务员一定要训练有素，一流的服务员才能构成一流的饭店。——美国芝加哥丽兹卡尔顿饭店（The Rise-Carlton, Chicago, USA）

二、预订服务礼仪

（一）到店预订

接待人员要热情接待，主动询问需求及细节，并及时予以答复。若有客人要求的房间，要主动介绍设施、价格，并帮助客人填写订房单；若没有客人要求的房间，应表示歉意，并推荐其他房间；若因客满无法接受预订，应表示歉意，并热心为客人介绍其他酒店。

（二）电话预订

接待人员要及时礼貌接听，主动询问客人需求，帮助落实订房。订房的内容必须认真记录，并向客人复述一遍，以免出错。因各种原因无法接受预订时，应表示歉意，并热心为客人介绍其他饭店。

(三) 网络预订

受理网络预订时应做到报价准确，记录清楚，手续完善，处理快速，信息资料准确。接受网络预订后应信守订房承诺，切实做好客人来店前的核对工作和接待安排，以免出现差错。

三、问询服务礼仪

为了体现"客人至上、便利客人"的服务宗旨，一些较大规模的酒店专门设有问讯处，为客人提供咨询服务。其服务人员应注意以下几点。

1）着装整齐，仪容端庄，礼貌站立，思想集中，精神饱满地恭候宾客的光临。

2）客人前来问讯时，应面带微笑，注视客人，主动亲切地问候："您好！""我能为您做什么？""有何需要可以帮您？"

3）宾客询问时，切莫随意打断客人的叙述，应认真聆听，做好记录，耐心回答；以"好的""我明白""对"等话语表示了解客人的意思。不要心不在焉，反应迟钝。如没有听清，应说："对不起，请您再说一遍好吗？""对不起，能否请您说慢一点？""很对不起，我没听清，请重复一遍好吗？"

4）要有问必答，百问不厌。回答问询简洁明了，用词准确，口齿清晰。除对本酒店、商场的各部门位置、服务时间、各种设施了如指掌外，还要熟悉本地其他服务性行业的有关情况，如旅游景点、往返线路、交通工具、购物场所等有关信息，以便随时为宾客提供服务，服务中不能推托、怠慢、不理睬客人或简单地回答"不行""不知道"。遇到自己不清楚的问题，应请客人稍候，请教有关部门或人员后再回答，忌用"也许""大概""可能"等模糊语言应付客人。常用语如："对不起，我对这里不是十分了解，请让我询问一下有关人员。我会尽快给您满意的答复。"如宾客的问题经努力仍无法解答，应向宾客解释、致歉，求得谅解，但应尽量避免这种情况发生。

5）回答问题时要自动停下手中的其他工作，语调柔和，音量适中。如有众多宾客同时问询，应从容不迫地逐一回答，做到忙而不乱、井然有序，使不同的客人都能得到适当的接待和满意的答复。

6）当得到宾客赞扬时，应微笑致谢："谢谢您的夸奖，这是我应该做的。""非常高兴为您服务。""请别客气。"

7）接受客人的留言、信件、电报、邮件时，要记录好留言内容或请客人填写留言条，认真负责，按时按要求将留言转交给接收人；递送时要微笑招呼、敬语当先。对离店客人的信件要及时按客人留下的新地址批转或退回原地，时时处处体现对客人认真负责的态度。

8）在听电话时，看到客人到来，要点头示意，请客人稍候，并尽快结束通话，以免让客人久等。放下听筒后，应向客人表示歉意。

互动研讨

讨论：探讨问询员应该掌握的信息范围。

四、结账服务礼仪

1）客人来总台付款结账时，接待人员应微笑问候，为客人提供高效、快捷而准确的服务。切忌漫不经心，造成客人久等的局面。

2）确认客人的姓名和房号，当场核对住店日期和收款项目，以免客人产生被酒店多收费的猜疑。

3）递送账单给客人时，应将账单文字正对着客人；若客人签单，应把笔套打开，笔尖对着自己，右手递单，左手送笔。

4）当客人提出酒店无法满足的要求时，不要生硬拒绝，应委婉予以解释。

5）如结账客人较多时，要礼貌示意客人排队等候，依次进行。避免因客人一拥而上，造成收银处混乱，引起结算的差错，并造成不良影响。

6）结账完毕，要向客人礼貌致谢，并欢迎客人再次光临。

五、委托代办服务礼仪

酒店的委托代办服务是为方便住客而设立的一个服务项目，主要是代客人订购车、船、飞机票，代购、代邮、代送或代接收物品，办理客人所需要协助办理的事宜等。

（一）代购车、船、飞机票

1）客人前来询问时，应向客人讲清酒店的服务范围以及提供此项服务的手续费；若酒店确实有不方便的地方，应向客人讲清楚，并尽量帮助客人解决，为客人出谋划策。

2）接受客人的订票请求时，一定要弄清客人的基本情况，如姓名、房号以及需要订票的交通工具的类别、出发日期、班次、时间等；与客人核对无误后，应做好记录，根据客人的要求与民航、轮船、铁路或汽车公司联系订票事宜。

3）若因客观原因无法买到客人所要求的票时，应及时征求客人的意见，并向客人提出有建设性的建议，客人同意修改后再与相关交通部门联系。

4）票务确定后，应及时通知客人准备好证件（身份证、护照、驾驶证、工作证等）和票款，到委托代办处取票。

5）客人取票时，要认真检查客人的证件，并请客人仔细核对票面信息，确保不出现差错。客人所交票款和手续费也要当面点清。

（二）代购物品

1）客人要求代购物品时，应仔细询问客人所需要物品的颜色、大小、规格、型号、价格等，记录在一张卡片上。记录完毕，将卡片交给客人核对，确保无误。

2）按客人要求为客人采买物品后，或送到客人房间，或请客人前来领取。若客人所需要的物品暂时缺货，一定要先征得客人的同意，以确定买或者不买，或是改买其他物品，不可自作主张，代客人作决定。

（三）代邮、代送物品

1）帮客人代邮、代送物品时，应仔细询问收件单位或个人的具体地址、收件人姓名、邮编、电话号码等，记录完毕后请客人核对。

2)代邮、代送物品的费用由客人自付，所以在物品送到后要有签收、邮寄后要有回执，并请客人过目，一切费用均要当面点清。对于易燃、易爆等危险品，服务员要拒绝运送和邮寄。

互动研讨

> 讨论：哪些物品不可以邮寄？

（四）代接收邮件、物品

1) 收到客人的邮件或者快递，前台服务人员应仔细记录，并立即通知客人前来领取；若客人不方便前来领取，应为客人送到房间。

2) 当客人不在酒店时，要将邮件或快递保管好，不能随便让其他人转交。因为一旦这个过程中出现了失误，就会引起不必要的麻烦。

任务三　掌握大堂副理及酒店代表服务礼仪

大堂副理是代表总经理全权处理宾客投诉、宾客生命安全及财产赔偿等复杂事项的管理者，是酒店和宾客沟通的桥梁，是酒店建立良好宾客关系、保证酒店服务质量的重要岗位。因此，大堂副理也被称为酒店大堂的"消防员"。

情境导入

王先生入住北京一家五星级酒店，当晚11时曾让接线生帮助叫早，但不知什么原因，接线生没有准时叫醒王先生，而使他晚起耽误了航班。王先生向酒店投诉，要求店方承担责任。大堂副理陈辞去见王先生，下面是他们的对话。

陈辞："您好，王先生，我是大堂副理陈辞，请告诉我发生了什么事？"

王先生："什么事你还不知道？我耽误了飞机，你们要赔偿我的损失。"

陈辞："您不要着急，请坐下慢慢说。"

王先生："你别站着说话不腰疼，换你试试。"

陈辞："如果这件事发生在我身上，我肯定会冷静的，我希望您也冷静。"

王先生："我没你修养好，你也不用教训我。我们没什么好讲的，去叫你们经理来。"

陈辞："可以叫经理来，但你对我应该有起码的尊敬，我是来解决问题的，可不是来受你气的。"

王先生："你不受气，难道让我这花钱的客人受气？真是岂有此理。"

（资料来源：https://wenku.baidu.com/view/bee7ef03de80d4d8d15a4fbd.html）

问题：

1. 大堂副理陈辞在处理客人投诉时有什么问题？

2. 你认为大堂副理在处理投诉时应该怎样做？

一、大堂副理服务礼仪

（一）大堂副理岗位职责

1）代理总经理做好日常的贵宾接待工作，完成总经理临时委托的各项任务。

2）代表总经理受理宾客对酒店内各部门的投诉，并且进行高效的处理。

3）解答宾客的一切询问，并提供一切必要的协助和服务。

4）征求宾客意见，沟通酒店与宾客间的情感，维护酒店声誉。

5）检查员工着装、仪容仪表及履行岗位职责等状况。

6）处理各类突发事件。

7）确保酒店重大活动的正常接待。

（二）大堂副理服务流程及礼仪规范

1）按制服标准着装，服饰整洁，仪容端庄，认真值岗。

2）以积极的态度听取和处理客人的投诉。

3）耐心倾听，并做好详细笔录。

4）在不违反规章制度的前提下，尽可能地满足客人的要求。

5）宽容、忍耐，无论何种原因不和客人争执。

6）尽量维护客人的自尊，哪怕错在客人，也尽量"搭梯"让客人下台。

7）维护酒店的形象和声誉，原则问题不放弃立场，但时刻注意语言表达的艺术性，可用强调、比喻、暗示等语言表达法使客人知难而退。

8）对客人的任何意见和投诉，均应给予明确合理的交代，并尽量提出两个以上的处理方法供客人选择。

9）对客人提出善意批评、合理建议和可以理解的投诉表示感谢。

10）将客人的投诉分类、存档，并及时向有关部门反馈信息，督促部门改进工作。

11）定时、定期小结或总结饭店的服务质量信息，并整理成书面材料，向总经理和分管副总经理汇报，提出合理的改进意见或建议。

二、酒店代表服务礼仪

（一）酒店代表岗位职责

酒店代表服务是指代表饭店在机场、车站、码头等重要出入境口岸迎送客人，争取客源，向客人推销饭店产品的服务。其是饭店服务的外延伸展，是饭店服务质量的对外展示，因此，对酒店代表的服务要求是具有综合性和灵活性。

（二）酒店代表服务流程及礼仪规范

1）服饰鲜明、整洁、挺括，手持独具特色、有饭店店徽的欢迎牌，恭候客人的光临。

2）客人抵达时，要主动迎上前去，并作自我介绍，说："您是××先生（小姐）吗？""欢迎您光临！我是××饭店代表。您有托运行李吗？请将行李牌给我，我们帮您领取。"如果客人要自领行李，应尊重客人意愿。

3）礼貌地引领客人到车上就座，点清行李放好后，轻轻关上车门。

4）陪同客人前往饭店的途中可根据酒店和客人的情况，进行如下服务：如果是酒店预订的客人，可以在车上为客人办理入住登记手续；如果酒店没有这项业务，可根据客人的状态，介绍酒店和沿途的有代表性的景点、商场等。

5）送客的礼貌礼节基本上与接客相同，主要是了解客人离店情况，事先向车队订车。送客路上，应礼貌地征求客人对饭店的意见，欢迎客人再次光临。

学 以 致 用

学有所思

1. 如何理解服务理念？
2. 门厅迎宾服务礼仪的具体要求是什么？如遇到客人的行李丢失或损坏的情况，应如何与客人妥善沟通？
3. 总台接待服务礼仪的具体要求是什么？如遇到客人要求住店，但此时酒店已无空房，应该如何向客人解释？
4. 大堂副理服务礼仪的具体要求是什么？如何正确而又妥当地处理客人的投诉？

实战演练

分组设定迎宾等服务情境，要求体现迎宾服务、总台接待服务及大堂副理服务的要点。

项目十五 客房服务礼仪

学习目标

1. 熟悉客房部的职责范围。
2. 掌握客房部各岗位的服务礼仪。
3. 能够将标准与规范的客房服务礼仪运用在工作实践中，提升人际交往与沟通能力。
4. 养成良好的职业素养，形成良好的职业礼仪风范。

任务一 熟悉楼层接待服务礼仪

在整个酒店客房接待服务过程中，无论是楼层接待服务礼仪、客房一般服务礼仪，还是客房送餐服务礼仪、访客接待服务礼仪都非常重要。这四个环节贯穿酒店客房接待服务的全过程，是彰显酒店整体服务水平的重要方面。酒店服务人员应做好客房接待服务工作，遵循既定的礼仪要求，努力为客人提供优质的服务。

情境导入

酒店客房细微服务点滴

客人入住某酒店后，发现迷你吧台的电源插座不通电，就将原先放在迷你吧台上的电热壶移到卫生间去烧水。客人外出回到房间后，发现电热水壶已放回吧台，水壶旁有一张小便笺，写着吧台电源插座已修复，并对由此造成的不便深表歉意。顾客顿时心暖。

（资料来源：吴新红. 旅游服务礼仪[M]. 北京：电子工业出版社，2021：94）

问题：请谈一谈你的想法。

一、楼层接待前服务礼仪

在客房服务过程中，首要环节就是迎客的准备工作。在来宾到达之前，准备工作必须及时完成。准备工作的主要内容有了解客人的基本信息，做好客房准备，做好员工仪容、仪表准备工作等。

(一)提前准备

在接到前厅部接客信息后，楼层服务员应在客人入住前及时掌握入住客人的基本信息，包括客人入住时间、身份、人数、宗教信仰、禁忌等，提前做好接待准备工作。

(二)整理客房，保证舒适

1. 常规客人

对于客人预订的房间，需在客人到达前一小时清洁整理完毕，并做到以下几点。
1) 干净、整洁、卫生、安全。
2) 提前补给客房内如饮料、牙刷等物品。
3) 保证客房水质，提前放水，防止出现水质混浊的情况。
4) 保证设备运行正常，一旦发现损坏，要及时通知相关部门修理，保证客房规范。
5) 根据客人的生活特点、风俗习惯、接待规格，布置和整理房间。
6) 若客人有宗教信仰或者特别要求，要尊重客人，提前撤出不合时宜的物品。

2. 贵宾

在完成基本工作内容之后，客房服务员要提前将客房温度、湿度调好，使空气保持清新，提前准备好茶水、香巾等。若客人是在晚上入住的，还要做好开夜床服务，保证客人入住之后能够快速进入休息状态。

3. 仪表整洁，热情等待

楼层服务员要以酒店仪容仪表规范为依据，整理好仪容仪表，精神饱满，端庄大方，着装得体，随时等候客人到来。

二、楼层迎宾接待服务礼仪

酒店客人在接受服务的过程中希望获得尊重，楼层迎宾接待服务是客房礼仪工作的开端，其质量会直接影响客人内心的感觉，而楼层迎宾接待员所有的言行都充分体现着该酒店的整体服务水平。具体来说，楼层迎宾接待员要做到以下几点。

(一)传递微笑，友好问候

微笑能够缩短人们之间的距离，使客人感到亲切。在客人到达楼层前，楼层服务人员应站在电梯口，等候迎接。若是贵宾，需提前三分钟在电梯口等候。客人到达时，应面带微笑，热情问好。

(二)主动服务，热情引导

客人到达楼层后，如果没有行李员，服务人员应主动上前帮忙提携行李，但是要充分尊重客人意愿，不能生拉硬扯。与此同时，服务人员要对老、幼、病、残的客人给予关心和帮助，及时搀扶对方。接到客人后，要走在客人左前方，热情引导，带领客人前往客房。到达客房门口时，应示意客人先行进入客房。

(三) 耐心讲解，服务周到

客人进入客房后，服务员要帮助客人放下行李及物品。待客人坐下后，及时递上茶水和香巾，同时为客人简单介绍酒店相关情况及客房基本设备、设施。在介绍的过程中，要注意观察对方的神情，若对方丝毫没有倾听的意思，可以省略这个步骤。

(四) 介绍完毕，礼貌告退

介绍完毕后，询问客人有没有其他要求；如果没有，要礼貌退出客房，不能借故停留，妨碍客人休息。

三、楼层送别服务礼仪

楼层接待服务礼仪是以楼层送别服务礼仪结束的。楼层送别服务不仅是客人对酒店的最后印象，也是酒店争取回头客的关键时机。在这一环节，一定要尽可能使客人满意而归。

1) 在接到客人退房通知后，楼层服务员应查询客人所委托项目是否已办妥，如送洗客衣送回与否。同时，要把客人消费的项目报往前台，确保内容准确，没有遗漏。此外，还要通知行李员前往客房帮助提携行李。若对方是贵宾，还要及时告知主管，以便安排相关人员欢送。

2) 主动征求客人对酒店的意见及建议，以便下次改进。对不尽如人意之处，应向客人表示歉意。

3) 客人离开楼层时，楼层接待员应将客人送往电梯口，帮客人按下电梯。待客人进入电梯后，微笑向客人告别，并挥手致意。

4) 客人走后，楼层服务人员要马上进入房间，仔细检查客房所有角落，查看是否有物品遗漏。若发现有遗漏物品，应马上通知前台留住客人，送还物品；若客人已经离开，则应将物品按照客房遗留物品规范处理，备注遗留物品客人姓名、房号、入住时间、退房时间等，交由房务中心保管。如果在检查客房时，发现有设备损坏或者物品丢失，要马上联系前台，使其在不伤害客人自尊心的前提下委婉告知客人。

任务二　掌握客房服务礼仪

客人来店之后，客房是其居住场所，能够在一定程度上彰显整个酒店的服务水平，同时，客房的安全性与舒适性对客人的入住体验有直接影响。而打造舒适、温馨、安全的客房环境是客房服务的基本目标，在此基础上，要提供一些个性化服务，提升客房服务水平。一般来说，客房服务礼仪大致涉及客房卫生服务礼仪、客衣清洗服务礼仪、开夜床服务礼仪及其他服务礼仪等。

情境导入

一位客人结完账后，离店去了H城，他下了飞机才发现公文包忘在了酒店，公文包中有客人重要的工作资料及文件。于是他立即打电话给酒店，正在收拾房间的客房服务人员发现了这个公文包……

问题：在酒店客房服务中，如遇到客人遗落的物品，应该如何处理？

一、客房卫生服务礼仪

对于客房服务员来说，清理客房卫生是其基本的工作内容。对于客人来说，客房的卫生状况会直接影响其住店的感受和心情。所以，客房服务人员必须要打造一个干净、卫生的客房环境。

在进入客房打扫卫生前，客房服务员应遵循服务礼仪规范，不能对客人造成阻碍。进房前需按门铃，三下之间稍作停顿，不能连续按铃。如果没有反应，则应用中指的第二个关节轻敲房门三下，每次间隔三秒，共敲三次。敲门或按铃时，需自报身份，说明来意，得到客人允许后进入房间，注意礼节礼貌，向客人问好。若敲门三次无反应，服务员可用客房通用钥匙进入。

客房门上若是挂着"请勿打扰"的牌子，服务人员不能加以打扰。若下午两点以后，该客房仍旧挂着"请勿打扰"的牌子，应报告客房部主管或大堂副理，打电话询问客人，注意用词准确，礼貌委婉。如果房间内无人接电话，则由客房部主管、大堂副理、保安人员一起开门入房。若有异常现象，则由大堂副理负责协调处理。如果是由于外出客人忘记取下"请勿打扰"牌，则客房服务员可以进行房间清理，不过要留言告诉客人。

客房服务员要尽可能选择客人就餐或者外出的时候清理卫生，不能阻碍客人工作、午睡等。在打扫之前，要礼貌询问是否可以清扫房间。客人若问话，服务人员要注视着客人，并礼貌回答。在清理客房过程中，若有访客，必须要询问客人是否继续清理，并尊重对方的意愿。

（一）动作轻，速度快

清理客房时，服务人员要把工作车停至适当位置，以防影响客人出入房间。在清理客房过程中，要追求高效率、速度快、动作轻，尽可能不对客人造成阻碍。

（二）工作认真，态度严谨

1）服务员要认真清理客房卫生，禁止借故与客人交谈。
2）检查房间内的一次性用品是否缺少，若缺少，则要快速补给。
3）禁止使用客房电话，或者接听/拨打客房的电话。

（三）物品摆放，尊重原位

在打扫房间时，客房服务员不得擅自移动或者翻阅客人的物品。若确实需要移动，清理完毕之后，要把物品放回原处。未经客人允许，不得随意丢弃客人所放的字条等物品。

（四）注重细节，个性服务

服务人员在清理客房卫生时，要有意留心客人的习惯，如酒店备用物品使用情况、床铺枕头使用情况、空调温度的高低等，并以此为依据，更好地开展个性化服务。

> **学习小贴士**
>
> **客房服务礼仪小窍门**
>
> 六无：客房卫生要做到无虫害、无灰尘、无碎屑、无水迹、无锈蚀、无异味。
> 三轻：客房服务人员工作时，要说话轻、走路轻、操作轻。
> 五个服务：主动服务，站立服务，微笑服务，敬语服务，灵活服务。
> 五声：客人来店有欢迎声，客人离店有告别声，客人表扬有致谢声，工作不足有道歉声，客人欠安有慰问声。
> 十一个字：您，您好，请，谢谢，对不起，再见。

二、客衣清洗服务礼仪

酒店客房部为了更好地服务客人，提供了客衣清洗服务。通常是客人在前一天将要洗的衣服放在浴室的洗衣袋里，由服务员送往洗衣房洗涤。在客衣清洗服务过程中，要格外注意以下几点内容。

1）服务员应在规定的时间内前往客房收取客人衣物，及时送往洗衣房。收取客衣时将客人要送洗的衣物和填好的洗衣单放进洗衣袋。注意检查洗衣单上的房号是否与房间号一致，单上有无客人备注要求，检查衣物是否有破损，衣物内是否有其他东西，衣服数量是否正确。洗衣单上应写上姓名、房间、送洗衣物明细及清洗类型和费用标准。

2）不得将客衣随意乱放，爱护客人衣物，对于高级时装，应用衣架挂好。

3）客人衣物清洗后，应主动送往客人房间，请客人核实检查，确认无误后请客人在账单上签字。如果至客人退房时，客衣仍未洗好，应向客人讲明情况，由客人决定洗完后将衣物寄回还是直接将未完成清洗的衣物打包带走。

三、开夜床服务礼仪

开夜床服务是指冬季晚上6点后、夏季晚上7点后服务员进入客房清理客房卫生，拉好窗帘，开启夜灯，将靠近床头一侧的被子掀起一角折成45度角的服务。

服务员在开夜床时必须做到快速、动作轻，迅速完成工作，不对客人造成干扰。若床上放有客人物品，尽量不去整理，防止出现不必要的误会，清理完可清理区域之后，留下留言条告知，退出客房。如果房门上挂着"请勿打扰"的牌子，可以在房间内塞入留言条子，注明"如需服务及时通知"等字样。

四、其他服务礼仪

（一）客人醉酒服务礼仪

在酒店服务过程中，客人醉酒的情况十分常见，必须要处理好这一问题，否则不但可能使醉酒客人处于不安全状态，对其他住客造成影响，而且很可能会造成因为客人醉酒引发的安全事故，对酒店安全造成威胁。

客人醉酒服务礼仪的主要目的就是保证醉酒客人处于安全状态，以及其他住客的安全及其他利益。

1) 客人醉酒时，需密切关注客人动态。值班人员应勤加巡视，做好记录，发现可疑情况立即上报。必要时将客人送往医院。

2) 如遇醉酒客人纠缠，需耐心、细心、小心地劝客人早进房间，切勿流露出不耐烦的情绪。必要时可送上醒酒茶，但应注意自身安全。

3) 醉客如因呕吐弄脏公共区域，服务员应立即清理，保持清洁。客人在客房内呕吐，弄脏床上用品、地毯、窗帘等客房物品，服务员要报告楼层主管。楼层主管接到报告后，到房间查看，根据客人醉酒情况，首先让客人安静休息。对弄脏的地方做好记录，待客人酒醒后，请客人按客房规定赔偿。

(二) 突发事件服务礼仪

1. 客人受伤

若入住客人因为自然事故致伤，客房服务员要主动关心，查清致伤原因，并向上级领导汇报客人的基本情况，听取领导的处理意见，在征询客人意见之后，决定是否请所在单位来人或马上到医院治疗。

若客人在酒店疗养，服务人员的服务活动不能打扰对方休息，应增加服务次数，尽最大可能满足对方的要求。如果客人在酒店受伤，必须马上查明原因，若酒店需要承担责任，则应向客人致歉，采取补救措施，求得客人谅解。

2. 客人突发疾病

若客人患突发性疾病，但是没有医务人员在场，服务员要及时联系患者的亲属、朋友、陪同等同住酒店的人或较容易联系的其他人员，不能随意对客人施与任何治疗。

客人突发疾病的时候，酒店服务员不能给客人代买药品，应及时通知大堂副理，由大堂副理通知酒店医生到客人房间，然后让医生决定是否从医疗室拿药给病人。

3. 客人物品丢失、失窃

若客人丢失了物品，要主动安慰对方，同时帮助对方回忆物品所在。查找时，请客人耐心等待，找到物品之后，要立即交给客人。如果东西并非丢失在客房内，且多方查找之后依旧没有结果，那么酒店要耐心向客人解释，但无须承担赔偿责任。

任务三　掌握客房送餐服务礼仪

送餐服务指的是酒店以客人的要求为依据，把客人所点的食品饮料等送至客房供客人用餐的服务。

情境导入

一天晚上，客房服务人员小李将一位美国客人点的晚餐送至客房，美国客人想要把中午吃剩下的甜点扔掉，于是指着那份甜点对小李说："Please, dessert?"

小李原本英语就不好，正想着马上服务好离开，没想到客人会突然和他说话。他迅速地在脑海里把自己知道的英语词汇搜索了一遍，以为客人想再要一份甜点，忙说："OK, dessert, please wait for a moment."然后匆忙跑出去。

客人很奇怪，心想为什么扔东西不直接把东西带走呢？过了一会儿，小李进来了，手里还托着一份同样的甜点。客人恍然大悟，原来小李误以为自己想再要一份甜点了。

问题： 如果你是小李，该如何处理呢？

一、客房送餐服务要求

(一) 及时性

"民以食为天"，在饥饿状态下，人很容易产生负面情绪，因此，备餐一定要快速。而接到送餐通知后，服务人员要立即通知餐饮部备餐。

(二) 卫生性

保证食物质量的重要前提是食物卫生，提供干净的食物保证客人健康是最基本的要求。因此，在送餐过程中，服务人员要格外注意卫生，防止食物受到污染。

(三) 安全性

在送餐过程中，服务人员要将食物放在有人看管的地方，使食物全程处于可监控范围内，保证食物安全。

二、客房送餐礼仪规范

(1) 接到客人送餐的要求时，客房服务员应备好纸、笔，准确记录送餐时间、房号、用餐人数及具体点餐规格、品种等，并向客人复述一遍，确认无误后通知餐饮部。在接听过程中，要询问客人的名字，并至少使用一次敬称。

(2) 在规定的时间内将食物送往客房。进入客房前需敲门或按门铃，待客人允许后方可进入房间，友好问候客人，并将食物摆放整齐，一一报菜名，询问客人是否还有其他需要。将账单双手递给客人，请客人确认后签字。

(3) 估计客人用餐时间，在客人用餐后进入客房收取餐具，同时询问客人是否需要清理房间。如需要，通知客房服务员前来清扫。

任务四　了解访客接待服务礼仪

访客接待服务指的是非住店人员到访或致电酒店客人的过程中，酒店工作人员提供的接待服务及核实信息服务。

情境导入

突然到访的客人

酒店客房服务人员小郑在906客房门口见到一位访客，站在906房门口的这位访客说："我的一位朋友住在906，早上他打电话给我，让我把东西送过来，并在这里等他回来。"小郑微笑着问客人："先生，请问您的朋友贵姓？"

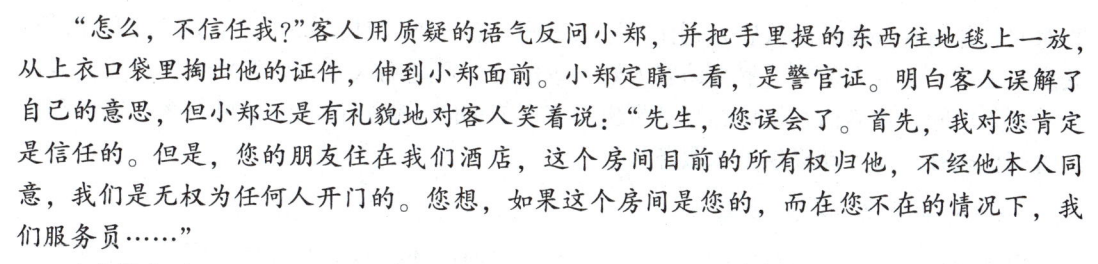

"怎么，不信任我？"客人用质疑的语气反问小郑，并把手里提的东西往地毯上一放，从上衣口袋里掏出他的证件，伸到小郑面前。小郑定睛一看，是警官证。明白客人误解了自己的意思，但小郑还是有礼貌地对客人笑着说："先生，您误会了。首先，我对您肯定是信任的。但是，您的朋友住在我们酒店，这个房间目前的所有权归他，不经他本人同意，我们是无权为任何人开门的。您想，如果这个房间是您的，而在您不在的情况下，我们服务员……"

（资料来源：https://www.doc88.com/p-00729752199506.html）

问题：客房服务人员在面对到访客人时，该怎样处理呢？

一、访客接待工作原则

访客接待工作要遵循的是住店客人同意原则。经住店客人同意后，方可将来访者带到客房。

学习小贴士

访客接待注意事项

1. 尊重隐私。客房是客人的"家外之家"，客房部员工有义务尊重住店客人的隐私，绝对为客人保密。当来访客人询问住宿宾客的信息时，一般应在不触及客人隐私范围内进行回答。

2. 未经客人同意，不得将访客引入客房内。客人不在或没有亲自打招呼、留下亲笔书面指示的情况下，即使是客人的亲属、朋友或熟人，也不能让其拿走客人的行李和物品。

3. 客房服务人员对出现在楼层的陌生人，必须走近询问，必要时打电话给保安部进行处理。

二、访客接待服务礼仪

（一）热情接待，做好登记

访客到来时，应主动问好，询问住客的名字及房号，然后请访客稍等，在工作间打电话给客人告知情况，由客人决定是否接待。如果客人同意，则做好访客登记，带领客人前往客房；如果客人不便接待访客，应该委婉地告知访客，并询问是否需要提供留言服务。不要让访客在楼层停留或在房间等待客人。

（二）密切注意，主动询问

在值班过程中，楼层服务员要主动询问在楼层逗留但并非住客或者酒店工作人员的人。一旦发现有乱闯楼层的访客，要礼貌地请其离开。若是发现可疑人员，要主动通知大堂副理及保安部，保证住客安全。

（三）特殊情况，仔细谨慎

访客带有住客签名的便条，要求进入客房时，服务人员需将便条拿至总台与客人笔迹相对照，并与客人联系确认后方可让其进入房间。客人外出时，如果已经交代访客可以在其房间等待，服务人员要了解来访客人姓名等信息，经过确认办理访客登记手续后，方可让其进入房间。如遇访客将住客物品带出，需上前询问，做好记录。如果访客在客房等待的时间比较长，应主动提供茶水服务。

（四）时间控制，巧妙应对

对于来访时间，酒店有明确规定，若访客超过时间还没有离开客房，服务员需礼貌地告知访客时间已到。若住客无意挽留访客，服务员要尽力说服访客离开。如果住店客人有意挽留访客，则应主动询问是否加床或再开一间客房。访客离开后，询问客人是否需要重新整理房间，以便客人休息。

学以致用

学有所思

1. 客房服务人员在整理客人房间时，应注意什么？
2. 简述客房送餐服务礼仪。
3. 当有访客至酒店时，客房服务人员应注意什么？

实战演练

1. 客房送餐服务与访客接待服务。

人物介绍：客房送餐人员A、访客接待人员B、客人C、访客D。

训练内容：

1）A确认C的订餐信息，送餐及时、完好。

2）B热情接待D，做好登记工作，根据C的意见决定是否接待。

训练要求：

1）A掌握送餐礼仪，进入客房前先敲门。

2）B要控制好接待时间，以免打扰C休息。

3）完成情境训练之后，教师对其小组成员表现进行评价，并提出其中存在的问题，督促学生改正。

2. 楼层接待服务与客房服务。

人物介绍：楼层接待人员A、客房服务人员B、一般客人C、贵宾D、醉客E。

训练内容：

1）A在C、D入住之前做好准备，整理客房，为D提供高规格服务。

2）A做好迎宾、送别服务，热情引导、耐心讲解、暖心相送。

3）B为C、D提供客房卫生、客衣清洗、开夜床及其他服务。

4）B保证E处于安全状态，做好清理工作。

训练要求：

1）A、B随机应变，针对醉酒客人、生病客人等不同表现采取行动。

2）完成情境训练之后，由本小组成员进行总结，由教师进行点评与指导。

项目十六　餐饮服务礼仪

学习目标

1. 熟悉餐饮部的职责范围。
2. 掌握餐饮部各岗位的服务礼仪。
3. 能够将标准与规范的餐饮服务礼仪运用在工作实践中，提升人际交往与沟通能力。
4. 养成良好的职业素养，形成良好的职业礼仪风范。

任务一　认识迎宾领位服务礼仪

酒店餐饮部的迎宾员是宾客进入餐厅遇到的第一位服务人员，是酒店餐厅的形象代表，一般由面容姣好的女性担任。迎宾员要工作积极主动，让宾客一进餐厅就感受到尊重及欢迎，从而对餐厅留下美好的第一印象。迎宾员主要负责迎送宾客及领位服务。

情境导入

酒店中餐厅午餐时间，几位客人落座之后开始点菜，并不时地向服务员小郑征询意见。小郑应客人要求推荐了餐厅拿手菜和时令菜，半天工夫客人们却一个都没点。小郑说："几位初次到本餐厅吧，对这里的菜品特色也许还不大了解，请不要着急，慢慢地挑。"

几位客人终于点好了菜，还没等小郑转身离去，客人们又改变了主意，要求换几个菜。小郑刚准备转身离去，客人们又改变主意了，要求再换几个菜。此时，客人们自己都觉得不好意思了，小郑仍然微笑说道："没关系，让您得到满意的服务是我们的责任和义务。"小郑亲切、热情的语言使客人深受感动。

(资料来源：郑莉萍. 旅游服务礼仪实用教程［M］. 北京：中国经济出版社，2018：126.)

问题：
1. 餐饮服务人员应该具备哪些职业素养？
2. 小郑在服务过程中，有哪些值得学习的地方？

一、迎宾员服务礼仪

（一）迎候准备

迎宾员应着装整洁，仪容端庄，站姿优美。在餐厅开餐前 20 分钟，站在餐厅门口处（距离门口 1 米左右），恭候宾客的到来。

（二）微笑问候

当客人进入餐厅区域时，迎宾员应上前一步站好，面对客人做 15 度的鞠躬，目光注视客人的眼鼻三角区，微笑并礼貌地招呼客人："您好，欢迎光临。"

（三）雨具服务

遇下雨天，迎宾员应主动带伞去迎接宾客。若宾客自带雨具，应主动询问："您好，雨伞帮您寄存一下好吗？"得到允许后及时存好。宾客用餐结束离开时，要主动提醒宾客带上雨具。

（四）其他物品寄存

一般餐厅不主动帮宾客寄存物品（大件物品除外，如旅行箱等），如宾客要求寄存，应说："先生，帮您放这边可以吗？"并要随时注意寄存物品。

（五）礼貌道别

当宾客离开餐厅时，迎宾员应提醒宾客带好随身物品，并礼貌道别："谢谢光临，请慢走，再见！"

（六）迎宾员要求眼观六路、耳听八方

如附近区域有桌位，而区域人员不在时，应及时、主动上前为宾客提供服务，同时兼顾迎宾口是否有新客到来。

二、领位服务礼仪

（一）询问客人预定信息

在引领宾客进入餐厅前，询问宾客相关信息："请问先生一共几位，是否有预订，包厢是几号？"对于已经预订过的宾客，应根据宾客的不同情况把他们引入座位。如重要宾客光临，应把他们引领到餐厅中最好的位置；夫妇、情侣就餐，应把他们引领到安静的角落位置；全家、亲朋好友聚餐，应把他们引领到餐厅中央的位置；对老幼残宾客，应把他们安排在出入比较方便的位置。

安排座位应尽量满足宾客的要求，如果该座位已经被先到的宾客占用，服务员应解释

致歉，求得谅解，推荐其他令宾客较满意的座位。对于没有预订的宾客，要根据宾客的爱好、年龄以及身份选择座位。

（二）引领服务

领引宾客时，走客人的侧前方1米的位置，过通道、楼梯口时，要配以手势指引。

（三）拉椅落座服务

引导宾客进入包厢或落座时，应用双手将餐椅拉出，右腿在前，膝盖顶住椅子后部，待宾客入座后，将餐椅轻轻推向前方，其动作要自然适度。如有多位宾客同时落座，应首先照顾年长者或女士。待客人全部落座后，请宾客稍作休息，迅速招呼台面服务人员到位进行后续服务。

任务二　了解值台服务礼仪

餐厅值台服务员提供的服务活动，贯穿宾客用餐的始末，对宾客是否享受到酒店专业的、高档次的、礼貌的用餐服务发挥着主要作用。值台服务员应高度重视自身的仪容仪表，讲究服务礼节，完善对客服务。值台服务员的服务礼仪分为餐前服务礼仪和餐间服务礼仪。

情境导入

某酒店，一位客人进入餐厅坐下，桌上的残汤剩菜还没有收拾。客人耐心等了一会儿不见动静，只得连声呼唤。又过了一会儿，服务员才姗姗而来，漫不经心地收拾起来。客人问有什么饮料，服务员低着头，突然一连串地报上八九种饮料的名字，客人根本无法听清，只得问上一声："请问有没有柠檬茶？"

问题： 餐饮部值台人员在服务过程中要做好哪些工作？

一、中餐摆台礼仪

摆台又称铺台、摆桌，是指将餐具、酒具以及辅助用品按照一定的顺序整齐美观地铺设在餐桌上的操作过程，是餐厅配餐工作的重要环节。因此，餐厅必须对餐桌的"形象"绝对重视，对摆台工作进行规范化的要求与管理，做到清洁卫生、整齐有序、各就各位、放置得当、方便就餐、配套齐全。

摆台基本要求为：按顺时针方向依次摆放餐具、酒具、餐台用品、餐中花，做到台形设计考究合理，符合传统习惯；小件餐具齐全、整齐一致，具有艺术性，图案对称，距离匀称，符合规范标准。

（一）摆台准备工作

1）准备摆台用具。摆台用具包括骨碟、筷子、筷架、味碟、汤勺、汤碗、白酒杯、红酒杯、饮料杯、公用筷架、公用筷、公用勺、牙签、花瓶、台号牌、台布、口布等。

在台布的选择上，可根据餐厅的环境选用相宜颜色和质地的台布，也可根据台桌选择合适规格的台布。检查台布是否有污渍、破损，如有应立即更换。注意台布的正反面、餐厅标志等。

2）检查餐具、玻璃器皿等是否有损坏、污迹及手印等。

（二）铺台布

站在主人位一侧，将椅子拉开，将台布一次铺成，但要注意以下几点。

1）抖台布：用力不要太大，动作要熟练、干净利落，做到一次到位。

2）定位：台布正面朝上，中心凸缝朝上，舒展平整，四角下垂。台布四角对正桌边，沿餐桌垂下。

3）整平：整理台布，使台布平整美观。

（三）摆转盘

为方便客人用餐，一般在餐桌上放置转盘。转盘必须放置在餐桌中间，转盘摆好后，需轻轻转动，查看转盘是否居中。

（四）摆放餐具及相关物品

1. 骨碟定位

从主人位开始，沿顺时针方向定盘，与桌边相距1厘米，盘与盘之间距离相等。

2. 摆放味碟、汤勺、汤碗

1）味碟摆在骨碟正前方1厘米处。

2）汤碗放在味碟的左方，汤碗与味碟中心在同一水平线上，相距1厘米。

3）汤勺放置在汤碗内，正面朝上，勺柄朝左。

3. 摆筷架和筷子

1）筷架与味碟中心在同一水平线上。

2）筷子的放置应与餐盘中心线平行。

3）筷子尾部距离桌边1厘米。

4）牙签位于筷子右侧1厘米处，牙签尾部与筷尾齐平，距桌边1厘米。

4. 摆酒具

中餐宴会一般要用到三个杯子：葡萄酒杯、白酒杯和水杯。

1）先将葡萄酒杯摆在味碟的正前方3厘米处。

2）葡萄酒杯居中，白酒杯摆在葡萄酒杯的右侧，水杯摆在葡萄酒杯的左侧，三杯相距各1厘米，横向成一直线。

3）摆放时要讲究卫生，只能拿杯座或者杯把，不能拿杯口。

5. 摆餐巾花

将叠好的餐巾花放入杯中。

6. 摆公用餐具

在正、副主人酒具前方摆放一个公用餐盘，盘上放上一个羹匙和一双筷子，匙把向右，筷子的手持一端向右。

7. 摆牙签盅

牙签盅放在公用餐盘右侧5厘米处，中心压在台布中凹线上。

8. 摆烟灰缸、火柴盒

烟灰缸摆在正副主人的右边。烟灰缸一般有三个架烟孔，其中一个架烟孔朝桌心，另外两个朝向两侧的客人。把火柴盒摆放在靠桌心处，火柴盒的封面朝上，火柴磷面向里。

9. 摆菜单

摆在正、副主人筷子的右侧，也可竖立摆在主人的水杯旁边。

10. 摆放台号牌

一般摆放在每张餐台的下首。台号要朝向宴会厅的入口处，使客人一进餐厅就能看到。

11. 再次整理台面

再次整理台面，检查有哪些物件摆得不够规范，并进行适当调整，最后放上花瓶。

12. 桌椅定位

排列桌椅时，从主人位开始顺时针摆放，椅子边沿与下垂台布相距1厘米。

二、餐前服务礼仪

（一）入座服务礼仪

在客人走近餐桌时，服务员应按先女宾后男宾、先主宾后一般客人的顺序用双手拉开椅子，招呼客人入座；待客人曲膝入座时，轻轻推上座椅，使客人坐好、坐稳。

> **学习小贴士**
>
> **入座服务注意事项**
>
> 服务人员在请客人入座时，应注意以下两点。
>
> （1）请客人入座时，区域或看台服务员应拉开座椅，协助客人入座。注意座椅拉开的距离不要太大，客人能走进即可，然后在客人坐下的同时，用双手将椅子往前推进。
>
> （2）注意安排入座的顺序，一般以女士、老者及尊者优先。若有儿童同行，则应安排儿童座椅，同时避免让儿童坐在上菜的位置。

（二）茶水服务礼仪

待客人都坐定后，服务人员要为客人提供茶水服务，此时，应注意以下两点。

1）服务人员应根据用餐人数增减餐具，并调整餐具摆放位置，以保证客人用餐舒适。

2）根据季节为客人送上冰水或者热茶，还可根据餐厅的服务方式，适时提供餐前小菜。

（三）点菜服务礼仪

在客人点菜时，服务人员应注意以下几点。

1）从客人右侧将菜单及酒水饮料单呈给客人，并将其打开，然后退到一旁等候，留给客人充裕的时间翻阅、思考、讨论。若是已订餐的宴席，餐单则应事先摆在餐桌上供客人参考。

2)呈上菜单后,服务人员应准备好点菜单和笔等点菜工具等候在一旁,待客人做出决定后,方可上前。

3)服务人员应熟知餐厅所提供菜肴的原料、制作方法、口味以及中式菜肴的一些基本知识,以应对客人的提问。

4)当客人提出咨询时,服务人员应充分参照用餐人数、预算、口味、偏好及用餐时间等提出适当的建议,为客人搭配出一桌好菜肴。

5)填写点菜单时,应注意分门别类,注明桌号、人数、开单人及菜肴的名称、分量、数量及特殊要求,并写上开单时间。中式点菜单一般是一式三联,一联交由柜台出纳入单结账用,一联送到厨房出菜用,一联则留在看台或区域服务员处,待菜上齐后交由客人过目。

6)客人点菜完毕,服务人员应向客人重述一遍,确认没有遗漏或错误。若客人点的菜餐厅已无法供应,应向客人说清楚,并向客人表示歉意,若客人列出菜单上没有的菜肴,应根据客人的描述,与厨房商量后尽量满足客人的要求,不可一口回绝。若有烹饪时间较长的菜肴,应向客人说明,征得客人的同意。

学习小贴士

中餐点菜禁忌

服务人员在请客人入座时,应注意以下三点。

1. 宗教的饮食禁忌,一点也不能疏忽大意。例如,穆斯林通常不吃猪肉,并且不喝酒。国内的佛教徒少吃荤腥食品,它不仅指的是肉食,而且包括葱、蒜、韭菜、芥末等气味刺鼻的食物。一些信奉观音的佛教徒在饮食中尤其禁吃牛肉,这点在招待港澳台及海外华人同胞时尤要注意。

2. 出于健康的原因,对于某些食品,也有所禁忌。例如,心脏病、脑血管、脉硬化、高血压和中风后遗症的人,不适合吃狗肉;肝炎病人忌吃羊肉和甲鱼;胃肠炎、胃溃疡等消化系统疾病的人不适合吃甲鱼;高血压、高胆固醇患者,要少喝鸡汤等。

3. 在安排菜单时,要兼顾不同地区人们的饮食偏好。例如,湖南人普遍喜欢吃辛辣食物,少吃甜食。英美国家的人通常不吃动物内脏、头部和脚爪。另外,宴请外宾时,尽量少点生硬需啃食的菜肴。

三、餐间服务礼仪

(一)准备口布、筷套

快开席时,值台服务人员应将口布从酒杯或骨碟内取出,为宾客铺好,同时还应逐一为宾客除去筷套。

(二)斟酒、饮料

1)从第一道菜开始,值台服务员应为宾客斟上第一杯酒。斟酒、分菜的顺序是:男主宾、女主宾,从正主位左侧开始,按顺时针方向逐位斟酒,最后再斟主位。当主人、主宾祝酒、讲话时,服务员应停止一切活动,站在适当位置。

2）斟酒时，应先斟烈性酒，后倒果酒、啤酒、汽水饮料。斟酒时，手指不能触摸酒杯杯口，应按酒的不同种类决定斟酒的程度。斟酒时，一般右手拿酒瓶，左手拿杯徐徐倒入，特别是啤酒，开始倒要把瓶口放到杯的正中内快倒，一面倒，一面把瓶口慢慢移向杯边，而且倒的速度也由快变慢，以防啤酒的泡沫上升溢杯。啤酒倒好一般以七分液体、两分泡沫为好。

3）饮料应放在客人的右侧。斟饮料时，要用右手握瓶，露出商标，左手托瓶子上端，将饮料徐徐倒入饮料杯中。饮料不宜倒得太满，也不可倒太快。拉开易拉罐时，不要将罐口冲向客人。

4）上茶时，茶杯放在垫盘上，轻轻放于桌上，把茶杯把手转向客人右手方向。

（三）上菜

一般在10分钟内把凉菜送上台，20分钟内把热菜送上台。上菜要求快，特别是午餐。主食由服务员用右手放于客人的左侧。最后一道菜是汤，饭后上茶。

上菜时动作要轻、稳，看准方向，摆放平稳，不可碰倒酒杯、餐具等。上菜还要讲究艺术，服务员要根据菜的不同颜色摆成协调的图案。凡是花式冷盘，以及整鸡、鸭、鱼的头部要朝着主宾。上好菜后，服务员退后一步，站稳后报上菜名。

学习小贴士

中餐上菜礼仪

中餐的饮宴礼仪号称始于周公，经过千百年的演进，才形成今天大家普遍接受的一套饮食进餐礼仪。中餐上菜的顺序一般是：先上冷盘，后上热菜，最后上甜食和水果。

用餐前，服务员为每人送上的第一道湿毛巾是擦手用的，最好不要用它去擦脸。在上虾、蟹、鸡等菜肴前，服务员会送上一只小小水盂，上面漂着柠檬片或玫瑰花瓣，它不是饮料，而是洗手用的。洗手时，可两手轮流蘸湿指头，轻轻涮洗，然后用小毛巾擦干。

（四）端菜

一定要用托盘，不可用手直接拿，更不允许大拇指按住盘边或插入盘内，端菜的姿态要既稳又美。具体要求是：用五指和手掌托起，托盘不过耳，托盘不能太低，重托时可用另一只手扶着托盘。

（五）撤换餐具

撤换餐具时要征得客人同意。撤换时一定要小心，不可弄倒其他新上的菜、汤。撤换的餐具要从一般客人的右侧平端出去。如果菜汤不小心洒在同性客人的身上，可亲自为其揩净；如洒在异性客人身上，则只可递上毛巾，并表示歉意。

（六）分菜

分菜的顺序先主宾，再主人，然后顺时针方向逐次分派。服务人员在斟酒、上菜、分菜时，左臂应搭一块干净餐巾，以备擦酒滴、饮料滴等用，但不可擦自己的手。

餐厅服务员要与食物、餐具打交道，所以要对服务员的个人卫生要求严格。应穿干净整洁的制服，勤洗澡、勤理发、勤剪指甲、勤刮胡须、勤刷牙、勤洗手，不佩戴首饰，不浓妆艳抹，不梳披肩发。在客人面前不掏耳朵、不剔牙、不抓头发、不打哈欠、不掏鼻孔。如不得已要打喷嚏、咳嗽，应背转身体，用手帕遮住口鼻，并向客人致歉。工作前不吃有刺激性气味的食品。

任务三　了解走菜服务礼仪

传菜员是酒店餐厅连接台面服务与厨房服务的纽带，传菜员的工作效率直接影响餐厅台面的对客服务效率。传菜员应以高效的服务质量配合台面服务员的工作，做到"走路轻、说话轻、操作轻"。

走菜服务程序及礼仪如下。

1）配合值台员工作，及时取得联系并随时与厨房互通情况，协作好，适时上菜。

2）要做到冷菜先上，热菜及时上，火候菜随做随上，以保证色、香、味、形不走样。

3）安放餐具和上菜等一律用托盘，不应用手直接端拿，以免手指触及碗碟、菜肴，影响食品卫生。

4）走菜繁忙时，即使天热也不能挽袖卷裤，以表示对客人的尊重。

5）取菜时要做到端菜平稳、汤汁不洒、传菜及时、不拖不压。从餐厅到厨房，力求做到忙而不乱，靠右行走，不冲、不跑、不在同事中穿来穿去。

6）走菜途中，切忌私自品尝，这是不文明、不道德的行为。

7）走菜时，要注意步姿的端正和自然，保持身体平稳，注意观察周围的情况，保证菜品和汤汁不洒、不滴，遇到客人要主动侧身礼让。

8）在餐厅内，内部员工之间也要养成相互问候、打招呼的习惯。服务人员彼此之间说话要自然、大方，不要当着宾客的面说悄悄话，对国内宾客应一律使用普通话，对外宾则使用相应的外语，不允许使用家乡话或者宾客听不懂的语言交流。

任务四　掌握中餐服务礼仪

中餐厅是专门为客人提供中式菜点、饮料和服务的餐厅，是向国外宾客宣传中国饮食文化和展示饭店水准的主要场所。中餐厅的销售方式有零点餐、团体包餐、宴会等。采用不同的销售方式，其服务特点、服务要求、服务规程也有很大差异。中餐厅服务人员要明确各种中餐服务流程，以热情、礼貌、周到、主动的接待服务，为饭店创造良好的声誉和经济效益。

情境导入

小张的"热情"服务

大年除夕，举国欢庆，全家团圆。王先生一家来到了当地有名的一家酒店用餐。服务员小张接待了他们，从迎宾入席、点单下单，到领取酒水、斟酒服务，小张热情的招待给王先生一家留下了深刻的印象。随着菜肴不断地上桌,小张服务得更加勤快了,每上一道菜分一道菜,不断地为客人更换餐碟,令转盘上干干净净的。小张心想在这大年除夕夜,我要让王先生全家在我们酒店享受贵宾的待遇,让王先生一家不虚此行。可是王先生心里却觉得,今晚的团圆年夜饭怎么没有往年的年味了,桌面上三三两两的菜盘显得那么的冷清,丝毫没有除夕夜晚餐应有的丰盛、热闹,加上服务员上菜分菜的频繁节奏,令王先生心想,是不是我们的晚餐现在就该结束了?餐后,王先生向餐厅经理反映了自己的想法,餐厅经理了解情况后,向王先生作了解释并表达了歉意。

(资料来源:陈的非.饭店服务与管理案例分析[M].北京:中国轻工业出版社,2010.)

问题: 在这个特殊的节日里,服务员小张的"热情"合适吗?

一、中餐服务方式

中餐在长期的发展过程中,兼收并蓄,逐步形成了自己独特的、与中餐菜肴特点相适应的服务方式。目前中餐常用的服务方式有共餐式服务、分餐式服务、自助式服务。

(一)共餐式服务

共餐式服务比较适合中餐零点服务、团体包餐服务。就餐时,客人用公用餐具盛取喜爱的菜肴,其服务要求如下。

1)遵循上菜的原则和顺序,逐一将客人所点的菜肴端上餐桌,服务员要注意台面不同菜肴的搭配摆放,尤其是荤素和颜色的搭配。

2)菜肴上桌时,应配上适当的公用餐具,方便客人取菜,这样既卫生又可以避免因使用同一餐具而导致菜肴串味。

3)席间服务时,如桌面上的菜肴放不下,应征求客人意见,对桌面进行整理,撤、并剩菜不多的菜盘,切忌将菜盘叠加起来。

4)上整形菜时(如整鸡、整鸭等),先上桌让客人观赏,再协助客人将菜肴分切成易于筷子夹取的形状。

5)所有菜肴上完后应告知客人,并询问客人品种、数量是否正确,最后结账,欢送客人。

(二)分餐式服务

分餐式服务是既汲取了西餐服务的优点又符合中式用餐习惯的一种服务方式,通常用于规格较高的正式宴会。分餐式服务可分为边桌服务和派菜服务。

1. 边桌服务

边桌服务,即先将菜端上转台向客人展示并进行菜肴介绍,接着服务员将菜端至备餐台,将菜分派到预先准备好的餐盘中,再将各个餐盘放入托盘中,托送至宴会桌边,用右手从客位的右侧放到客人的面前。这种方式适用于汤菜、羹菜的服务。

2. 派菜服务

派菜服务,即先将菜端上转台向客人展示并进行菜肴介绍,接着服务员将菜撤回端放在左手,然后走到客人的左侧,左手托菜盘,右手拿叉与勺,在客人的左边将菜派给客人。这种方式适用于炒菜、点心的服务。

(三) 自助式服务

自助式服务是当前流行的一种服务方式，既能满足客人对餐饮的需求，又能为酒店节约人力成本。自助式服务的服务要求如下。

1. 餐前准备

做好餐厅的卫生工作；布置好自助餐台，把各类餐具放在餐台的指定位置；在自助餐台上摆放常用的调味品；做好菜肴保温或加热的准备工作；按西餐摆台方式摆好餐台。

2. 餐中服务主动问候客人

拉椅让座，协助行动不便的客人夹取菜肴或斟酒水，勤巡视服务区域，随时为客人提供服务；整理自助餐台(包括台面、菜盘、取菜夹等)，保持台面的卫生，及时添加餐盘和汤碗等餐具，不断补充陈列的食品，以免后面的客人觉得菜肴不够丰富；定时检查菜肴的温度，保证菜肴冷热分开摆放。

3. 餐后服务做好结账收款服务

视酒店规定执行(餐前结账和餐后结账两种方式)，拉椅送客，收拾客人用过的餐具、餐桌，更换台布，重新摆台清理自助餐台，打扫餐厅卫生。

相关链接

中国四大菜系及代表菜

1. 粤菜：粤菜由广州菜、潮州菜、东江菜三种地方风味组成。

特色：选料广泛，讲究鲜、嫩、爽、滑、浓。

代表菜品：脆皮乳猪、咕咾肉、潮州火筒炖鲍翅、冬瓜盅、文昌鸡等。

2. 鲁菜：又名山东菜，形成和发展与山东地区的文化历史、地理环境、经济条件和习俗有关。

特色：选料精细、刀法细腻，注重烹饪技法花色多样，擅用葱姜蒜。

代表菜品：糖醋鱼、锅烧肘子、葱爆羊肉、葱烧海参。

3. 川菜：川菜是一个历史悠久的菜系，其发源地是古代的巴国和蜀国。

特色：以麻辣、鱼香、家常、酸辣、椒麻、醋椒为主要特点。

代表菜品：鱼香肉丝、麻婆豆腐、宫保鸡丁等。

4. 闽菜：历来以选料精细，刀工严谨，讲究火候、调汤、佐料和以味取胜而著称。

特色：制作细巧、色调美观、调味清鲜。

代表菜品：佛跳墙、太极明虾、梅开二度、雪花鸡等。

二、中餐零点服务

中餐零点服务的主要任务是接待零星宾客就餐，因零星宾客多而杂，人数不固定，口味要求不一，到达时间交错，因此造成餐厅接待的波动性较大，工作量较大，营业时间较长。要求服务员具有良好的服务态度、较强的敬业精神和过硬的基本功，反应灵敏，熟悉业务，了解当天厨房的供应情况、厨房菜式烹调的基本方法和宾客的心理需求，能推荐符合宾客需求的菜点，并向宾客提供最佳的服务。

中餐零点服务可分为四个基本服务环节：餐前准备、迎客服务、餐间服务、结束工作。

(一)餐前准备

1. 清洁，整理餐厅

利用餐厅的营业间隙或晚间营业结束后的时间进行餐厅的日常除尘。一般应遵循从上到下、从里到外、环形清扫的原则。不同的部位应使用不同的抹布除尘，一般是先湿擦，后干擦。整个餐厅的清洁卫生工作应在开餐前1小时左右完成。

2. 准备开餐所需物品

1)准备餐酒具用品，主要有各种瓷器、玻璃器皿及布件等，应根据餐位数的多少、客流量的大小、供餐形式等来确定。要求准备好数量充足、无任何缺损的餐酒具。

2)准备服务用品，主要有各种托盘、开瓶器具、菜单、酒水单、茶叶、开水、牙签、点菜单、笔、各种调味品等，应准备得齐全充足，并确保完好无损、洁净卫生。

3)准备酒水，即酒水(饮料)单上的酒水必须品种齐、数量足。吧台酒水员应在开餐前去仓库领取酒水，并做好瓶(罐)身的清洁卫生，按规定陈列摆放或放入冰箱冷藏待用。

4)收款准备，在营业前，收银员应将收银用品准备好，如账单、账夹、菜单价格表等。同时备足零钞，另外还应了解新增菜肴的价格变动情况等。

3. 摆台

按中式正餐的零点摆台要求，于开餐前30分钟将台面摆放好。

4. 掌握客源情况

了解客人的预订情况，针对客人要求和人数安排餐桌，掌握VIP情况，做好充分的准备，以确保接待规格和服务的顺利进行；了解客源增减变化规律和各种菜点的点菜频率，以便有针对性地做好推荐工作，既可满足客人需求，又可增加菜点销售。

5. 了解菜单情况

了解餐厅当日所供菜点的品种、数量、价格，掌握所有菜点的构成、制作方法、制作时间和风味特点，熟悉新增时令菜或特色菜等。

6. 其他准备工作

主管或领班对餐厅环境、餐厅布置、餐具摆放、员工仪表仪容等逐一检查，并召开餐前例会。服务员整理好个人仪容仪表，开餐前5分钟按指定位置站岗迎客。

(二)迎客服务

1. 恭候宾客

开餐前5分钟，迎宾员和值台员各自站在指定的位置上，恭候客人的到来。迎宾员站在门口恭候客人的到来，站姿要端正，不倚靠任何物品，双脚不可交叉。双手自然叠于腹前，右手握左手，保持良好的精神面貌和姿态；如有VIP客人，餐厅负责人应带领一定数量的服务员在宾客到来之前站在餐厅门口迎接，站姿要优美、规范，精神要饱满。

2. 主动迎宾

客人来临时，迎宾员主动迎上前打招呼，注意使用礼貌用语问好。

1）当宾客走向餐厅约1.5米处时，应上前面带微笑，热情问候："您好，欢迎光临！""女士（先生），晚上好，请问后面还有人吗？（以便迎候指引）""您好，请问您预订过吗？"同时用靠门一边的手指引，请宾客进入餐厅。在引领客人时，须与客人保持1米左右的距离。

2）如果是男女宾客一起进来，要先问候女宾，然后问候男宾。见到年老体弱的宾客，要主动上前搀扶，悉心照料。

3）如遇雨天，要主动收放宾客的雨具。

3. 问清是否预订

对已预订的宾客，要迅速查阅预订单或预订记录，将宾客引到其所订的餐桌。如果宾客没有预订，应根据客人到达的人数、宾客喜好、年龄及身份等选择座位。如果宾客要求到指定的位置，应尽量满足其要求；如被占用，迎宾员应做解释、致歉，然后再带他们到其他满意的位置去。

4. 引领入席

迎宾员左手拿菜单或把菜单夹于左手内侧，右手为客人示意并说："请这边来。"将客人领至餐桌前，然后轻声征询客人的意见，如果客人不太满意，则应重新安排客人喜欢的餐桌。

5. 拉椅让座

宾客走近餐桌时迎宾员应以轻捷的动作，用双手拉开座椅，招呼宾客就座。顺序上应先主宾后主人、先女宾后男宾。如人数较多，则应先为年长女士服务，然后再为其他女士服务。招呼宾客就座时，动作要和宾客配合默契，待宾客屈腿入座的同时，轻轻推上座椅，推椅动作要适度，使其坐好、坐稳。如就餐中有儿童，应为儿童准备好宝宝椅等物品。

6. 迎宾员服务注意事项

1）如迎宾员引领客人进入餐厅而造成门口无人时，餐厅领班应及时补位，以确保客人前来就餐时有人迎候。

2）如客人前来就餐而餐厅已满座时，应请客人在门口休息处等候，发放等候牌并表示歉意。待餐厅有空位时，按等候牌的先后顺序逐一安排客人入座。

3）迎宾员应根据客人情况为其安排合适的餐位，如为老年人和残疾人安排离门口较近的餐桌，为衣着华丽的客人安排餐厅中间或较显眼的餐桌，为情侣安排较为僻静的餐桌，为儿童提供宝宝椅等。

4）迎宾员在安排餐桌时，应注意不要将客人同时安排在一个服务区域内，以免有的值台员过于忙碌，而有的则无所事事，影响餐厅服务质量。

5）如遇客人来餐厅门口问询，如问路、看菜单、找人等，迎宾员也应热情地帮助客人，尽量满足其要求。

(三)餐间服务

1. 递送菜单、香巾，撤多余餐具，问位开茶

1）宾客就座后，值台服务员上前面带微笑问候，表示欢迎。在客人右侧打开菜单第一页，将菜单送到客人手上，要先送给女士或长辈，递送的菜单要干净、无污迹，递送时要态度谦恭，并用敬语："先生/女士，这是我们的菜单。"

2）开茶递巾。询问客人喝什么茶，并主动介绍餐厅的茶叶品种，客人确定茶叶的品种后，为客人斟倒茶水，及时递上香巾。斟茶、递巾都要从客人的右侧进行，顺时针操作，并用敬语"先生/女士，请用茶！""先生/女士，请用香巾！"保持微笑。

3）站立宾客右侧落口布、松筷套，按先宾后主、女士优先的原则。将口布落在客人的膝盖上，若客人不在，可以将口布一角压在骨碟下，松筷套时应将筷子拿起取下筷套，再将筷子放在筷架上，注意不要在台上操作。

4）上调料。斟倒调料的动作要轻缓，服务员左手持白色方巾垫在壶底，右手扶住调味壶，双手配合在客人右侧斟倒。一般倒至味碟的 1/3 或 1/2 即可（同一餐厅、同一餐桌采用同一标准）。

5）按宾客就餐人数进行撤位、加位，操作时按要求使用托盘，并将餐具摆放在托盘上，在不违反操作规定前提下，尽量将几件餐具一起收、摆，这样既可以减少操作次数也可以节约时间和少打扰客人。

6）上述一切工作就绪后，准备点菜，站在适当位置准备为客人点菜。

2. 点菜、推荐饮品

1）客人看一会儿菜单或示意点菜，服务员应上前微笑询问："先生/女士可以点菜吗？"并主动介绍酒店的招牌菜、当季的特色菜、当天厨师长的推荐菜和特价菜。在点菜时，不要催促客人，要耐心等候，要让客人有充分的时间考虑，不要强硬推荐，以免引起宾客的反感。服务员应熟悉菜单，主动提供信息和帮助，并按规范安排菜单。

2）点菜时站在客人的右侧，姿势要端正，微笑向前倾，留心记、认真听；当主人表示宾客各自点菜时，服务员应先从主宾开始记录，依次接受其他客人点菜。

3）客人点完菜后，值台员应向客人复述一遍所点菜肴并得到客人的确认。复述完毕，值台员应收回菜单，并向客人表示感谢。菜单确认后，值台员还应主动征询客人需要什么酒水饮料。

4）酒水需示瓶，经客人同意后方能开瓶。

5）冷藏或加热的饮料应用口布包住斟倒。

6）如客人点了葡萄酒，应在客人面前开瓶，并用口布擦瓶口。

7）斟倒酒水完毕如有剩余应放在餐台一角，数量较多的应征询客人意见放在附近的工作台上，并随时主动为客人添加。

8）若客人自带酒水进餐，服务员也应主动开启为之斟倒。

3. 上菜

1）第一道菜不能让客人久等，最长不超过 15 分钟，并不时向客人打招呼："对不起，请稍等。"如客人有急事，要及时与后厨联系。

2）所有热菜须加上盖后，由传菜员送至餐厅，再由值台服务员把菜送上台；当传菜员

托着菜走到餐台旁时，值台员应快步迎上去上菜。

3）在为客人上菜时，要向客人报菜名、适时介绍菜品的典故及其口味特点；上带有调料的菜肴时应先上调料，后上菜。

4）上菜的顺序为冷菜、热菜（包括羹、大菜、蔬菜、汤、饭、甜品、水果），每上一道菜的同时应在客人桌上的订单上注销一道，防止上错菜。

5）若餐台上几道菜已上满，而下一道菜又不够位置放，应征求客人意见将剩余较少的菜夹在另一个小碟上，或撤走，切忌将新上的菜放在其他菜上。

6）上汤菜时，应为客人分菜，其意义与斟茶一样；上带壳的食品（如虾蟹菜等），应跟上毛巾和洗手盅，上台时要向客人说明用途；上多汁的菜肴要加公用匙。

7）注意客人台面上的菜是否齐全，如客人等了很长时间还没上菜，要及时检查，并向厨房催菜。接到厨房反馈所点的菜肴已售完，要立即通知客人并介绍其他相似菜肴。

8）上完最后一道菜应主动告诉客人菜已上齐，并询问还需要什么，主动介绍其他甜品水果。

4. 巡台

值台服务员必须经常在宾客餐台旁巡视，发现问题后马上处理，具体如下。

1）随时为客人添加酒水，推荐饮料。

2）随时撤去空盘、空瓶，整理餐台。撤换餐具要求在客人右边进行，从主宾开始按顺时针方向操作。

3）客人在进餐过程中提出加菜要求时，应主动了解其需要，恰如其分给予解决。通常客人提出加菜的原因主要有三个：一是菜不够吃；二是想买菜带走；三是对某一道菜很欣赏，想再吃一遍。服务员应观察分析，了解加菜的目的，根据客人的需要开单下厨。

在席间服务时，会出现一些突发事件或特殊情况，这时需要值台员有足够的应变能力，正确妥善地加以处理。

5. 结账、送客

1）客人示意结账时，应及时告知收银员准备结账，仔细核对，确定订单、台号、人数、所点品种、数量与账单相符，将账单放入收银夹内，站在客人右侧双手递给付款人。

2）递送账单时，距离客人不宜太近，也不宜太远，身体略向前倾，音量适中，并有礼貌地说："先生/女士，这是您的账单，请过目。"在客人要求报出消费总额时，值台员才能轻声报出账单总额。

3）征询客人采用何种结账方式。付款方式主要有现金付款、信用卡结账、网络平台支付、签单结账、支票付款。

4）礼貌送客。客人起身时，服务员须主动为客人拉椅，并遵循先宾后主、女士优先的原则。提醒客人勿忘随身物品。礼貌地向客人道别，感谢客人光临，送客人至酒店门口离去。

（四）结束工作

1. 整理台面

回到餐厅，服务员须再次检查台面、台下，确定有无客人遗忘的物品。关掉主灯开照明灯（节能），拉椅（防止椅面被油渍污染）检查。先用托盘将台面上客人用过的各种餐具和用具撤下(按棉织品、不锈钢类、杯具、瓷器顺序进行)，再合并菜肴，撤去菜盘。铺换新台布，重新摆台。

2. 送洗餐酒用品

将撤下的餐酒用品分类送至洗碗间，进行清洗、消毒，并做好保洁工作。

3. 整理备餐间

搞好备餐间卫生，补充各种消耗用品，将脏的餐巾、台布等分类清点后送洗衣房清洗并办理相应手续。

4. 回收"宾客意见卡"

餐桌上放置的"宾客意见卡"，如客人已填写，应及时收回，上交餐厅领班(主管)。餐厅营业结束工作做好后应使餐厅恢复至开餐前的情况，待领班(主管)检查合格后关灯、关门。

三、团体包餐服务

(一)餐前准备

团体包餐服务的基本要求同零点服务，但还需注意以下几点。

1)开餐前，值台员要准确掌握每个团体餐的用餐人数、抵离日期、就餐标准、接待规格、就餐时间，了解客人特殊需求和饮食禁忌，熟悉当日菜单品种，以便为有特殊要求的客人提供有针对性的服务。

2)按用餐标准布置餐桌，准备好各种调料和服务用品。

3)不同团队餐台相对分隔，团体餐台相对固定，给客人以稳定感。

4)准备好酒水、茶、香巾等，放好冷菜，备好主食。

(二)用餐服务

1)客人到达餐厅时，迎宾员要问清团队或会议名称，主动迎宾领座。

2)客人入座后值台员要端茶递巾。

3)值台员及时通知厨房出菜。

4)给客人斟倒酒水和饮料。

5)上热菜时报菜名，适当分配菜肴，同时上主食。

6)勤巡台，勤斟茶水，添加主食，同时注意台面清洁，撤走空盘，菜上齐后告知客人。

7)客人用餐结束后，值台员可征询意见并礼貌送客。

(三)结账服务

1. 旅游团队

结账前值台员要与旅游团领队或导游一起清点人数，结账时一般会按人数结算。

1)在旅游团队用餐完毕后，值台员应从收银台取出结账单，交给旅游团的领队或导游签单。

2)由收银台将结账单金额转入旅游团在饭店的总账中，最后由饭店向旅行社统一结账。

2. 会议团队

1）在会议团队用餐结束后，餐厅收银员应根据会议团队的预订标准和客人的实际人数开具结账单，请会务负责人在账单上签字。

2）由收银员交前厅收款处计入会议团队总账，最后由饭店向会议主办单位或个人统一结账。

四、中餐宴会服务

（一）宴会前的组织准备工作

1. 掌握情况

接到宴会通知单后，餐厅管理人员和服务员应做到"八知""三了解"。

"八知"是知台数，知人数，知宴会标准，知开餐时间，知菜式品种及出菜顺序，知主办单位或房号，知收费办法，知邀请对象。

"三了解"是了解宾客风俗习惯，了解宾客生活忌讳，了解宾客特殊需要。如果是外宾，还应了解国籍、宗教、信仰、禁忌和口味特点。

对于规格较高的宴会，还应掌握下列事项：宴会的目的和性质，有无席次表、席位卡，有无音乐或文艺表演及其他特殊要求等。

2. 明确分工

规模较大的宴会，要确定总指挥人员。在人员分工方面，根据宴会要求，对迎宾、值台、传菜、酒水供应、衣帽间、贵宾室等岗位都要有明确分工，都要有具体任务，将责任落实到人。做好人力、物力的充分准备，要求所有服务人员重视并落实，保证宴会善始善终。

3. 宴会布置

宴会布置分场景布置和台型布置两部分。
1）场景布置：确定绿化装饰、标志与墙饰、色彩和灯光、餐台规格与数量、室温等。
2）台型布置：确定平面布局图、席位安排。

4. 熟悉菜单

服务员应熟悉宴会菜单和主要菜点的风味特色，以做好上菜、派菜和回答宾客对菜点提出的询问等工作。同时，应了解每道菜点的服务程序，保证准确无误地进行上菜服务。对于菜单，应做到能准确说出每道菜的名称，能准确描述每道菜的风味特色，能准确讲出每道菜的配菜和配食佐料，能准确知道每道菜肴的制作方法，能准确服务每道菜肴。

📖 相关链接

宴会厅国旗悬挂的国际惯例

国宴活动要在宴会厅的正面并列悬挂两国国旗，正式宴会应根据外交部规定决定是否悬挂国旗。国旗的悬挂按国际惯例，即以右为上、左为下。由我国政府宴请来宾时，我国的国旗挂在左方，外国的国旗挂在右方，来访国举行答谢宴会时，则相互调换位置。

（资料来源：李晓云. 酒店宴会与会议业务统筹实训[M]. 北京：中国旅游出版社，2012.）

5. 物品准备

席上菜单每桌一至两份置于台面，重要宴会则人手一份。要求封面精美，字体规范，可留作纪念。根据菜单的服务要求，准备好各种银器、瓷器、玻璃器皿等餐酒具。要求每道菜准备一套餐碟或小汤碗。根据菜肴的特色，准备好菜式跟配的佐料。根据宴会通知单要求，备好鲜花、酒水、香烟、水果等物品。

6. 铺好餐台

宴会开始前1小时，根据宴会餐别，按规格摆好餐具和台上用品。台号放在每桌规定的同一位置，高档宴会可在每个餐位的水杯前放席位卡，菜单放在正副主位餐碟的右上侧。同时，备好茶、饮料、香巾，上好调味品，将各类开餐用具摆放在规定的位置，保持厅内的雅洁、整齐。

7. 摆设冷盘

大型宴会开始前15分钟摆上冷盘，然后根据情况可预斟葡萄酒。冷菜摆放要注意色调和荤素搭配，保持冷盘间距相等。如果是各客式冷菜则按规范摆放，冷菜的摆放应能给客人赏心悦目的艺术享受，应为宴会增添隆重而又欢快的气氛。

（二）宴会的迎宾工作

1. 热情迎客

根据宴会的入场时间，宴会主管人员和引座员提前在宴会厅门口迎候宾客，值台员站在各自负责的餐桌旁准备为宾客服务。宾客到达时，要热情迎接，微笑问好。待宾客脱去衣帽后，将宾客引入休息区就座稍息。

2. 接挂衣帽

如宴会规模较小，只在宴会厅房门前放衣帽架，安排服务员照顾宾客宽衣并接挂衣帽；如宴会规模较大，则需设衣帽间存放衣帽。接挂衣服时，应握衣领，切勿倒提。贵重的衣服要用衣架，贵重物品请宾客自己保管。

3. 端茶递巾

宾客进入休息区后，服务员应招呼入座并根据接待要求，按先宾后主、先女后男的次序递上香巾、热茶或酒水饮料。

（三）宴会中的就餐服务

1. 入席服务

当宾客来到席前，值台员要面带微笑，按先宾后主、先女后男的次序引请入座。待宾主坐定后，即把台号、席位卡、花瓶或花插拿走。菜单放在主人面前，然后为宾客取餐巾，将餐巾摊开后为宾客围上，脱去筷套，斟倒酒水。

2. 斟酒服务

为宾客斟酒水时，要先征求宾客意见，根据宾客的要求斟各自喜欢的酒水饮料。应从主宾开始，先斟葡萄酒，再斟烈性酒，最后斟饮料。如果宾客提出不要，则应将宾客位前的空杯撤走。

酒水要勤斟倒，宾客杯中酒水只剩 1/3 时应及时添酒，斟倒时注意不要弄错酒水。宾客干杯或互相敬酒时，应迅速拿酒瓶到台前准备添酒。主人和主宾讲话前，要注意观察每位宾客杯中的酒水是否已准备好。在宾、主离席讲话时，值台员应备好酒杯、斟好酒水供客人祝酒，当主人或主宾到各台敬酒时，值台员要准备酒瓶跟着准备添酒，宾客要求斟满酒杯时，应予以满足。

3. 上菜、分菜服务

根据宴会的标准规格，按照宴会上菜、分菜的规范进行上菜、分菜。可用转盘式分菜、旁桌式分菜、桌上分让式分菜，也可将几种方式结合起来服务。

4. 撤换餐具

为显示宴会服务的优良和菜肴的名贵，突出菜肴的风味特点，保持桌面卫生雅致，在宴会进行的过程中，需要多次撤换餐具或小汤碗。重要宴会要求每道菜换一次餐碟，一般宴会的换碟次数不得少于 3 次。

细心观察宾客的表情及需求，主动提供服务。服务时，态度要和蔼，语言要亲切，动作要敏捷。

宾客吃完水果后，撤去水果盘，送上小毛巾，然后撤去用点心和水果的餐具，摆上鲜花，以示宴会结束。

（四）宴会的送宾服务

1. 结账服务

上菜完毕后即可进行结账服务。清点所有酒水、香烟、佐料、加菜等宴会菜单以外的费用并累计总数，送收款处准备账单。宾客示意结账后，按规定办理结账手续，注意向宾客致谢。现金现收，如用签单、信用卡或转账结算，应将账单交宾客或宴会经办人签字后送收款处核实，及时送财务部结算。在大型宴会上，此项工作一般由管理人员负责。

2. 拉椅送客

主人宣布宴会结束，值台员要提醒宾客带齐携来的物品。当宾客起身离座时，要主动为宾客拉椅，以方便宾客离席行走，视具体情况目送或随送宾客至餐厅门口。衣帽间的服务员根据取衣牌号码，及时、准确地将衣帽取递给宾客。

3. 收台检查

在宾客离席的同时，值台员要检查台面上是否有未熄灭的烟头、宾客遗留的物品，在宾客全部离去后立即清理台面。先整理椅子，再按餐巾、小毛巾、酒杯、瓷器、刀叉的顺序分类收拾。贵重物品要当场清点。

4. 清理现场

各类开餐用具要按规定位置复位，重新摆放整齐。开餐现场重新布置恢复原样，以备下次使用。

收尾工作完成后，邻班要做检查。大型宴会结束后，主管要召开总结会，服务员要关好门窗。待全部收尾工作检查完毕后，全部工作人员方可离开。

学以致用

致辞时有菜端出

某四星级酒店里，富有浓郁民族特色的贵妃厅这天热闹非凡，30余张圆桌座无虚席，主桌上方是一条临时张挂的横幅，上书"庆祝××公司隆重成立"。今天来此赴宴的都是商界名流。由于人多、品位高，餐厅上自经理下至服务员从早上开始就开始布置。宴会前30分钟，所有服务员均已到位。

宴会开始，一切正常进行。值台员早已接到通知，报菜名、送毛巾、倒饮料、撤盘碟，秩序井然。按预先的安排，上完"清炒澳龙"后，主人要祝酒讲话。只见主人和主宾离开座位，款款走到话筒前。值台员早已接到通知，在客人杯中已斟满酒水饮料。主人、主宾身后站着一位漂亮的服务小姐，手中托着装有两杯酒的托盘。主人和主宾简短而热情的讲话很快便结束，服务员及时递上酒杯。正当宴会厅内所有来宾站起来准备举杯祝酒时，厨房里走出一列身着白衣的厨师，手中端着刚出炉的烤鸭向各个不同方向走出。客人不约而同地将视线转向这支移动的队伍，热烈欢快的场面就此给破坏了。主人不得不再一次提议全体干杯，但气氛已大打折扣，客人的注意力被转移到厨师现场分工割烤鸭上去了。

（资料来源：陈的非. 饭店服务与管理案例分析[M]. 北京：中国轻工业出版社，2010.）

思考：本酒店宴会服务中哪个环节出了问题？

任务五 掌握西餐服务礼仪

西餐服务经过多年的发展，不同国家和各地区都形成了自己的特色。西餐服务常采用法式服务、俄式服务、美式服务、英式服务等方式。因此，一个优秀的西餐服务员应掌握各种服务方式的服务流程，以适应不同就餐客人的需求。

情境导入

尴尬的用餐

某天早上，餐厅吃早餐的客人很多，服务员都在紧张地进行服务工作。这时，走来一对夫妇，丈夫是外国人，妻子是中国人。由于客人很多，服务员为这对夫妇找到了一张桌子，但是这张桌子还没有来得及收拾。服务员建议这对夫妇先回房间把行李取下来，然后再来吃早餐，这样避免等待又能节约客人的时间。客人觉得建议很好，于是就上楼去了。但是当这对夫妇取了行李再次回到餐厅的时候，刚才那个位置已经坐下其他客人了。服务员很快又给他们安排了另一个位子，位子是解决了，但是从开始吃饭到结束始终没有一位服务员来询问他们要喝咖啡还是茶，这是不符合五星级酒店西餐厅服务程序的。中午他们来到西餐厅吃午餐，发现点的蘑菇汤不对，被换成了番茄汤。晚上，这对夫妇写了一封书面的投诉信交给大堂副理。大堂副理在第一时间通知了餐饮部的经理，经理马上了解情况，带着一个果篮到了该夫妇住的房间。首先表示了歉意，然后表示要立即加大服务质量管理力度，保证今后避免此类事件的发生。

(资料来源：陈的非.饭店服务与管理案例分析[M].北京：中国轻工业出版社，2010.)

问题：
1. 这对夫妇不高兴的原因是什么？
2. 怎样为客人提供优质的西餐服务？

一、西餐摆台礼仪

(一)西餐摆台基本要领

西餐摆台基本要领为：餐盘正中，盘前横匙，叉左刀右，先外后里，叉尖向上，刀口朝盘，主食靠左，餐具在右。

(二)西餐摆台基本要求

1) 先摆展示盘定位，后摆各种餐、刀、叉、匙，再摆面包盘等，最后摆各种酒杯。

2) 餐具摆好后，在餐盘中摆上餐巾花，桌子中间摆上花瓶、胡椒粉瓶和盐瓶，还有糖缸和蜡烛台等。

3) 摆台时注意手拿瓷器的边沿和刀、叉、匙的把柄，在客人右侧摆刀、匙，左侧摆叉。破损或脏的餐具要及时挑出来。

(三)西餐摆台程序

1. 摆展示盘

从主人位开始，按顺时针方向用右手将展示盘摆放于餐位正前方，盘内的店徽图案要端正，盘边距桌边1.5厘米，餐盘间的距离要相等。

2. 摆餐刀、叉、勺

在展示盘的右侧从里到外(从左到右)顺序摆放餐刀、叉、勺。摆放时，应手拿刀、叉、勺柄处。

1) 主刀摆放于展示盘的右侧，与餐台边呈垂直状，刀柄距桌边1厘米，刀刃向左，与展示盘相距1厘米。

2) 汤勺、鱼刀、头盘刀等餐具依次顺着主刀向右摆放，摆放间距0.5厘米，手柄距桌边1厘米，刀刃向左，勺面向上。

3) 主叉放于展示盘左侧，与展示盘相距1厘米，叉柄距桌边1厘米。

4) 鱼叉、头盘叉(开胃叉)等餐具依次顺着主叉向左摆放，摆放间距0.5厘米，叉柄互相平行，手柄距桌边1厘米，叉面向上。

5) 甜食叉放在展示盘的正前方，叉尖向右与展示盘相距1厘米。甜食勺放在甜食叉的正前方，与叉平行，勺头向左，与甜食叉的叉柄相距0.5厘米。

3. 摆面包盘、黄油碟

1) 在开胃叉左侧摆面包盘。面包盘与展示盘的中心在一条直线上。

2）黄油刀摆在面包盘右侧 1/3 处，刀刃向左。

3）黄油碟摆在面包盘右前方，黄油碟的中心在黄油刀的延长线上，边缘距黄油刀 1.5 厘米。

4. 摆酒具

摆酒具时，要拿酒具的杯托或杯底部。

1）水杯摆在主刀的上方，杯底中心在主刀的中心线上，杯底边缘距主刀尖 2 厘米。

2）红葡萄酒杯摆在水杯的右下方，杯底中心和水杯杯底中心的连线与餐台边成 45 度角，杯壁间距 0.5 厘米。

3）白葡萄酒杯摆在红葡萄酒杯的右下方，其他标准同上。

5. 摆放餐巾

餐巾花放于展示盘内，餐巾花花型搭配适当，将观赏面朝向客人。

6. 摆花插或花瓶、蜡烛台

西餐宴会一般摆一个花插或花瓶，必须放置在餐台的中心位置，两个蜡烛台应摆在台布的中线，花插两侧对称的位置，距花插 20 厘米左右。

7. 调味架（椒瓶、盐瓶）和牙签盅

两套牙签盅和椒瓶、盐瓶要摆在与蜡烛台的同一水平线上，分别距离蜡烛台 10 厘米，并按左椒右盐对称摆放，瓶壁相距 0.5 厘米。

8. 摆烟灰缸、火柴盒

烟灰缸要放在正、副主人的正前方，中心在正、副主人展示盘的中心垂直线上，距椒瓶、盐瓶各 2 厘米。火柴盒平架在烟灰缸上端，画面向上。

二、西餐服务方式

（一）法式服务

传统的法式服务（French Style Service）在西餐服务中是最豪华、最细致和最周密的服务，属贵族服务。它需要豪华的环境及设施，对服务员的要求也很严格，高于其他宴会形式。由于法式服务成本高，服务程序繁多且需要训练有素的服务员，因此法式服务已较少以宴会服务的形式出现。

（二）英式服务

英式服务（British Style Service）是典型的家庭服务，由主人按家庭方式起传，把菜肴绕桌传递，客人自取菜肴，服务员将大量精力用于清理餐桌。

（三）俄式服务

俄式服务（Russian Style Service）使用大量银质餐具，与法式服务相似，也是一种讲究礼节的豪华服务。不过俄式宴会服务成本远远小于法式宴会服务，服务迅捷，因此，目前有许多国家在贵宾服务中采用俄式服务。

（四）美式服务

美式服务（American Style Service）或称盘式服务，它不需要服务员在客人面前分让菜

肴，而是由厨师在厨房将菜肴按每份装盘，服务员只提供上菜服务即可。美式服务方式下，服务快捷，不需昂贵设备，因此，美式服务成为目前我国常见的服务方式。

(五) 大陆式服务

大陆式服务(Continental Service)融合了法式、俄式、英式、美式的服务方式，餐厅根据菜肴的特点选择相应的服务方式。例如，西餐零点餐厅多以美式服务为主，但也可以根据点菜情况在宾客面前烹制虾仁扒尖椒，配制爱尔兰咖啡，用法式服务来点缀菜肴，烘托整个餐厅的气氛。

(六) 自助式服务

自助式服务(Buffet Service)是把事先准备好的菜肴摆在餐台上，客人进入餐厅后支付一餐的费用，便可自己动手选择符合自己口味的菜点，然后拿到餐桌上享用。餐厅服务员的工作主要是餐前布置、餐中撤掉用过的餐具和酒杯、补充餐台上的菜肴等。

三、西式早餐服务

西式早餐比较科学，主要供应一些选料精细、粗纤维少、营养丰富的食品，如各种蛋类、面包、肉类、水果、热饮等。

(一) 西式早餐的形式、内容及特点

西式早餐有三种形式，分别是大陆式早餐、英式早餐、美式早餐。

大陆式早餐含有果汁或水果、牛角包或丹麦甜饼、各种面包，配黄油、咖啡或茶。

英式早餐含有果汁或水果、冷或热的谷物食品、各式鸡蛋、吐司，配黄油或各式果酱、咖啡或茶。

美式早餐含有果汁或水果、冷或热的谷物食品、糖胶煎饼或各式蛋类，配以肉食、吐司，配黄油及果汁、咖啡或茶。

(二) 西式早餐服务流程

1. 餐前准备

(1) 准备用具

将早餐餐桌上所需的一切用具，包括餐巾、主刀、主叉、甜食勺、咖啡勺、面包碟、面包刀等分类依次整齐放入服务托盘内。

(2) 摆桌和检查

1) 检查桌面，桌面要光洁、无异物、无污迹。
2) 将桌面上的花瓶、糖盅、椒盐瓶、奶壶等依次摆放好。
3) 将咖啡杯放在咖啡碟上，杯口向上，杯把向右，咖啡勺放在杯把处，再摆在桌上。
4) 检查糖盅是否清洁无污迹，各类袋糖是否齐全及摆放整齐。
5) 检查餐台上各种用具是否齐全，餐具是否清洁、无破损，桌椅是否整齐干净。

2. 迎客服务

1) 客人进入餐厅时，迎宾员要微笑问好："早上好，先生/女士，请问几位？"
2) 迎宾员以手示意引领客人进入餐厅，为客人安排其喜欢的餐位并拉椅让座。

3. 点菜服务

1）递上餐牌并介绍当日新鲜水果。

2）记录菜点。如果宾客点用蛋类，要问清宾客喜欢什么样的烹调。如煎蛋，要问清是单面煎还是双面煎，煮蛋要几分钟，蛋类是配熏肉（Bacon）、香肠（Sausage）还是火腿（Ham）。

3）复述点菜内容，确保点菜正确。

4）迅速将订单送至厨房或酒吧，再将其送至收款台。

4. 餐间服务

1）根据早餐上菜顺序上菜，即咖啡或茶、果汁、面包和黄油（果酱）、谷物食品、蛋类、肉类、水果。给客人上食品或饮品时，将餐盘上的店徽对着正前方，介绍菜肴、饮品。

2）及时撤走脏盘、空盘，及时添加咖啡或茶。

3）巡视服务区域，询问客人有无其他要求。

5. 结账送客

1）等客人示意结账后，按照结账的规范为客人结账。

2）送客，检查有无遗留物品。

3）恢复台面，使用托盘，分类收拾口布、餐具，用清洁的抹布擦净台面，按摆台要求重新布置台面。

四、西餐服务礼仪

(一)西式正餐菜肴的组成

西餐的午餐、晚餐不论是宴会还是便餐，大致由头盆、汤类、副盆、主菜、甜点组成。

(二)西餐服务流程

1. 接受预订

一般由领位员或餐厅预订部负责接受宾客的电话预订或当面预订，接受预订后即填写预订单，并根据宾客要求留好相应餐台。

2. 餐前准备

1）餐厅的台面应根据宾客预订要求摆台，并按照预订登记表所记人数选定餐桌，在餐桌上放置留座卡。每个餐位按西餐正餐所要求的规格摆放餐具。

2）准备服务用具，如菜单、服务手推车、保温盖、笔等；准备冰水、咖啡和茶；准备调味品，如芥末、胡椒、盐、柠檬角、辣椒汁、奶酪、番茄酱等。

3）开餐前会。由餐厅经理或主管召集员工开会。会议内容：明确任务分工；介绍当日特别菜肴和服务方式；了解当日客情，VIP接待注意事项；检查员工仪表仪容等。

3. 迎宾入座

餐厅领位员见到宾客首先问候，如："Good evening sir/madam. Do you have a reservation?"（晚上好，先生/女士。您有预订吗？）。如果宾客有预订，领位员将宾客引领到预留的餐桌，与餐厅服务员合作，为客人拉椅、铺餐巾、点蜡烛。迎宾员离开时要向宾客说："Enjoy your dinner."（晚餐愉快。）

4. 餐前酒水服务

绝大多数西方客人在点菜前先喝餐前酒。因此，应先递上酒水单，不要急于将菜单递上。酒水员或餐厅领班到宾客面前推荐餐前饮品："请问餐前需要用些什么酒水？我们备有各种鸡尾酒、啤酒和果汁饮料，请问需要哪一款？"

开单后，应尽快将酒水送到客人桌上，没有点酒的宾客应为其倒上冰水。上餐前酒时，轻声重复酒水名称，并视需要用搅拌棒为客人的餐前酒调和。

5. 呈递菜单

呈递菜单按先女后男或先宾后主的次序进行。呈递时从宾客的右边递送，要打开菜单的第一页，同时介绍当日厨师特选和当日特殊套菜，然后略退后，给宾客看菜单的时间。

6. 点菜服务

因西餐是分食制，客人需每人一份菜单，每位宾客所点的菜式都可能不一样。点菜时从女宾开始，最后为主人点菜。

7. 呈递酒单

领班或酒吧调酒师根据宾客所点的菜肴，推荐与其相配的佐餐酒，并留足宾客自己选择的时间，在上酒水单时，应根据客人所点的菜，主动推荐红白葡萄酒："先生，红葡萄酒/白葡萄酒如配上您的牛排/海鲜，风味将会更好，请问需要一瓶吗？"

8. 调整台面餐具

服务员需给每位宾客按上菜顺序摆换刀、叉、勺。最先吃的菜肴用具放在最外侧，其余刀叉依次向中央摆放。如最后吃主菜牛排，则牛排刀、叉罩于最里面靠垫盘两侧。

9. 上菜服务

上菜从宾客右边进行，上菜顺序必须严格按照西餐的上菜顺序要求，即先上开胃菜或开胃汤，再上沙拉，然后上主菜，最后上甜品、奶酪、水果和餐后饮料。

(1) 面包

上面包时，黄油、果酱等配料也要一同上桌。面包可采用篮装或直接派送，供客人选用。派送面包时，服务人员应从客人左侧靠近，按逆时针方向进行，使用服务叉匙。

(2) 佐餐酒

1) 斟酒次序。女士、长者及尊者优先。

2) 斟酒礼仪。客人点好佐餐酒后，服务人员应立即准备好葡萄酒，用服务巾包裹或以酒篮装置，保持平稳，小心送到客人面前。右手扣住瓶口，左手以服务巾托住瓶底，将酒标朝向客人，请客人确认。需要时将酒瓶置于加了冰块及水的冰桶内。瓶盖开启后，服务人员右手持瓶，左手臂挂上服务巾，倒出约一盎司[①]酒，请客人试酒。待客人点头后，再为其他客人斟酒。

(3) 开胃菜

开胃菜指的是用来为进餐者开胃的菜肴，又称为"头盆"，这是因为它最先上桌。一般

[①] 1盎司=2.841 3厘升=28.413毫升。

来说，开胃菜仅为西餐的"前奏曲"，并没有处在正式的菜序之中。开胃菜通常是由蔬菜、水果、肉食、海鲜等组成的拼盘，基本上是用各种调味汁凉拌而成，风味绝佳。上开胃菜时，服务人员可将餐盘直接摆在客人面前。收盘时，从主宾开始按顺时针方向，依次从宾客的右边撤下。

(4) 汤

与中餐不同，汤在西餐中是"打头阵"的，喝汤意味着可以正式用餐了。西餐中的汤种类有很多，其开胃作用极好，如白汤、红汤、清汤等，用餐时仅上一种即可。

服务人员在上汤时，要注重礼仪规范，提醒客人小心烫伤。

(5) 主菜

西餐的核心内容就是主菜。主菜的主角一般为热菜。在较为正规的西餐中，主菜通常为两份热菜及一份冷盘。热菜通常为鱼菜和肉菜，其中，肉菜代表着用餐的档次与水平。除此之外，也可添加一份海味菜。

上主菜前，服务人员应检查餐桌上餐具是否足够、正确；上主菜时，要根据客人的需求，把全部的佐料、配料一起摆放，并按照顺序给客人添加；客人用完主菜后，服务人员要拿走桌面上的所有面包盘、黄油刀、调味罐等，将水杯及点心餐具留下。

(6) 咖啡或茶

先问清宾客喝咖啡还是茶，随后送上糖缸、奶壶或柠檬片，准备咖啡具、茶具。咖啡和普通红茶配糖和淡奶，柠檬茶配糖和柠檬片。有些西餐厅现场提供爱尔兰咖啡、皇家咖啡的制作表演，以渲染餐厅气氛。

10. 送客清理

宾客起身离座时，要帮助拉椅、递外套，并提醒宾客带上自己的物品，礼貌致谢："希望能再次为您服务。""谢谢光临！""欢迎下次再来。"送宾客出餐厅门口。

摆好椅子，清理餐台，换上干净台布，准备迎接下一批宾客或为下一餐铺台。

五、西餐宴会服务

(一)宴会前的组织准备工作

1. 了解宴会情况

服务员应掌握宴会通知单的内容，如宴请单位、宴请对象、宴请人数、宾主身份、宴会时间、地点、规格标准、客人的风俗习惯与禁忌等。同时要求服务员掌握相应的西餐宴会服务方式，并熟记上菜顺序和菜肴与酒水、酒杯的搭配。

2. 准备物品及摆台

根据宴会规格、规模等准备工作台。备齐面包、黄油、开胃品、咖啡具、茶具、冰水壶、托盘、服务用的分菜叉、勺等，并按西餐宴会要求摆台。

3. 餐前服务

在客人到达餐厅前5~10分钟，服务员将开胃品、面包、黄油依次摆放到客人的餐桌上、面包盘、黄油碟里，每位客人的分量应一致，同时为客人斟倒好冰水或矿泉水。

餐厅管理人员在开餐前做好全面检查工作。重要宴会服务员要佩戴手套服务。

(二)宴会的迎宾工作

1. 热情迎宾

客人到达时要礼貌热情地表示欢迎,迎领客人到休息室休息,在征询宾客意见后,根据客人的要求送上饮料或餐前酒。目前,多数酒店通常在宴会厅门口为先到的客人提供鸡尾酒会式的酒水服务。由服务员托盘端上饮料、鸡尾酒,巡回请客人选用,茶几或小圆桌上备有虾片、干果仁等小吃。

当客人到齐后,主人表示可以入席时,迎宾员应及时引领客人到宴会厅。

2. 拉椅让座

当客人到服务员服务的区域时,服务员应主动上前欢迎、问候、拉椅让座,遵循女士优先、先宾后主再一般宾客的原则,待客人坐下后为客人打开餐巾。

(三)宴会中的就餐服务

1. 斟酒服务

客人入座后,用托盘托送宴会酒水,先示意宾客选择,按先女后男、最后主人的顺序斟上佐餐酒。

2. 上菜服务

西餐宴会多采用美式服务,有时也采用俄式服务。上菜顺序为头盘、汤、副盘、主菜、甜点水果、咖啡或茶。

1)头盘。根据头盘配用酒类,服务员从主宾开始进行斟倒。当客人用完头盘后,服务员从主宾位置开始将头盘连同头盘刀叉一起撤走。

2)上汤。上汤时连同垫盘一起上,上汤时一般不喝酒。如安排了酒品,则先斟酒再上汤。当客人用完汤后,即可从客人右侧撤下汤盆。

3)上鱼类。应先斟倒好白葡萄酒,从宾客右侧上鱼类菜肴。当宾客吃完鱼类菜肴后即可从客人右侧撤下鱼盘及鱼刀、鱼叉。

4)上主菜。上主菜前,服务员应先斟倒好红葡萄酒。主菜一般为肉类菜肴。主菜的服务程序是:从客人右侧先撤下装饰盘,服务员再依次从主宾开始为各位来宾上主菜,每位宾客面前的主菜摆放要一致,一般盘内的荤菜靠近客人,蔬菜沙司朝前靠近桌心。当宾客吃完主菜后,即可从客人右侧撤下主菜盘及主刀、主叉。

5)上甜点。吃甜点的餐具要根据甜点的品种而定,热甜点一般用甜品叉和甜品勺,吃冰激凌用冰激凌匙。这里需要注意的是,如果宴会安排甜点的配用酒类,服务员应在上甜点前斟倒好酒水。当客人用完甜点后,将甜品盘、甜品叉、甜品勺一起撤走。

6)上水果。将水果叉放在水果盘里,用托盘给每位客人送上人手一份的水果盘。

7)上咖啡或茶。上咖啡或茶时,服务员应送上糖缸、奶壶。在客人的右侧放咖啡具或茶具,然后用咖啡壶或茶壶依次斟上。

互动研讨

席间服务中的尴尬

王玲在一家外企做总经理秘书工作，中午要随总经理到五星级酒店西餐厅宴请利华公司的张总一行。宴会开始后，西餐宴会服务员按照菜单程序进行上菜、撤盘。宴会途中，服务员在为客人上副盘"香娟鳕鱼"时，王玲的电话突然响了。为了不破坏宴会的气氛，王玲离席走出餐厅接听电话，此时餐盘里的鳕鱼一口未吃。等王玲接完电话回到餐位时，发现鳕鱼没有了，眼前是空空的展示盘。王玲立即找来服务员问个明白，原来在她离席期间，服务员根据西餐上菜的要求，做到先撤后上，所以在上主菜前把客人刚才使用过的餐盘及刀叉已全部收走。餐后，王玲向餐厅经理进行了投诉，经理了解情况后向王玲作了道歉。同时，在宴会结束后的总结会议中，经理就此事提醒员工，在西餐席间服务中，撤盘一定要征得客人的同意或按照客人刀叉的摆放提示方可撤走。

（资料来源：林莹. 西餐礼仪[M]. 北京：中央编译出版社，2010.）

讨论：西餐服务中，撤换餐具的时机有哪些？

（四）宴会的结束工作

1. 结账服务

宴会接近尾声时，服务员要清点所消耗的酒水饮料，由收银员开出总账单。宴会结束时，由主办单位的经办人负责结账，其方法与中餐宴会相同。

2. 送客服务

客人离开时，服务员要主动为客人拉椅、取递衣帽，其要求同中餐宴会服务。

学习小贴士

西餐宴会服务注意事项

1. 宴会服务操作规范：左叉右刀，右上右撤（美式服务），先撤后上，先宾后主。
2. 宴会服务时，应先斟酒后上菜。上菜前，须将用完的前一道菜的餐具撤下。
3. 宴会厅全场的上菜、撤盘要求应以主台为准。
4. 宴会各桌台面始终保持干净整洁，餐具收拾情况直接反映服务员操作水平和餐厅档次，应熟练掌握。

（资料来源：张淑云. 餐饮服务实训教程[M]. 上海：复旦大学出版社，2014.）

任务六　掌握酒水服务礼仪

酒水服务礼仪大致涵盖四个方面的内容，分别为点酒礼仪、上酒礼仪、开酒礼仪、斟酒礼仪。

情境导入

佳人问"佳人"

一日下午,王先生带着客户张小姐来到某酒店大堂洽谈工作事宜。两人入座后,实习生小林立即上前招呼,送上柠檬水和点酒单,让客人点酒水。

王先生点了一瓶啤酒,为张小姐点了一杯"红粉佳人"。小林认真地记录着并重复了客人所点的酒水。此时,张小姐对小林说:"你能给我介绍一下红粉佳人的配方吗?"小林没想到客人会提这样的问题,他只知道是用金酒调制的,但准确的配方他也不清楚,顿时红着脸,不知如何回答客人的提问。此时,站在旁边的李主管看到这一幕后,为张小姐做了详细的酒水介绍,并得到了客人的肯定及赞扬。

小林站在一旁看着,心想,以后还要多了解各种酒水知识,才能满足客人的服务需要。

(资料来源:赵金霞. 酒店实习管理案例精选解析[M]. 北京:北京大学出版社,2012.)

问题:

1. 作为一名服务员,应如何为宾客提供满意的酒水服务?
2. 你从这个案例中获得了怎样的启发?

一、点酒礼仪

(一)呈递酒单

服务员在向客人呈递酒单之前,需要先问候客人,然后将酒单放在客人的右边。若酒单是单页的,则应将酒单打开后递上;若酒单是多页的,则应把酒单合拢后递上。酒单呈递完毕之后,要适时适度地介绍酒水,并给客人提供适量的佐酒小吃。

(二)做好记录

服务员弯腰站在客人右侧,等待客人点酒,记录客人所点酒水,内容包括酒名、年份、数量等。写完后,复述客人所点的酒水名,同时表示感谢。之后询问客人对所点的酒水有没有加冰等特殊需求。

相关链接

世界三大饮料

咖啡(Coffee):号称世界三大饮料之首。喝咖啡不仅能解渴,还具有提神醒脑、解除疲劳、增进血液循环等功效;餐后喝咖啡可以分解肉类脂肪。

茶(Tea):茶以采制工艺和茶叶品质特点并结合其他条件进行分类,可分为绿茶、红茶等。

可可(Cocoa):原产美洲热带,是制作巧克力的原料。

二、上酒礼仪

上酒的时候，一定要集中注意力，用一只手托托盘，另一只手随时准备向前伸展，护住托盘，注意前后左右。在行走时，若是宾客较多造成堵塞没有办法通过时，不能用手拉宾客来强行通过，要客气地请宾客让路。

三、开酒礼仪

服务员在开酒的时候，应站在男主人右侧。右腿伸进两把椅子中间，身体稍侧，将商标展示给男主人之后再开塞。必须注意，切忌把瓶口对准客人，防止把酒洒在客人身上。

（一）开启罐装酒水

1）将酒罐的表面冲洗干净，擦干。
2）用左手固定酒水罐，用右手拉酒水罐上面的拉环。

（二）开启瓶装酒水

1）擦干净酒水瓶。
2）把啤酒瓶或饮料瓶放在桌子的平面上。
3）左手固定酒水瓶，右手持开瓶器，将瓶盖轻轻打开。需要注意的是，开瓶后，要将瓶盖放在一个小盘中，切忌将瓶盖直接放在餐桌或吧台上。

（三）开启葡萄酒

1）把葡萄酒瓶擦干净，用干净的餐巾包住酒瓶，商标朝外，将葡萄酒拿到客人的面前，让其鉴别酒的标签，并认定酒的名称、出产地及葡萄品种、级别等。
2）轻轻按住酒瓶颈部，用小刀将酒瓶口的封口上部割掉，进而用干净的餐巾把瓶口擦干净，用酒钻从木塞的中间钻入。随着酒钻深入木塞，酒钻两边的杠杆会往上扬起。大约下转3/4处，转动酒钻上面的把手，向上垂直慢慢提起酒钻，两手各持一个杠杆同时往下压，木塞便会慢慢地从瓶中升出来。
3）拔出软木塞后，应嗅闻软木塞接触酒的那面，检查酒中有无异味。
4）用餐巾擦干净瓶口附近，同时检查酒液表面有无异物。
5）斟倒少许酒给主人品尝。

必须注意，服务人员手握酒瓶时，切忌压住标签。待客人品尝后，从女士开始斟酒。

（四）开启香槟酒

1）将瓶子擦干净，放入冰桶中，进而连冰桶一同送上桌。
2）从桶中取出香槟酒，用餐巾将瓶子擦干并包住瓶子，商标朝外，请主人鉴别。
3）经过主人认可之后，把酒瓶放在餐桌上，并准备好酒杯，左手持瓶，右手撕掉瓶口上的锡纸。
4）左手食指牢牢地按住瓶塞，右手除掉瓶盖上的铁丝网及铁盖。瓶口倾斜约45度角，用一只手握住瓶塞，另一只手慢慢旋转瓶身。然后轻轻地将木塞拔出，倾斜酒瓶，慢慢将瓶中的气体放出来，减少压力。
5）拔出软木塞后应嗅闻软木塞接触酒的那面，检查酒中是否有异味；再用餐巾把刚开启的瓶口附近擦干净，并检查酒液表面是否有异物；斟倒少许酒给主人品尝后，从女士开始斟酒。

四、斟酒礼仪

（一）斟酒技巧

服务人员为客人斟酒时，应站在客人身后右侧，面向客人，左手托盘，右手持瓶，用右手斟酒。需要注意的是，手切勿颤抖，防止酒水洒出；要与客人保持适当的距离，紧贴或者远离都是不可取的。

斟气泡酒时，服务人员要控制速度，防止泡沫溢出。斟酒时，瓶口不要接触酒杯，用右手握住酒瓶下方，瓶口高于杯1~2厘米，斟完酒后将瓶口提高3厘米，旋转45度角拿走，用餐巾擦拭酒瓶。

（二）斟酒顺序

斟酒的顺序是先主宾、女士及年长者，进而按顺时针方向依次斟酒，最后为主人斟酒。

（三）斟酒分量

酒的类型不同，斟酒的分量也存在很大差异。

1）对于烈性酒，应斟满杯的1/3。
2）对于红酒，应斟满杯的1/3。
3）对于香槟酒，应分两次斟，先斟1/4，待泡沫平息后，再斟2/3或3/4。
4）对于啤酒，斟酒时啤酒瓶与酒杯要呈直角，酒斟向杯子正中，斟至泡沫上升到杯口为止，稍候片刻，待泡沫消退一些后，再次向杯子正中斟酒，直至泡沫呈冠状，高出杯口。

（四）斟酒原则

斟酒时遵循的原则是"一抬、二转、三收"，即瓶口略抬起，内转45度角，从两个客人之间收回，收回时酒瓶要低于客人的头。

学 以 致 用

学有所思

1. 简述中餐服务方式的种类。
2. 简述西餐服务方式的种类。
3. 简述西餐服务中的上菜顺序。

实战演练

1. 中西餐的服务礼仪、酒水服务礼仪。
人物介绍：餐饮接待服务人员A，客人B。
训练内容：
1）A要分别展示中西餐的服务礼仪，包括摆台、座次及菜序等。

2)A向B呈上酒单，做好记录，并做好上酒、开酒及斟酒服务。
2. 训练要求
1)A在斟酒时，要根据酒的不同种类确定斟酒的分量。
2)完成情境训练之后，由小组成员进行总结，教师进行点评指正。
3. 餐厅迎宾员服务礼仪

将学生分为若干组，每组2~4人，分别进行模拟实训演练，具体包括迎宾服务、热情问候、领位服务和主动告别。提出在实训中出现的问题，并进行讨论。

模块六

旅行社服务礼仪

项目十七　旅行社话务人员电话礼仪

> **学习目标**
>
> 1. 熟悉旅行社话务人员工作的基本内容，掌握旅行社话务人员接听电话的操作要领。
> 2. 熟悉旅行社话务人员接听咨询电话的工作要领及礼仪规范。
> 3. 掌握旅行社话务人员处理电话投诉的礼仪规范。
> 4. 了解旅行社话务人员拨打回访电话的准备工作。

任务一　掌握旅行社话务人员接听电话的基本礼仪

旅行社的话务人员指的是以电话为工具向旅游者提供服务的工作人员。话务人员能够提供的服务有转接、留言、代理、咨询、客户回访、接受投诉等。话务人员和客户进行电话沟通，不仅能够搜集市场信息，而且可以树立旅行社形象。旅行社话务人员的基本工作内容之一是电话接听及转接服务。电话接听是针对全部客户来说的，是直接对客户产生作用的，所以，对于旅行社来说，话务人员的电话接听服务十分重要。

> **情境导入**
>
> 旅行社话务人员小王接到某公司预定团队旅游的电话，思考一下：小王需要注意哪些电话礼仪？需要记录哪些信息？

一、旅行社话务人员工作内容

（一）对于景区景点、酒店、旅游交通、导游服务人员的工作内容

1）信息、资料查询服务，如查询各部门、营业部的电话号码。

2）电话转接其他部门服务及为其他部门提供留言信箱服务。

（二）对于客户的工作内容

1）信息、资料查询服务，例如，咨询景点、风景区资料，查询旅游线路、旅游日程细节、费用、服务特色及国家相关旅游法规咨询等。

2）商务代订服务，例如代订机票、车船票，酒店推荐等。

3）旅游业务受理服务及建议、回访与投诉服务。受理服务，例如接受散客或团体的报名及业务洽谈，旅行确认、受理，团队订票业务、退订处理，客户订票业务、客户订房业务，国际机票处理，散客拼团和订餐处理等。

二、旅行社话务人员接听电话的前期准备

1. 确认设备情况

确认对外服务电话无故障，电话转接机器无故障，业务受理终端无故障。

2. 调试设备

调试好接听器材，准备好电脑和记录本。

3. 调整心态

集中精神，在最短的时间内进入工作状态。

三、旅行社话务人员接听电话的操作要领

（一）接听及时

在电话铃声响起三声之内，话务人员应拿起电话听筒。若因为线路繁忙造成接听延误，需要在接听后立刻向客户致歉。

（二）接听规范

1. 程序规范

接听电话大致分为三个基本步骤：第一，问好，自报身份；第二，表达服务的意愿；第三，主动询问。

具体来说，接听电话的第一步是，立即问候对方，并加上旅行社名称，如"您好，×××旅行社"。然后要表示为客户服务的愉快心情，如"16号话务员很高兴为您服务"。

接听电话的第二步是，若在第一步时因为线路繁忙造成接听延误，要真诚地表示歉意，并表示为客户服务的愉快心情，如"16号话务员为您长时间等候代表旅行社向您致歉，很高兴为您服务"。

接听电话的第三步是，要向客户询问需要自己帮助解决的事情，如"请问我能为您做

些什么?"。

2. 语言规范

接听电话时,必须使用标准普通话,面带微笑,说话的语气要热情、直白,语速、语调适中。

接听电话的过程中,禁止使用非话务用语,如"喂"或"你找谁"等,尤其不能用"你是谁""你找谁""你有什么事"等语言质问客户。

回答客户咨询时,用词不能含糊不清,不能用"可能""大概""不清楚"等词。

3. 询问规范

若进行业务咨询的客户需要长时间交流,要主动询问对方的姓氏,如"请问您贵姓"。

对于代办业务,因为办理业务需要客户的真实姓名,所以话务人员在将情况向对方说明之后要询问对方的姓名,如"麻烦您留下真实姓名,这是代订酒店的需要"。

(三)反应迅速

接听电话时,必须集中精神,迅速处理客户提出的要求,解答客户的疑问。一些电话能够转化成转接服务,处理转接服务要迅速、到位,从容回答客户所咨询的内容。例如,客户要求订火车票,话务员要向客户说明并帮其转至票务专席话务员。处理业务咨询时,要先向客户询问对旅游产品的要求,进而将这些信息综合起来,为客户制定一条合适的线路。

(四)转接及时

在转接电话的时候,通常不必过多询问。转接电话后,注意在15秒内是否有人接听。被转接电话在15秒内无人接听时,话务员应转回话务电话并向客户道歉,进而询问客户是否需要留言,若是有需要,则做好电话记录。记录信息要做到准确、简洁,一般来说,主要涉及"5W"要素,具体如下。

1)"Who"(何人)应当包括对方的姓名、单位、部门、职务、电话号码等。记录总机转接电话时,分机号码是不可缺少的;记录外地电话时,地区代码、国家代码是不可缺少的。

2)"When"(何时)主要包括对方打来电话的具体年、月、日、时、分。若有必要,还需记下通话所用时间。

3)"Where"(何地)要将对方所在的地点,以及接听电话者当时所处的具体位置等包括在内。

4)"What"(何事)指的是通话时双方讨论的具体事情。

5)"Why"(何因)主要是指通话的主要原因,或者双方所讨论的某些事情的前因后果。

(五)礼貌结束

处理客户电话结束之后,话务人员可以说一些祝语。例如,如果对方是咨询线路的客户,可以说"祝您旅途愉快",如果对方是业务伙伴,可以说"祝您工作顺利"。此外必须注意,在道别"再见"之后,要等对方先挂断电话。

任务二　熟悉旅行社话务人员接听咨询电话的礼仪

旅行社话务人员的咨询服务在很大程度上影响着过去无业务来往的客户及散客的旅行，而相关的咨询记录在某种层面上可以帮助市场部门在了解市场动向方面产生积极作用，增加旅行社的整个工作流程(包括产品设计、市场营销等多方面)的有效性。由此可见，旅行社话务人员的咨询服务对旅行社的发展具有非常重要的作用。

情境导入

小郑入职某旅行社话务员工作岗位，一天在工作时接到顾客咨询电话，但顾客询问的业务内容小郑并不熟悉。面对这样的情况，小郑应该怎么做？

一、"听"的礼仪

学会倾听是成为一名优秀话务人员的重要基础，话务人员不仅要具有较强的倾听能力，而且要有认真负责的态度。在倾听的过程中，话务人员要快速记录下客户的要求。在记录过程中，若有地方没有听清楚，先记下大概情况，待客户叙述完毕之后再进行询问。倾听时，话务人员必须不骄不躁，认真负责。

二、"答"的礼仪

(一)根据客户所咨询问题的种类进行解答

客户的提问大致可分为两种，即大体问题和细节问题。前者是指客户对整个线路概况的提问，后者是指客户对旅行过程中各种细节安排的提问。对于这两种提问，话务人员都应做到准确、及时地回答。话务人员可以根据既定的旅行线路，向客户讲清楚每天的行程。若是对方的提问与商业机密有关，则不予回答，婉转拒绝。

(二)根据话务人员对业务的掌握情况进行回答

如果话务人员使用业务终端电脑，可以通过输入客户的要求搜索相对适合的线路。话务人员需要基本掌握旅行社本季的旅游线路，大致清楚整个线路的全部环节。当客户要求更改线路时，话务人员可以给出其他旅行社能替代的选择。

三、"问"的礼仪

从某种程度上讲，话务人员的咨询服务是一种营销行为，话务人员的服务水平可以反映整个旅行社的服务水平，对客户的选择产生直接影响。话务人员的询问大致有两种：第一，交流之初就询问客户的要求，使客户有叙述要求的机会和平台，如"请问您对旅行都有哪些要求"；第二，询问客户叙述中没有提到的相关事情，如"请问您能够接受的价格大约是多少"等。此时要注意，切忌询问隐私问题。

推荐之后，针对已经提供的线路，询问客户是否有不明白的问题。客户在了解有关线路情况之后，要马上询问客户最满意的线路。针对客户更改的项目，话务人员要仔细询问，并尽可能满足对方的要求。

任务三　掌握旅行社话务人员处理投诉电话的礼仪

客户可以针对旅行社的服务水平做出相应的评价，如果对该旅行社的服务有不满的地方，可以向旅行社提出投诉，而旅行社的话务人员就是接受投诉的主要人员。在接受投诉的过程中，话务人员的高服务水平能够在一定程度上安慰对方的情绪，让其认为已经发生的事情是个意外，尽可能避免对方拒绝与旅行社来往。

一、客人投诉的心理分析

根据亚当斯的"公平理论"，若游客付出了金钱却没有获得相应的服务，如旅行社价格不合理、增加新的收费项目、旅游服务设施不完善、服务人员态度不好等，不公平感就会油然而生，游客的不满情绪也会逐渐增加。如果出现这种情况，再加上服务人员没有妥善处理，甚至在言语上进行攻击，那么就会促使游客通过投诉来寻求问题的解决。一般来讲，游客投诉心理主要有以下几点。

1. 求尊重的心理

马斯洛的需求层次理论认为，对尊重的需要是人的一种较高层次的心理需要。一旦游客感到没有被重视，那么找回尊严就是其投诉的最终目的。游客在找到相关部门投诉之后，渴望得到认同、同情及理解，希望相关部门及人员能够正视自己的诉求，为自己寻回尊严。

2. 求平衡的心理

游客觉得自己不被尊重之后，心中感到不满，难免会通过投诉的方式获得心理上的平衡。

3. 求补偿的心理

在旅游服务过程中，若因为旅行社没有按规定履行合同或者旅游服务人员出现失误，使游客在精神或者物质上有所损失，那么游客在投诉的时候，就会渴望获得某种补偿以弥补精神上或物质上的损失。

二、话务人员处理电话投诉的礼仪

基于游客投诉心理分析，话务人员在处理游客投诉时，要先处理感情，再处理事情，即先满足游客求尊重、求平衡的心理需求，再满足其求补偿的心理需求。具体来说，面对游客投诉，话务人员要从以下几个方面着手。

(一)耐心倾听

话务人员要认真倾听游客的抱怨，这既有利于游客不满情绪的缓解，又可以还原事情真相。所以，在处理游客投诉时，话务人员不能急于为旅行社或者自己辩解，而是要认真倾听游客对该事件的要求与看法，即使游客的言语比较极端，也不能与其针锋相对，态度始终要诚恳，不能流露出对游客的不满，防止事态进一步恶化。

(二) 表示同情和理解并真诚致歉

话务人员要对游客的遭遇表示理解和同情，让对方知道自己已经了解到对方的事情以及心情，这样能使游客的情绪逐渐平静下来。同时，道歉的时候必须真诚，征求对方的理解，不能强硬相争，更不能随意宣泄自身的情绪。

(三) 认真解释

如果游客投诉的内容是由误会造成的，那么话务人员首先要仔细倾听对方的抱怨，然后心平气和地向游客真诚地做出解释，并对给游客造成的误解表示歉意。不仅要让对方感受到旅行社的诚心，而且要让对方接受己方的解释。

(四) 提出解决方案

在确认对方投诉的问题之后，话务人员要及时、迅速地做出反应，和对方共同探讨问题的解决方法。在这个过程中，要尽可能满足游客的要求，做到游客满意度最大、旅行社损失最小的"双赢"目标，或补偿或赔偿或进行安慰性的偿付等。若没有办法迅速解决问题，必须要让对方了解事情处理的进程，做好与对方的沟通工作。

(五) 礼貌结束

解决好游客投诉的事情之后，话务人员可以借助"请问您觉得这样处理可以吗"等语言，礼貌询问游客对事情的处理结果是否满意，并向游客表达歉意。

任务四　了解旅行社话务人员进行电话回访的礼仪

电话回访指的是话务人员通过电话联系已接受旅行社服务的客户，以获得客户对旅行社服务的满意程度的评价方法。电话回访对于全面评估旅行社服务具有积极作用，一旦发现有不满意的地方，需要尽快改正。

一、拨打回访电话的准备工作

(一) 心理准备

在拨打回访电话之前，话务人员要做好心理准备，将回访电话看作旅行社的重要工作，并以这样的态度认真完成这项工作。

(二) 内容准备

在拨打电话之前，话务人员要准备好需要表达的内容，可以提前将内容提纲列好，防止在对方接听电话后出现因为兴奋或者紧张而忘记表达内容的情况。除此之外，要准备好和客户沟通的方式，尽量提前进行演练。在语言表达方面，其基本要求有三个：第一，态度真诚，语气中肯；第二，言语条理性强；第三，尽可能避免前后重复、语无伦次。

(三) 确定号码

拨打电话之前，话务人员一定要确定客户的电话。如果有必要，还要将其他联系方式准备好，以备不时之需。

(四) 掌握客户对旅行社服务的看法

拨打回访电话前，话务人员要仔细了解客户的基本情况，如客户的姓名、性别、职业；客户参加过旅行社组织的哪种团队，该团队的服务水平如何；在团体旅行活动中，出现的意外情况是哪种；客户对事件处理的看法和意见等。

二、拨打回访电话时间的选择

在拨打回访电话时，旅行社话务人员要选择方便客户接听的时间，尽可能不要在吃饭或休息或者节假日里联系客户。一旦打通了电话，要礼貌地征询客户是否方便接听，如"您好，刘女士，我是×××旅行社的×××，这个时候打电话给您，有没有打扰您？"若客户因为有人在场、开会等原因不方便接听电话，要礼貌道歉，并约好时间再次通话。

三、拨打回访电话时对客户使用的称呼

回访时，问候对方"您好"，并确认接听电话的人是否为回访对象，如"请问您是交通银行的李××先生吗？"一旦确认，要在谈话中称呼对方为"李先生"。

四、拨打回访电话时的服务意识

确认接电话的是客户本人后，话务人员应询问其是否方便接听电话。确定对方方便接听电话之后，直接说明打电话的意图，请求对方能够配合回访工作，并感谢客户的配合。回访结束之后，要再次表示感谢。

五、对回访客户抱怨投诉的处理

如果客户对旅游服务表示不满意，话务人员要调整好心态，表示出认真处理的诚意，认真听取客户对旅行社及其服务人员的不满与批评，请客户讲清楚不满意的地方。与此同时，话务人员要做好记录。记录必须要忠于客户的原述，具有真实性。

在交流过程中，话务人员不能针对错误归于谁发表看法。清楚客户的抱怨之后，不管出错的是哪一方，话务人员都应代表旅行社向客户致歉，并询问在客户叙述中没有提到的重要方面，之后要耐心向客户解释旅行社关于处理投诉的规定，并向客户保证会尽快给予答复。

六、通话结束时的基本要求

1. 再次重复重点

通话即将告终时，如果有必要，话务人员可以重复通话的重点内容。在重复的时候，应多使用礼貌用语。

2. 暗示通话结束

通话即将结束，话务人员可以借助"您还有什么吩咐""我没有什么问题了""请问您还有其他事情吗？"等话语向客户发出结束通话的暗示。

3. 互相进行道别

在结束通话之时，话务人员要以"再见"结尾。不管发生什么情况，通话结束之时，

"再见"都是非常必要的，这是评价话务人员的电话礼仪水准的基本标准之一。如果结束的是回访电话，还要注意使用恰当的祝语。此外，必须注意的是，话务人员必须在客户挂断电话之后挂断，这是对客户的尊重。

学 以 致 用

学有所思

1. 简述旅行社话务人员接听电话的操作要领。
2. 简述旅行社话务人员接听咨询电话的礼仪。
3. 客人投诉的心理类型有哪些？旅行社话务人员在接听投诉电话时应注意哪些内容？
4. 旅行社话务人员在通话结束时要注意哪些内容？

实战演练

旅行社电话服务礼仪。

人物介绍：话务人员A，客人B、客人C。

训练内容：

1）B、C分别打电话进行旅游咨询及旅游投诉。

2）A接听咨询电话、处理投诉电话。

项目十八　旅行社业务人员服务礼仪

学习目标

1. 熟悉旅行社营业部员工服务礼仪标准与规范。
2. 掌握旅行社计调人员服务礼仪。
3. 掌握旅行社外联人员服务礼仪。

任务一　熟悉旅行社营业部员工服务礼仪

旅行社营业部门的主要职能有两个：第一，提供旅游咨询；第二，销售旅游产品。旅行社营业部门也要进行日常的接待工作，营业部门是旅行社与其业务合作伙伴或游客联系的直接途径。通常营业部门工作人员给游客介绍产品，使游客能够信任工作人员，并使游客最终主动购买旅游产品。

情境导入

旅行社营业部小王在入职培训时学习到，营业部是旅行社销售产品和服务的主要场所，是连接旅行社与公众关系的枢纽，是塑造旅行社形象、体现旅行社管理水平和精神面貌的窗口。旅行社可通过营业部向客人提供旅游咨询服务，向客人介绍并推销旅游产品，根据客人的需要为其设计、组合旅游产品，为散客代办各种旅游委托服务等。

小王认为，旅行社营业部不仅是营业部业务人员、管理人员工作的地方，还是旅行社对内科学管理、对外广泛联系的重要窗口，更是接待外来客人的场所。

问题：小王在工作中要注重哪些礼仪？具体要怎么做？

一、营业部接待服务礼仪

旅行社营业部日常接待服务的质量对旅行社和服务对象、合作方的关系及旅行社的形象产生直接影响,所以旅行社的接待工作一定要遵循礼仪规范。

(一) 准备工作

旅行社接待人员不仅要做到举止大方、品貌端正、口齿清晰,而且着装要得体端庄,还要有一定的文化素养。如果工作人员是女性,妆面要尽可能清新淡雅,尽可能不要佩戴妨碍工作的夸张饰品。在旅行社日常运营过程中,旅行社营业部的作用十分重要,所以在布置接待环境时,必须要追求环境的幽静、典雅及舒适,保持适宜的温度、湿度及清新的空气,同时还要准备好宣传资料、通信设备及接待用品。一旦得知会有访客,旅行社的第一任务就是检查接待室,尽可能将所有工作都准备得较为完美,以免出现工作疏漏。

(二) 微笑与行礼

服务行业最基本的要求就是微笑服务。服务时的微笑拒绝程式化,必须是自然的、发自内心的。接待人员在接待来访者时,情感一定要真挚,面带微笑,将其看作非常重要的客人。与此同时,还必须重视行为礼节,注重与来访者进行眼神交流、语言寒暄及行为上的礼节,其服务标准就是3S。3S指的是 Stand up、Smile、See(eye-contact),即起立、微笑、目视对方(眼神的接触)。

1. Stand up(起立)

起立是最基本的礼貌,它是用身体语言表示欢迎。在来访者到达旅行社后,服务人员要起身表示欢迎,主动向来访者问好,如"您好,欢迎来××旅行社"。如果到访的是非常熟悉的老客户,可以亲切问候对方,并适当寒暄,可以适当询问对方的工作近况、日常生活等,使气氛更加融洽,但是一定要把握好分寸,太过热情很可能让对方产生戒备心理。

2. Smile(微笑)

微笑具有很大的魅力。若是有来访者到达,微笑的表情会传递给对方欣喜的心情。旅行社工作人员要学会控制情绪,工作中不能夹带自己的消极情绪。如果接待人员因为私事而情绪萎靡不振,会给访客产生接待人员不愿意为其服务的感觉,进而对该工作人员甚至该旅行社产生非常不好的印象。所以,旅行社接待人员一定要学会调整自己的情绪,用微笑服务去尊重客人,给客人带来非常积极的影响与感受。

3. See(eye-contact)(目视对方)

"眼睛是心灵的窗户",在人际交往中,眼神传达着非常丰富的信息与情感,眼神可以将自己真诚的心意传达给对方,所以在接待来访者时,接待人员要懂得运用眼神。一般来说,接待人员在起身、微笑的同时应亲切、热情地望着来访者。若接待人员眼神飘向别处,会让对方感觉到该接待人员之前的起身及微笑动作与他并没有什么关系。与此同时,接待人员和来访者交谈时,也要适时地进行目光的交流。但是长时间盯着来访者也会让对方感到不舒服,所以要把握注视的时机和频率。

(三) 平等待客,业务娴熟

在接待来访者时,必须一视同仁,不能差别对待。在旅行社接待过程中,很可能会出现打探情报和商业机密或者仅仅是出于好奇而询问机密事项的客人,对于这些人,接待人员也要礼貌相待。在接待过程中,对于来访者提出的合理的、能够答复的愿望和要求,应尽快给予明确的答复;对于不合理的愿望和要求或不便马上给予答复的,应委婉推辞,或进行必要的推脱。

二、营业部业务洽谈礼仪

洽谈指的是在业务交往中,存在着某种关系的各方,为了保持接触、建立联系、进行合作、达成交易、拟定协议、签署合同,或是为了处理争端、消除分歧,而进行面对面的座谈与协商,以求达成某种程度上的妥协。在旅行社的经营过程中,经常会与国内外同行或游客打交道,所以对于旅行社业务发展来说,掌握旅行社业务洽谈的礼仪十分重要。

(一)洽谈前的礼仪规范

洽谈人员在仪容、仪表方面有统一规定,双方见面之后,要按握手礼仪规范热情握手,请对方入座。先进行寒暄,或者自我介绍、引见介绍,或者谈论一些与洽谈无关的话题,不要马上切入主题,关键是要营造出轻松、愉快的氛围,为之后的洽谈做好准备。

(二)洽谈中的礼仪规范

在洽谈过程中,要严格遵守洽谈礼节,无论出现哪种状况,都要礼敬对方,在对方心中树立良好的形象,这对于之后的交往也会产生非常积极的作用。

相关调查显示,在洽谈会中,洽谈人员态度友好、面带微笑、举止彬彬有礼、语言文明礼貌,对于消除对方漠视、反感、抵触心理十分有利。洽谈人员要保持淑女风范或者绅士风度,以便赢得对方的好感与尊重。在洽谈过程中,要做到以下几点。

1)阐述自己的观点时,态度要谦虚平和。
2)对方讲述时,要认真、耐心地听讲,不随意插话。
3)向别人提问时,语气要委婉,不提对方难以回答的问题。
4)请求对方帮助时,态度要诚恳。
5)劝说对方时,多用征询和协商的口吻,而不用命令式的口气。
6)遇到需要双方商讨解决的问题时,应彼此坦诚地交换意见,明确辩论的对象是"事"而不是"人",要就事论事,避免发生正面冲突。
7)讨论乃至争论时,也要以礼相待。

总而言之,在洽谈会上,对"事"要严肃、据理力争,对"人"要友好、礼敬三分。

(三)洽谈后的礼仪规范

如果洽谈成功,并达成了一定的协议,必须要信守承诺,认真履行;若洽谈没有成功,也要礼貌告别。

任务二 掌握旅行社计调人员服务礼仪

旅行社计划调度人员简称"计调人员",指的是负责协调旅游团队所用车辆、导游、饭店、酒店、景点等相关旅游要素的工作人员。其主要工作是按接待计划落实团队在食、宿、行、游、购、娱等方面的具体事宜，为行程和日程的正常进行提供保障。计调部和计调人员的服务质量对旅行社的运营起着决定性作用。

一、计调人员应遵循的礼仪原则

计调人员是旅行社完成地接、落实发团计划的总调度、总指挥、总设计。其工作的自主性、专业性及灵活性较强。在工作过程中，计调人员需要遵循的原则有以下几个。

(一) 人性化原则

接电话的时候，计调人员要做到客气、礼貌、谦虚、简洁、利索、大方、善解人意、体贴对方，习惯使用"多关照""请放心""马上办""多合作"等谦词，拉近与对方的距离。所有的言语、行动都要热情真挚，充分表达合作的诚意及合作的信心，同时也可以彰显旅行社的实力。书写信函、公文要规范化，内容要简明扼要、准确鲜明，字面要清楚漂亮、干净利落，以此来赢得对方的信任及合作。

(二) 条理化原则

条理化是规范化的核心，是标准化的前奏曲，是程序化的基础。对于对方发来的接待计划，计调人员必须要仔细阅读，核查人数、房间数，确认抵达的准确时间和抵达口岸等重点内容。一旦核查中发现问题，就要立即通知对方，及时更改。

此外，还要确认人数是否有增减，以便及时进行车辆调换。确认来团中是否有少数民族人员或宗教信徒，对于饮食有无特殊要求，以便提前通知餐厅。若发现有游客过生日，要准备生日蛋糕，表示庆贺。

(三) 周到化原则

旅行社的计调人员要逐一落实各项活动，如所住酒店的级别、用餐标准、交通方式等方面，为游客的旅途更加顺畅提供重要保障。通常来说，计调人员都是从具有丰富旅游从业经验的人员中挑选出来的，能够面对和处理团队的一切事务。坚持周到化原则，旅行社的计调人员需要做到以下几点。

1) 具有较高的业务素质。
2) 熟悉旅游业务操作程序。
3) 能取得最佳的旅游费用和价格。
4) 时时体现旅行社的全面细致的旅游活动。
5) 做到各项费用支出合理等。

二、计调人员的具体工作礼仪

(一) 打电话前的准备工作礼仪

计调人员在确定旅行团之后，要迅速根据旅游线路，安排好整个行程，并开始安排接待单位。找到与旅行社已有业务约定的接待单位的电话及服务合同，熟悉双方约定的全部事宜。

(二)对汽车公司的业务预订礼仪

打电话之前,计调人员要充分了解游客对车的要求,并事先安排好车型及数量。在预订的过程中,语言表达要准确、清晰。打电话的内容主要有以下几点。

1)询问是否具有想要的车型,数量是否足够。
2)确认价格与合约中的价格是否有出入。
3)告知用车的起始时间。
4)协商付款方式。
5)将协商好的汽车情况记录好,包括车型、车数、车况、付款方式、司机姓名及联系方式等。

(三)向酒店订餐的礼仪

打电话之前,计调人员要充分了解旅游者对餐饮的要求。在预订的过程中,语言表达要准确、清晰。打电话的内容包括以下几个方面。

1)询问该酒店是否能提供旅游者想吃的菜肴,得到肯定后询问能否在该时间提供团队餐。
2)有些酒店还须专门确认司陪餐的提供情况。
3)协商付款方式。
4)将协商好的订餐情况记录好,包括用餐标准、人数、付款方式、酒店联系人姓名及联系方式等。

(四)对宾馆的住宿预订礼仪

打电话前,计调人员要初步了解游客对住宿的基本要求。在预订的过程中,语言表达要准确、清晰。打电话的内容包括以下几个方面。

1)询问该宾馆提供的房间是否符合标准。
2)确认价格与合约中的价格有无出入。
3)告知旅游团首日下榻的大概时间。
4)协商付款方式。
5)将协商好的住宿情况记录好,包括房型、房数、付款方式、宾馆联系人姓名及联系方式等。

任务三　掌握旅行社外联人员服务礼仪

旅行社的外联部是旅行社对外交流的重要桥梁,是旅行社业务活动开展的主力军。外联人员需要经常拜访相关企业,商讨相关事宜,以便强化旅行社与相关企业的合作关系或者争取业务合作和友好往来,和其他企业建立起良好的合作伙伴关系,抓住商机,拓展业务。所以,在拜访、推销和谈判的过程中,外联人员一定要讲究礼节,树立良好的形象,推动双方工作的顺利进行。

一、外联人员拜访、推销的具体工作礼仪

（一）拜访、推销前的准备工作礼仪

拜访之前，应事先预约。预约的方式应该较为正式，一般是电话预约或者信函预约。预约的内容是约定时间及地点。在时间、地点的确定上，主要根据客户的时间来定，若出现特殊情况需要更改拜访时间和地点，必须及时告知对方，并表示歉意，争得对方的谅解。拜访客户前，还要做好仪容仪表的准备工作，做到仪容端庄大方，仪表整洁，着装得体。

推销之前，要熟悉旅行社旅游产品的价格、特点及和同类产品之间的不同，要全面了解客户企业的基本情况，包括该企业的发展历史、经营项目、生产情况、资产情况和企业负责人的个人情况及其兴趣爱好等。

（二）拜访时的仪态礼仪

在对客户进行拜访时，要面带微笑，举止大方、得体。在交谈的过程中，要坐姿端正，并和客户保持一定的距离。喝茶的时候，尤其要讲究礼节，要感谢送茶之人，并先浅尝一下，这是一种礼貌的行为。如果对方递上香烟，要双手接过，并主动帮助对方点烟。

（三）拜访时的称呼礼仪

若不清楚客户的姓名或职务，在见面之前，应该到服务台进行自我介绍并说明来意，礼貌地咨询该客户的姓名及职务。若已经约好在其他场合见面，要在见面之前借助多种方法，对客户的基本情况有所了解。一旦确定了客户和见面的时间，要主动和客户打招呼，并注意使用尊称。

（四）拜访、推销时的交谈礼仪

在交谈的过程中，要保持微笑，态度真诚、友好。如果是第一次见面，要格外注意与客户的谈话技巧，要以每个客户的特点为依据，确定选择哪种说话方式与说话内容。要尽可能选择对方感兴趣的话题展开谈话，以营造良好的谈话气氛，让对方非常自然地接受拜访及推销的内容。在交谈过程中，要真诚地注视着对方，认真倾听客户的意见和要求，以示尊重，切忌随意插话。

在旅游产品推销的过程中，客户很可能会变得犹豫，此时要适当给客户留下选择的时间，同时对其进行引导，用温和的表情及恰到好处的说辞把客人带进自己的销售程序中，最终达到说服客户的目的。在推销旅游产品时，客户提出不一样的看法或者要求是情理之中的，此时必须要对客户的看法及要求表示尊重，认真听取对方的意见，对其中的缘由进行仔细分析，真正明白对方究竟想要什么，寻求双方的一致之处。

在推销的过程中，不可避免地会遭到拒绝，此时推销人员必须要调整好心态，做到心平气和、从容不迫，真诚地感谢客户，并礼貌地和对方告别。

一旦推销成功或者业务成交，推销人员还必须保持良好的心态。要做到不卑不亢、神情自如、心态平和，始终保持良好的形象，使客户购买旅游产品组合的决心更加坚定，并达成最终的成交协议。

二、外联人员商务谈判的具体工作礼仪

（一）谈判的安排

商务谈判的双方要周密地安排谈判的议程、内容、时间、地点、方式、目的等，外联人员要适当照顾对方。

（二）谈判前的准备工作

在谈判前，要备齐谈判所需的资料，每个人都要有一份具有说服力的资料。外联人员要做好仪容、仪表准备工作，做到仪容端庄、仪表整洁。如果谈判地点在对方所在地，外联人员要做到入乡随俗，对当地的风俗习惯要有充分了解，以便能够争取主动。如果谈判地点在己方所在地，还要格外注意参与接待的各个步骤及相关礼仪。

（三）双方代表的问候

谈判开始之前，双方代表见面，应当热情、友好地向对方致以问候，相互招呼、寒暄，创造良好的谈判气氛。尽量选择中性话题作为寒暄的话题。此外还要注意，问候时间要适中，不宜过长。

（四）谈判原则

在谈判过程中，双方应遵循平等互惠、友好合作、诚实守信的原则，始终保持态度谦和、诚恳。双方代表着各自的利益，担负着不同的使命，在相关问题的处理上出现分歧和矛盾是十分正常的，因此，出现分歧和矛盾时应当冷静，尝试从对方的立场考虑己方的要求和条件，努力谋取双方都能接受的解决方案并做出适当的让步，求同存异，达到双赢。

（五）谈判时的仪态

在谈判的过程中，外联人员要注意体态举止礼仪，举止文雅大方，语言礼貌规范，谈吐轻松自如。

（六）谈判时对方问题的处理

谈判时要尊重对方。当对方代表发言的时候，要善于倾听，恰当地运用插话形式，引导对方透露隐含内容。若对方失言或出现语病，不能露出惊讶或疑惑的表情。

（七）谈判时己方问题的处理

一旦出现失言或失态的情况，外联人员不要狡辩，为自己找借口，应该马上向对方真诚道歉。

（八）谈判陷于僵局时的处理

若双方谈判陷于僵局，外联人员要懂得使用灵活、礼貌的方式打破僵局。可以采用的方式：①避开僵持的话题，等待之后解决；②插入幽默诙谐的题外话，使气氛得到缓和；③提议暂时休会，使双方适当休息，等到双方心态平稳之后再继续进行谈判。

（九）礼让三分原则

在谈判过程中，要坚持礼让三分的原则，在不损害对方自尊心的同时维护自己的自信心。双方交锋时，要坚持"对事不对人"。谈判结束的时候，不管有没有达到预期效果，都要保持良好的气度和修养，和对方主动握手告别。

学以致用

学有所思

1. 简述旅行社营业部接待服务礼仪。
2. 旅行社计调人员在服务中应遵循哪些礼仪原则？
3. 简述外联人员商务谈判的具体工作礼仪。

实战演练

旅行社电话服务礼仪。

人物介绍：营业部人员A、计调人员B、客人C。

训练内容：

1) A与C进行工作洽谈。
2) B在打电话前做好准备，向汽车公司预订业务，预订餐饮、宾馆住宿。

项目十九　导游员服务礼仪

> **学习目标**
>
> 1. 了解导游员的准备工作内容及礼仪规范。
> 2. 掌握导游员迎送服务礼仪及工作流程。
> 3. 熟悉导游员游览服务礼仪要求，掌握游览服务礼仪具体操作规范。

任务一　了解导游员的准备工作礼仪

在全部旅游活动之中，导游是灵魂一般的存在，导游员的质量直接影响到旅游活动的最终效果，而导游服务礼仪的重要作用就体现在不断促进旅游活动质量的提升等方面。

在所有的旅游服务人员中，和游客接触时间最长的就是导游员。在游客看来，导游员通常是某个地区、民族乃至国家的形象代表，所以导游员在游客心中的形象十分重要。

情境导入

特别的欢迎

北京某旅行社导游小郑，负责带领来自巴西的旅游团在北京游览。当旅游车行驶至长安街时，一位客人指着街道上方悬挂的彩旗询问："那些彩旗是欢迎何人的？"小郑不知道那天有哪国贵宾来访，此前也没有经过悬挂彩旗的地方，随即灵机一动，说："今天有一个巴西的旅游团访问北京，这些彩旗是专门欢迎他们的。"大家先是愣了一下，然后恍然大悟，开怀大笑，纷纷鼓掌。

（资料来源：吴新红. 旅游服务礼仪[M]. 北京：清华大学出版社，2021.）

问题：
1. 请评价案例中导游员小郑的回应。
2. 导游员在带团前要做好哪些准备工作？

一、形象准备

导游员平时要养成讲卫生、爱清洁的习惯，导游员的形象是个人文明的重要表现，因此，必须要注重日常的形象。

关于着装，导游员要以职业工作者的基本服饰礼仪规范要求为依据，尽量选择整洁大方、朴素的休闲服。如果是女士导游员，不适合穿过长或过短的裙子；如果是男士导游员，那么在夏季不要穿无领汗衫、短裤，不要赤脚穿凉鞋。

学习小贴士

导游员语言的"八有"

导游员语言要达到"八有"：言之有物，言之有理，言之有趣，言之有神，言之有情，言之有喻，言之有礼，言之有据。

二、物品准备

在接团之前，导游员要注意领取和备齐身份证、导游证、工作证、导游图、导游胸卡、个人名片、记事本、通信录、导游旗、喇叭、接站牌等相关物品。

三、了解基本情况

（一）全陪导游

全陪导游要熟知团队的整个旅游计划，掌握团队的游览日程和行程计划，包括抵、离旅游线路各站的时间，交通工具类型和航班、车次、接站地点等；了解旅游团团员的性别构成、职业类型、文化程度、民族、宗教信仰及餐饮习惯等各个方面的信息。准备好对全团游客的初次讲话的内容，包括旅游计划、风土人情、时间安排和注意事项等，尽量给游客留下良好的第一印象，初步树立自己的形象。

（二）地陪导游

地陪导游要适时核对接待车辆、就餐安排、景点购票等落实情况，确定与接待车辆司机的接头时间和地点；了解全陪的性别、性格等相关信息，为沟通配合做好准备；同时要熟悉景点情况，熟悉旅游团途经的各个城市的情况，包括历史、地理、人口、风俗、民情等。

视野拓展

导游员的准备工作

某旅行社接待了一少数民族团体，团体中美丽的少女们各戴着一顶很漂亮的鸡冠帽。导游小杨出于好奇，用手摸了一下其中一位少女的帽子，结果被带到族长那里去，族长以为小杨爱上了那位少女，要求向她求婚。后经旅行社领导出面调解，二人以兄妹相称。

（资料来源：张文. 酒店礼仪[M]. 广州：华南理工大学出版社，2002.）

评析：

在历史上，这个少数民族曾在一夜里受到外族的入侵，恰巧一只公鸡鸣叫，唤醒了人们，才免去了一场灭族之灾。以后，为了纪念这只公鸡，村里美丽的少女都戴上鸡冠帽，男子一触摸就表示求婚。因此在与少数民族的交际中，应了解并尊重少数民族的风俗习惯，不做他们忌讳的事，这样才有利于各民族平等友好地交往。

任务二　掌握导游员的迎送服务礼仪

迎送旅游团是导游人员的一项重要工作，迎接服务是否优质，直接影响着游客对旅行社和导游的评价。在旅游接待工作中，不仅要有合乎礼仪的迎接，还要有合乎礼仪的送行。完美周到的告别仪式，将使整个旅程锦上添花，给整个旅游工作画上一个圆满的句号。

情境导入

导游员小吴负责接待一上海旅行团至沈阳进行旅游活动，在接团前，他仔细看过接团计划单。在行程中，旅行社特地为刚下飞机的客人安排了晚餐，于是，小吴说："大家请放心，我们旅行社早已考虑到大家可能会在飞机上吃不好晚餐，所以，我们现在就到沈阳最有特色的'老边饺子'去吃晚餐。东北人有一句话，叫'站着不如倒着，好吃不如饺子'。沈阳的'老边饺子'在全国可是很有名气的，中央电视台的满汉全席比赛——饺子宴，'老边饺子'拿回好几个金奖呢，一会儿，准保让大家吃得满意，大家看怎么样？"小吴一席话，将全团游客的热情一下子调动起来，许多人在车上讲着自己在家包饺子的心得。

当车子停到饭店门口后，小吴第一个从车里下来，一路小跑进了餐厅。原来，他想马上去趟洗手间。客人进到大厅里面，看不见小吴，也不知道该往哪里走，正在焦急等待时，小吴非常抱歉地跑了回来，将客人引领到提前预订好的餐位上。

从上海一同到沈阳的全陪张小姐和司机师傅一直跟着团队客人，不知道自己该坐在哪里为好。小吴在忙着给客人倒水，两个人没好意思上前打扰。此时，服务员过来询问，两个人是否需要帮助，二人讲明身份后，服务员将两位引领到陪同桌坐下。由于过了用餐高峰，餐厅里的客人不是很多，后厨上菜也很快。也许是这里的饺子确实独树一帜，上海游客品尝后连连称赞。

（资料来源：https://zhuanlan.zhihu.com/p/74268641）

问题： 导游员小吴此次服务有哪些需要改进的地方？

233

一、迎客礼仪

（一）接站服务礼仪

导游员应佩戴导游胸卡、打社旗，持接站牌至少提前30分钟到达机场、车站或码头迎接游客。游客抵达后，导游员要主动持接站牌上前迎接，先自我介绍，再确认对方身份，寒暄问候，核对团号、实际抵达人数、名单等。导游员应协助游客将行李集中放在指定位置，进行清点和检查，一旦发现有丢失、损坏等现象，应积极帮助查找，如行李没有丢失或损坏，则移交给行李员，办好交接手续。

（二）乘车礼仪

导游员要站在车门旁边引导游客乘车，对于老人、小孩以及妇女要格外关照。等待游客上车就座之后，导游员再上车。上车后的第一件事就是有礼貌地清点人数，在清点时切忌用手指点游客，在心中默数即可，确定没有疏漏之后请司机开车。下车时，导游员自己先下车，再在车门口协助游客下车。

1. 全陪导游交通服务礼仪

和地陪导游员工作不同的是，陪同旅游团乘坐各种交通工具是全陪导游员的工作重点，此项工作的完成质量会对整个旅游活动的顺利完成产生直接影响。对于全陪导游员来说，必须要做好以下交通服务礼仪。

（1）乘坐交通工具前的礼仪

1）在乘坐交通工具前，全陪要向领队说明所乘交通工具，提醒有关托运和手提行李的规定及入站规定，并向地陪领取有关交通票据及行李牌，当面点清并妥善保管。

2）若遇到航班延误、火车晚点或汽车突发事故，应及时向游客道歉并说明情况，必要时配合有关部门为游客提供住宿、餐饮、用车等方面的安排。

（2）乘坐交通工具过程中的礼仪

不管乘坐的交通工具是哪种，在乘坐过程中，全陪导游都要提醒游客注意人身和物品的安全。

1）为了方便工作，全陪导游员要将自己的座位安排在最后排或前排靠通道处，向客人介绍乘坐交通工具的注意事项、路途距离、所需时间、中途经过的地点和其他有关注意事项等，票证交领队安排或分发。

2）坐火车出行时，安排好火车铺位，并引导游客按照顺序登车休息。单位集体包团时，火车铺位可交由该单位代表分派。

3）如果有条件，可以安排一定的娱乐活动，让旅途变得更加轻松、自由、愉快。

4）到达目的地前30分钟，全陪导游员要提醒游客清点所携带的物品，同时做好准备。全陪导游员和领队做好分工，一个先下车（船、飞机），另一个最后下车（船、飞机），并检查游客有无遗漏物品。

2. 地陪导游交通服务礼仪

1）提前到达集合地点，并督促司机做好出发前的各项准备工作，接到旅游团队后及时引导游客前往停车场，在门前协助游客上车，上车后协助游客就座，开车前礼貌地清点人数，以确保游客全部上车。

2)关注车辆状况，时间留有余地，提醒驾驶员谨慎驾驶，阻止驾驶员酒后开车。
3)行车途中做好沿途讲解，及时帮助解决游客需求。
4)提前确认或落实联程、返程交通票据，以确保团队能按时启程，带领团队及时抵达机场(车站、码头)。

(三)致欢迎词

在途中应代表组团社或地接社及个人致欢迎词。欢迎词是导游与旅行团第一次见面时，为表达欢迎之情以及自我介绍时所作的简短的口头演说。专业水平的欢迎词，一般需包括以下几个要素。

1)首先问候客人，并代表单位表示热烈欢迎之意。
2)作自我介绍，并介绍全陪、司机等。
3)简单介绍当地的风土人情、游览目的地的基本情况以及接团后的大致安排。
4)表明自己工作的态度，即愿努力工作并解答大家的问题。
5)祝愿客人旅行愉快，并希望得到客人的合作和谅解。

二、送客礼仪

(一)送客安排

送行之前，导游员要根据时间安排，提前预订好下一站旅游或返回的机(车、船)票。尽可能集中安排客人乘坐的车厢、船舱，方便统一协调团队活动。按导游工作程序规定的时间要求到达机场(车站、码头)。送客前安排好结算、赠送礼品、摄影留念、欢送宴会等事宜。

(二)致欢送词

在送行途中，导游员要致欢送词，让游客感受到自己的热情、诚恳，并预祝大家旅途愉快。一篇饱含感情的欢送词能给旅游者以心灵上的震撼，给他们留下深刻的记忆，有时甚至可以激发他们"故地重游"的愿望。欢送词的内容应包括：回顾旅游活动，感谢大家的合作；表达友谊和惜别之情；诚恳征求旅游者对接待工作的意见和建议；若旅游活动中有不顺利或旅游服务有不尽如人意之处，导游人员可借此机会再次向旅游者赔礼道歉；表达美好的祝愿。

(三)离别礼仪

当游客检票离开时，导游员要向游客挥手致意，祝其旅途愉快，然后再离开。如果因为特殊原因必须提前离开，导游员要将原因向游客说明，同时表示诚挚的歉意。如果车、船、飞机晚点，要主动对游客表示关心，如果有必要，需留下来和领队一起处理相关事宜。

学习小贴士

导游员清点游客注意事项

导游人员在清点人数时，用手指着游客，嘴里还数着"1，2，3……"，是极为不礼貌的行为。用导游旗指着游客，也是非常不礼貌的。正确的做法是从车头到车尾，一边走一边用双手轻扶椅背，在心中默数人数。

任务三　熟悉导游员的游览服务礼仪

在参观游览的过程中，导游应努力使旅游团参观游览全程安全、顺利，使游客详细了解参观景区景点的特色、历史背景等其他方面。

情境导入

这里是"酒窝大道"，请您系好安全带

某旅游景区的游客中心，最近总接到游客的投诉，说是在通往景区的入口附近有一处十字路口。由于导游事先没有提醒，游客没有心理准备，出现了部分游客撞伤、摔倒的现象。投诉中心负责人在查阅游客投诉记录中，发现只有导游员小吴未因道路问题被投诉过，他到底是怎么做的呢？

原来小吴每次带团经过这里时，他是这样和游客介绍的："各位游客，下面要经过的是我们景区内一条元老级别的'酒窝大道'，为什么是元老级呢？因为它是我们景区50年前开发时修建的道路，对我们景区的发展做出了卓越的贡献。当我们行驶在这条道路上的时候，可以体验到平时行驶在柏油大道上所不能体会的另一种感觉，就像是坐在八抬大轿里，所以我们称它为'酒窝大道'。但是还请各位游客在慢慢享受的过程中，系好安全带，抓好扶手。好啦！马上就要到啦！路程只有5分钟的车程，还请咱们的司机师傅开慢一些，能给大家多一些时间来享受。"

（资料来源：https://zhuanlan.zhihu.com/p/50214205）

问题： 导游员小吴在服务过程中有哪些值得学习的地方？

一、礼仪规范要求

在具体的导游过程中，导游员应做到以下几点。

（一）守时守信

一名优秀的导游员，其首要工作原则就是遵守时间。一般来说，游览活动有较强的时间约束，所以导游员一定要尽早向游客告知每天的日程安排，并随时进行提醒，以保证团队活动能够顺利进行。同时，应提前到达集合地点，按约定的时间与游客会面。若是发生特殊情况，一定要向游客耐心解释，努力得到对方的谅解。除此之外，诚实守信也是导游员必须要遵守的原则，一旦给了游客承诺，就一定要想办法做好，并将结果及时告知游客。

（二）尊重游客

在带团过程中，导游员要在充分了解游客风俗习惯、宗教信仰的基础上，对其给予充分尊重，尤其要注意他们的禁忌。同时，要平等对待游客，切忌厚此薄彼，这与导游员更多关照旅游团中的特殊人员（如长者、女士、幼童及残疾游客）并不冲突。

(三)互敬互谅

导游工作并不是独立存在的,而是与整体旅游接待工作的各个环节紧密联系,缺少其他人员的协助,就无法顺利完成导游服务接待工作。所以,导游服务工作的前提和保障就是尊重所有旅游服务工作者,对他们的处境及工作上的困难表示谅解,积极配合他们的工作。

二、服务礼仪

(一)导游员在带客游览途中的服务礼仪

导游员在到达景点之前要将景点的概况,尤其是景点的特色、历史、价值介绍给游客。同时,为了引起游客的游览兴趣,导游员要以游客的兴趣爱好为依据,在介绍中穿插一些历史典故。到达景点之后,要向游客讲述该景点的停留时间、集合时间、集合地点及相关注意事项。

(二)导游员在带客游览景点时的服务礼仪

在带客游览景点的过程中,导游员要认真组织游客活动,要将讲解与引导游览、适当集中与分散结合起来。在游览过程中,导游员要格外关注游客安全,做到始终和游客在一起,并随时清点人数,防止游客走失;要提醒游客看管好所带财物,防止出现丢失、被盗现象;尽可能照顾年老体弱者,以免出现意外;当游客需要帮助的时候,要尽量满足,若无法满足,要向游客解释并表示歉意。

(三)导游员景点讲解礼仪

1. 导游员景点讲解的技巧

(1)揣摩对方心理

优秀的导游员应该掌握游客的基本信息,如姓名、年龄、性别、国籍、民族、身份、职业等,并以此为依据,通过对话等方式,揣摩对方的心理,了解对方的心理需求、旅游动机及在游览过程中的偏好,这是安排旅游路线的重要条件。了解这些内容,可以使导游员提前做好准备,以便能够确定景点介绍的侧重点,合理分配景点停留时间。

(2)激发对方兴趣

导游全部工作的关键因素就是游客的旅游兴趣。游客的旅游兴趣会在一定程度上影响导游的工作质量及游客本身的旅游体验。

游客兴趣的特点主要有复杂性、多样性、能动性等。如果导游员能够积极引导,调动游客兴趣,那么就能够使游客产生浓厚的兴趣,并使兴趣具有相对稳定性及持久性。影响游客游兴的因素主要有两个:第一,景点本身的吸引力;第二,导游自身语言的引导功能与调动功能。

在进行景点介绍时,导游员必须以不同类型的景点为依据,将语言表达的主动性与讲解的科学性、针对性充分结合起来,展开详略不同的介绍。总的来说,必须以游客的兴趣为出发点确定景点的内容及景点介绍的侧重点。

(3)调节对方情绪

一旦旅游活动中出现的某些情况让游客感到不满,那么对方的情绪就会变得消极。在旅途中，总是会不可避免地出现各种各样无法控制的因素，如天气因素、交通因素、餐饮因素等，在这样的情况下，不得不改变旅游计划。但是这会引起游客的不满。因此，若出现突发情况，导游员要懂得调节游客的情绪，做好安抚工作，采取灵活变通的方法，使游客在计划有变的情况下依然能够愉快地享受旅程。

2. 讲解语言规范

在导游服务中，语言是一种工具和手段，导游员的表达能力在一定程度上决定着讲解的效果。对于导游员来说，在语言方面最基本的要求就是表达生动、灵活、得体、达意、流畅。

导游员在讲解的过程中必须做到准确传达信息，使游客能够理解该信息。讲解一定要符合事实，能够准确反映客观情况，切忌胡编乱造。与此同时，导游员的解说要做到语速适中，快而不乱，慢而不滞，一般来说不能有长时间的停顿。同时，导游员的语言还要生动有趣，充满感染力，引起游客的兴趣。语言平铺直叙、死板老套，不是一名优秀导游员应有的素养。此外，必须注意的是，在讲解过程中，导游员要将游客的认知水平、文化背景、兴趣爱好及职业特点等考虑在内，表达具有针对性，应根据对象、地点及时间来进行表达。

3. 讲解的态势语言礼仪

导游在讲解时，还要辅之以必要的态势语言。正常情况下，讲解时，导游员要挺胸立腰，精神饱满，表情要自然大方，让游客看到自己的良好形象。同时，要注重与游客之间眼神的交流，随着讲解将目光移向景物并适时投向游客，不能仅仅和部分游客交流眼神，尽可能目光统摄全部游客。此外，恰当地使用手势也十分有必要，在运用手势时需要注意：简洁、易懂；协调、合拍；富有变化；节制使用；切忌使用对方忌讳的手势。

任务四　掌握导游员的沟通协调服务礼仪

导游带团是导游工作的重心，其涵盖旅游六大要素——食、住、行、游、购、娱的方方面面。在游览过程中，游客的一切需求都属于导游的工作范畴。对于导游人员来说，要做好沟通协调工作，照顾到各方，需遵循一定的礼仪规范。

一、与游客沟通的礼仪

（一）初次见面的谈话礼仪

导游员在第一次见游客时，必须展现出内心的热情，同时也要谦虚谨慎，给游客的第一印象必须是良好的。此外，导游员还要做到仪容整洁、仪态良好、仪表得体。

（二）日常问候礼仪

导游员在日常生活中也要对游客进行问候，常用的问候语有"您好""早上好""下午好""晚上好"等。在问候的时候，距离必须适宜，太远或太近都不合适，说话时应该目视对方，让对方能够听清自己的话。

(三)日常交谈礼仪

导游员在和游客交谈的时候，应该态度诚恳，语调亲切，表情自然，表达恰当。尤其要注意的是，如果谈话的对象是外国游客，尽可能不要谈涉及个人隐私的问题。在交谈的过程中，要尽可能让对方畅所欲言，以此来接收到更多信息。与此同时，也要留心对方的态度及表情，以便把握对方的情绪。

特别提示

> **恰当的解释**
>
> 西方游客在游览河北承德时，有人问："承德以前是蒙古人住的地方，因为它在长城以外，对吗？"导游员答："是的，现在有些村落还是蒙古名字。"又问："那么，是不是可以说，汉人侵略了蒙古人的地盘呢？"导游答："不应该这么说，应该叫民族融合。中国的北方有汉人，同样南方也有蒙古人。就像法国的阿拉伯人一样，是由于历史的原因形成的，并不是侵略。现在的中国不是哪一个民族的国家，而是一个统一的多民族国家。"客人听了都连连点头。

二、突发事件的协调处理礼仪

(一)路线与日程变更

一旦确定了旅游计划及活动日程之后，必须严格执行，没有特殊情况，不能进行更改。然而，在特殊情况下，如遇交通问题、天气问题等，很可能会导致旅游计划、活动日程变更。

1）如果接团社没有预订上计划的车船票、飞机票，而更改了班次或日期，应及时向游客解释，同时提醒接团社，及时通知下站。

2）如果由于天气或者交通等问题而造成航班临时取消、无法离开所在城市，导游要尽可能安抚游客情绪，同时马上联系内勤，与有关部门配合，安排好游客的用餐及休息问题。

3）如果发生特殊情况（如景点关闭等）必须要变更活动项目，导游员可以讲述一些精彩的内容，引起游客的兴趣，使游客能够愉快地前往替代景点。

(二)行李丢失或损坏

1）如果在机场发现游客行李丢失，应凭机票及行李牌在机场行李查询处挂失，并保存好挂失单和行李单，将遗失者要下榻的饭店的名称、房间号、电话号码告诉查询处，并记下查询处的电话、联系人和航空公司办事处的地址、电话，以便联系。

2）如果在接团之后游客行李丢失，必须要冷静地对情况进行分析，通过多种途径寻找。如果最终仍然没有找到，应把详细情况向旅行社领导汇报，由旅行社安排内勤、外勤和其他工作人员一同帮助寻找丢失的行李。

3）如果行李被损坏，遵循的基本原则是损坏者赔偿。若无法立即查清责任人，应答应给受损失者修理或赔偿，费用掌握在规定标准内，请游客留下书面说明，发票要由地陪导游签字，以便向保险公司索赔。

(三)游客病危或死亡

1）游客病危时，导游员要及时向接团社汇报，积极组织抢救。

2）尽快与旅行社取得联系，报告情况，并请社里派人到医院查看情况。

3）如外国游客病危而其亲属又不在中国，应请领队迅速与患者家属国家的驻华使领馆联系，请其做主或联系病人家属，凡事听取他们的意见，导游人员从旁协助。

4）患者住院需要动手术时，应征得患者亲属、领队或使领馆代表同意并签字后方可进行。

5）如患者在医院抢救无效死亡，由参加抢救的医师向死者亲友、领队、当地旅行社代表详细报告抢救经过，并写出抢救经过报告、死亡诊断证明，由主治医师签字盖章后交领队或死者亲属，同时复制三份交给有关部门收存。

6）若游客属于非正常死亡，导游员要保护好现场，立即向公安局和旅行社报告，协助查明死因。

7）导游员应协助领队清理死者遗物，开列清单，各方签字，然后由家属或领队带回。

(四)交通事故

一旦出现交通事故，必须要做到以下几点。

1. 立即组织抢救

电话呼叫救护车或立即拦车将伤员送往距出事地点最近的医院抢救，并立即向接团社和组团社汇报，请示事后处理意见。

2. 保护现场

保护现场痕迹，切忌在慌忙中破坏现场，尽量阻止肇事者逃跑，为之后交通警察和治安部门调查处理提供便利。若在场的导游有两个，可分别负责保护现场及指挥抢救的工作。

3. 调查处理

迅速报告交通、公安部门，让其派人前来调查处理，并向旅行社报告事故的发生和伤亡情况，请求派人前来指挥事故的处理工作，并要求派车前来把未受伤者和轻伤者分别接送至饭店和医院。

4. 做好安抚工作

事故发生后，除有关工作人员留在医院外，应尽可能使其他团员继续按原定活动计划参观游览。

5. 做好善后工作

交通事故的善后工作交由交通、公安部门和旅行社出面处理，导游人员应照顾好受伤游客，写好事后情况报告，请医院开具诊断书，请公安局开具交通事故证明书，以供游客向保险公司索赔。

6. 书面报告

导游员应写出书面报告，详细报告事故发生的时间、地点、性质、原因、处理经过、最后讨论、司机的姓名、车型、车号、伤亡情况、医生诊断结论、治疗情况等。

（五）其他特殊情况

若发现游客在就餐之后出现了不适症状，如头晕、头痛、恶心、呕吐等，导游员必须马上阻止游客进餐，进而护送游客前往医院就诊。与此同时，要在最短的时间内报告接团社和卫生检疫部门，安排善后处理事宜。

> **特别提示**
>
> 沟通技巧简介
>
> 1. 与游客沟通的一般原则
>
> 与游客沟通的一般原则概括为十法、十戒。"十法"指与游客沟通中的十大注意事项，包括着装整齐、目光接触、面带微笑、表示兴趣、有效倾听、积极回应、语调柔和、态度诚恳、表达含蓄、建立友情。"十戒"指与游客沟通中要避免的十个方面，包括命令威胁、讽刺挖苦、模棱两可、不着边际、刨根究底、多余劝告、空洞安慰、简单评价、自以为是、吞吞吐吐。
>
> 2. 与"难对付"游客的沟通
>
> 有时旅游景区工作人员会遇到一些"难对付"的游客，之所以难对付，可能是因为他们确实有理，要你解决问题；可能是因为他们脾气大，易愤怒；还可能就是游客故意"找碴儿"。这时，旅游景区工作人员面临沟通中的冲突，且在与游客冲突中，旅游景区员工总处于不利地位，因为"客人总是对的"（这是旅游景区管理的基本准则）。因此，提高与这类游客的沟通技巧，保护旅游景区声誉和管理者自身的名誉就显得十分重要。对于确实有理、要你解决问题的游客，旅游景区员工要正确运用"十法"，按照"合理可能"的原则，予以解决；对于找碴儿的游客，旅游景区员工尽量用机智、诙谐的方式解决。
>
> 3. 与愤怒游客的沟通
>
> 有时，故意找碴儿、心理失衡、要求没有满足的游客会冲动、发怒。与愤怒游客的沟通，往往非常棘手。这种游客一般有三种类型：利己型、主宰型、歇斯底里型。利己型的游客往往以自我为中心，认为自己的事总是急事；主宰型的游客常常认为自己总是正确的，如果解决问题的方案不成功，就会指责工作人员不称职；歇斯底里型游客常常大喊大叫，只要自己的要求或计划有任何偏差，就会大发雷霆。
>
> 对不同类型的发怒游客，可以采用不同的处理方式。对利己型游客，不要将他的过激言辞看作对你个人的冒犯，而应当看作针对旅游景区的不满，不要让他感觉不受重视，记住并运用他的名字和职务并适当安抚。不要和他宣讲制度规定，因为他会认为自己比规定高明，因而不会接受。对偏激型游客要尽量友善、礼貌，并尽量满足他们的要求，如果确实不能按他提出的要求办，必须解释清楚，要保持规定上的一致性，不能因为满足他的要求就破坏制度、做出让步。对歇斯底里型游客，要尽量让他发泄情绪，要让他感觉到你理解并认可他的心情，不要有抵触情绪，否则会将事情办砸，最好迅速将他带离人多的现场，请他冷静下来。
>
> 4. 游客投诉处理
>
> 游客对旅游景区的服务不满意就有可能提出投诉，受理并妥善处理投诉能使原有

工作失误造成的负面影响减至最小，高效合理地处理游客的投诉更可以赢得游客的信任和满意。

要高效地处理投诉，旅游景区首先必须要建立一个完善的投诉受理系统，使游客对旅游景区的意见有一个便捷的反映渠道。投诉受理系统的建设，要在各主要景点设立游客投诉服务站，让游客直接到这些服务站去投诉。也可以设立一个统一的投诉热线，投诉热线号码可以通过旅游景区的旅游解说系统告知游客，如门票的背面、景点介绍标牌下方等。

旅游景区一旦接到游客的投诉，就要做出及时反应，能高效快捷地拿出令投诉游客满意的处理方案。要做到这一点，旅游景区需要建立一套完善的投诉处理程序，一旦接到投诉要立即在自己的职权范围根据这些处理程序做出响应，并采取相应的行动。如果一线员工接到的游客投诉不在自己职权范围内，要及时移交到上一级，并对游客做出解释。

旅游景区员工在接到游客投诉后，一般应按下面的程序处理：首先，接待游客并表示歉意；其次，要认真倾听，一般不打断对方的话语；然后，根据投诉内容，按"合理而可能的原则"进行处理，并告知处理过程与结果；最后，对游客的投诉表示感谢。

（资料来源：谢彦君. 旅游景区管理[M]. 北京：中国旅游出版社，2016.）

学 以 致 用

学有所思

1. 旅行社话务人员接听咨询电话时，应注意哪些方面？
2. 简述旅行社营业部员工服务礼仪。
3. 导游员在迎送服务礼仪过程中，应注意哪些方面？

实战演练

导游员服务礼仪。

人物介绍：导游员A，游客B、C、D。

训练内容：由导游员A同学，向游客B、C、D致欢迎词并介绍行程安排，带领扮演游客的同学游览校园或模拟某一景点进行导游词讲解。回答游客提出的问题，处理旅途中的突发状况。

模块七

其他旅游服务礼仪

项目二十　景区服务礼仪

学习目标

1. 熟悉景区闸口工作人员的基本服务礼仪。
2. 掌握景区讲解员的相关服务礼仪。
3. 掌握景区内现场工作人员的服务礼仪。

任务一　熟悉闸口工作人员服务礼仪

闸口是游客步入景区的第一道门，是景区的窗口。景区景点的闸口工作人员注重服务礼仪，不仅仅是自身修养和素质的外在体现，更能树立和展示景区的良好形象。

情境导入

令人感动的一次服务

小王是千灵山自然风景区的一名普通员工，负责停车场工作。一天上午，他在停车场巡视时，发现一辆小轿车的车窗没有关闭，走近一看车中还有电子导航仪、行车证件、汽车保险单等重要物品。为了游客的财产安全，小王立即通过广播查找该车车主，但一直不见车主回来，于是小王始终关注着这辆车，可以说视线几乎没离开过这辆车，并且空闲时就来到车旁查看。直到中午，游玩尽兴的游客们才兴高采烈地回到车旁。当车主得知详情后，非常感动地紧紧握住了小王的手。

问题：小王以怎样的服务赢得了游客的感动？

一、统一着装，仪表整洁

景区的服务人员代表了景区形象，闸口工作人员是景区的窗口，他们应展示给游客干净整洁、规范得体的标准形象，因此在服装上应选择合适的颜色、款式和面料，统一着装，注意衣领和袖口的洁净，检查服饰有无线头、污点等，保持服饰的整体挺括。此外，在整洁、统一的工装上佩戴服务标志牌也是非常必要的。对于妆容，闸口工作人员最好化淡妆上岗，严禁浓妆艳抹；美白要自然，注意颈部的肤色；不留长指甲，勤洗手，保持个人卫生。

二、礼貌问候，微笑迎客

"来有迎声，去有送声"，这是对闸口工作人员的基本要求。看到游客走过来时，应面带微笑，热情地问候对方："您好，欢迎光临！"如果能对客人加上一定的称呼就更好了，如"先生，您好，欢迎光临！""您好，女士，小心脚下！"等，这样的问候和致意会让客人倍感尊重，心情愉悦。

在景区闸口的服务工作中，微笑是最富有吸引力和价值的体态语言，闸口工作人员在与游客初次见面时，如果能给游客一个友好的微笑，能有效地拉近彼此之间的心理距离，使游客产生宾至如归的感觉。

三、热情服务，友好助人

服务的最高境界是能够使人感动和难忘，给人创造惊喜。景区闸口工作人员应以良好的服务态度和敬业精神，热情主动地为每位游客服务，并对有特殊情况的游客提供个性化服务，热情主动，友好助人。如果游客提出问询，应面带微笑，双目平视对方，全神贯注，集中精力，专心倾听，不可三心二意，以示尊重与诚意。答复游客问询时，应做到有问有答，用词得当，简洁明了，谈吐得体。不得敷衍了事，言谈不可偏激，避免有夸张论调。如遇有暂时无法解答的问题，应向游客说明，并表示歉意，不能简单地说"我不知道"之类的用语。

四、注重仪态，精神饱满

闸口工作人员是景区的形象，因此要重视、端正仪态举止，展现良好的精神和饱满的热情，以端正挺拔的站姿、适当的手势、干练精神的走姿和端庄得体的坐姿，为景区树立良好的形象。在与通过闸口的游客交谈时要互相平视、举止大方、不卑不亢、优雅自然，让微笑贯穿整个过程，自然大方，给游客以热情、修养和魅力。

任务二　掌握讲解员服务礼仪

景区讲解是旅游服务中的重要环节，讲解员担负着传播知识、增进友谊、提供帮助等多方面的职责。因此，讲解员的服务礼仪水平将直接影响到本国、本地区以及景区在游客心目中的地位和形象，讲解员学礼、懂礼、讲礼和行礼是十分必要的。

情境导入

2019年8月6日，一名游客在云南昆明某景区游览时不慎遗失身份证，离开景区后才发现身份证不见了。抱着试试看的心态，这位游客联系到当天在景区内为她们一行提供导游服务的景区讲解员小黄。很快，这位讲解员通过景区失物招领广播顺利找到了游客证件，经沟通用快递为失主邮寄回家。事后，这位游客在该景区微信公众号后台留言，表扬景区讲解员小黄，为小黄同志全程讲解清楚、耐心细致点赞，对她热心助人的行为表示感谢。

（资料来源：https://www.sohu.com/a/332202360_189068）

问题：旅游景区讲解员应具备哪些素质？

一、树立良好的第一印象

景区讲解员想要获得游客的认可，应重视首因效应，努力给游客形成良好的第一印象。首因效应也称第一印象，即人们在初次见面接触中，常常首先会观察对方的衣着搭配、仪容仪表、仪态举止以及谈吐风度等外部表象，然后根据主观印象对对方进行初步评价。讲解员应始终以热情、愉快、积极的态度对待游客，做到微笑服务、举止大方、谈吐优雅，并保持融洽、自由而又合乎礼仪的气氛。

二、尊重游客，真诚服务

自尊心人皆有之，是人们最为敏感的心理状态。有了尊重，人们之间才有共同的语言，才有感情上的相通，才能建立良好的人际关系。对景区讲解员来说，只有与游客建立融洽、和谐的伙伴关系，使他们的自尊心得到满足，才能得到他们的尊重。可见，尊重是相互的，也是相对的。

三、礼貌待人，使用柔性化语言

为了能向游客提供高质量的讲解服务，景区的讲解员尤其要注意自己的言谈举止，学会礼貌待人，使用柔性化语言，提供微笑服务。柔性化语言也称礼貌用语，如"您好""请""谢谢""对不起""再见""欢迎您""期待我们再次相聚"等。柔性化语言的语气亲切柔和，措辞委婉，说理自然，多表现为商讨、征询的口吻，这样的语言有较强的说服力。另外，讲解员也要有坚实的语言功底，在与游客交流、讲解时，语言表达力求正确、得体，要在"达意"和"舒服"上下功夫，在"美"上做文章。讲解员语言得体、优美不仅反映了自己的语言水平，也是对游客的尊重。细致、微笑的精细服务，加上礼貌、温柔的柔性化语言，很容易拉近与游客间的距离，使游客产生亲切感。

四、善于倾听，适时互动

景区的讲解员与旅游团队中的导游有一定的区别，由于对讲解对象内容熟知、了解透彻，因此在讲解过程中，很容易大包大揽、只顾自己进行"单向讲解"，缺乏与游客的沟通和互动。善于倾听是一种基本的工作态度，也是一种美德。在游客提出要求或意见时，应暂停讲解，目视对方，并以眼神、笑容或点头来表示自己正在洗耳恭听，很愿意与游客进行互动和交流。在交流过程中要掌握准确性、逻辑性、灵活性等原则。准确性方面，要确保与游客交流的是真实事件，合情合理，言之有据，能够准确反映客观事实；逻辑性方面，与游客的互动交流要符合逻辑规律，其言语保持连贯性，同时语言表达要有秩序，层层递进，条理清晰；灵活性方面，要对讲解词进行灵活调整，随机应变，因人因时因地而异，一切视具体情况而定，交流内容切勿千篇一律、墨守成规。

五、语言清晰，声音优美

语音语调在传情达意方面起着十分重要的作用。任何语言都讲究抑扬顿挫，语音、语调起伏多变，在景区讲解中，讲解员的声音要适度优美、不高不低，以使在场游客都能听清楚为宜。另外，在讲解过程中应详略得当、重点突出，有高潮精彩之处，也有平淡一般之处，不同之处的语音、语调、音色也应有所不同。

此外，讲解的节奏如果运用得当，不仅能使游客听得十分清楚，而且可以使他们心领神会、情随意转，从而产生良好的信息传递效果。所以讲解员要根据游客的反应、理解能力及讲解内容等决定节奏快慢，通常讲解速度掌握在每分钟 200 个字左右为宜。

六、注重表达，讲究讲解技巧

讲解的技巧与能力是判断一名景区讲解员能否提供优质服务的重要标准。讲解员在具体的讲解中，应根据不同的内容、游客的喜好和环境的差别采用不同的讲解方法。讲解员不仅要灵活运用知识，而且要讲究一定的技巧和方法，做到表达无误、措辞优美、富有感情，讲解入情入理，让游客听得心服口服。

在讲解过程中，最常用的技巧有突出重点法，如突出游客感兴趣的内容，突出有代表性的景观，重点讲解独特性。此外还有触景生情法、制造悬念法、趣味法。触景生情法是见物生情，借题发挥，利用游客所见景物制造意境，引人入胜，使游客产生联想，从而领略其中奥秘，获得更多知识与美景。制造悬念法是指当讲解到令人感兴趣的问题时，故意引而不发，增加游客急于知道答案的欲望，使其产生悬念。趣味法是在一般陈述的基础上，用凝练的语句概括景区最精彩、最特殊之处，从而给游客留下突出印象。

学 以 致 用

活动名称： 景区服务礼仪

活动目的： 通过学生实地模拟讲解，将讲解员礼仪用到实践中去，从而更牢固地掌握要点。

活动方式： 情景演练。

将学生分为若干组，每组 3~5 人，分别进行模拟实训演练，具体情景包括：迎宾服务、热情问候、领位服务和主动告别。提出在实训中出现的问题，并进行讨论。

活动反馈： _____

任务三 掌握现场工作人员服务礼仪

景区景点除了闸口工作人员和讲解员,还有许多不同岗位的服务人员,如内部的餐饮、住宿、娱乐、交通、购物等场所的现场工作人员,应按服务岗位的不同分别统一着装,佩戴服务标志牌,为游客的活动提供及时有效、安全规范的服务。

情境导入

直饮水机遭遇尴尬

自2011年年初开始,海南省陆续在省内10个旅游景区安装了25套直饮水设备,游客可以方便地饮到清洁卫生的直饮水。但不久,这些原本供游客饮水用的设备,竟被一些游客当作洗手台、洗脚池使用。为此,一些景区不得不安排专门人员守在直饮水设备旁,加强管理。

旅游景区安装的直饮水机,本是为游客提供饮水方便,却成为洗手台、洗脚池,不由让人咋舌。是什么原因使得这一具有环境保护和节能减排功能的公共设施丧失功效呢?面对质疑,有游客表示:"我不知道这水能喝,还以为是方便大家洗手的。既然是直饮水机,相关的标志应该做得更明显一些,不然很多人不知道怎么使用。"

对此,管理人员也表示,他们会在直饮水机旁设温馨提示,并告知使用方法。由于直饮水机的水都是从下往上喷出,游客只需张嘴就能直接喝到水,不需手捧,这样更卫生。但让游客习惯这种饮水方式,确实还需要一个过程。

问题:海南省直饮水机遭遇的尴尬说明景区服务在哪些方面存在欠缺?

一、景区景点餐饮服务规范

景区景点内餐饮服务场所应注意选址合理,最好建在游览线路的中间或接近终点处。景区景点的餐饮单位应公开就餐标准,明码标价,不随意降低餐饮标准或克扣游客,服务着重体现当地饮食文化和地方饮食特色。餐饮服务卫生应符合《中华人民共和国卫生法》的规定,有预防食物中毒和食品污染的措施。景区景点餐饮单位不应为游客提供违反国家有关规定的野生动植物。

二、景区景点住宿服务规范

景区景点内宾馆和酒店是游客临时的家园,为旅途中的人们提供休息整顿的场所、安全舒适的环境以及热情周到的服务。工作人员应努力做到以下服务规范:注重仪表,讲究形象;精神饱满,热情问候;主动迎接,真诚服务;认真负责,解决问题;注意安全,定期检查。

三、景区景点交通服务规范

景区景点内通常设立了内部交通循环系统,方便内部交通,同时也为一些腿脚不灵便的人提供合适的交通工具。旅游景区景点应当按规定配备残疾人无障碍通道等服务设施,设置导向路牌、路标等明显标志。作为内部交通服务部门，提供安全、快捷、舒适和优质的服务尤为重要和必要。景区内部交通部门的现场工作人员应努力做到以下服务规范：从仪容仪表、仪态举止和着装搭配等方面树立良好的形象，热情迎客，礼貌待人，得体交谈，努力为游客提供专业、标准的服务。

四、景区景点购物服务规范

景区景点的购物场所通常建在游览线路的终点处，以免游客拿着物品游览而疲惫不堪。景区景点购物场所所售商品应明码标价，保证质量。若其价格需要调整，应当按照价格管理规定报请有关部门批准。旅游购物场所应管理有序，经营者佩戴胸卡，亮照经营，无尾追兜售和强买强卖现象。旅游景区景点及其周围禁止擅自摆摊、圈地、占点，妨碍游客游览；禁止纠缠、诱骗或者胁迫游客购物。

五、景区景点娱乐服务规范

景区景点的娱乐场所和游乐设施应当加强管理，健全安全责任制度等各项规章制度，配备相应的操作、维修、管理人员，保证安全运营。应当设置游乐引导标志，保持游览路线和出入口的畅通，及时做好游览疏导工作。对各种游乐设施要分别制定操作规程、管理人员工作制度，现场工作人员应当经过培训，操作维修人员应当按照国家质量技术监督部门的有关规定进行考核，持证上岗。要求乘客严格按照游乐设施工作人员的指挥顺序上下车。上下车时，注意适时提醒游客，以免磕碰或跌倒。在游乐设施未停稳之前不要抢上抢下，乘坐时要系好安全带，并逐一检查是否安全可靠。运行时请游客两手握紧安全把手或其他安全装置，告诫游客安全带绝对不能解开。

此外，景区内部娱乐场所应当建立紧急救护制度，若发生人身伤亡事故，游乐园经营单位应当立即停止设施运行，积极抢救，保护现场，并立即按照有关规定向上级主管部门报告。

六、其他相关场所服务规范

景区景点应设置必要的厕所、垃圾箱和痰筒等卫生设施。厕所应为水冲式，内部清洁，通风良好，无污水、垃圾，门窗应有防蝇措施，应有洗手池、衣帽钩等设施。垃圾箱、痰筒应及时清洁，保持卫生。出入口、主要通道、危险地段、警示标志等应有照明设备，照明设备应保持完好。景区景点内应有畅通有效的广播通信服务网、报警点和报警电话，随时为游客提供急、难、险事求救服务。

温 故 知 新

学有所思

1. 简述闸口工作人员服务礼仪。
2. 简述讲解员服务礼仪。
3. 在景区景点服务中，如有顾客遇到被纠缠的情况，工作人员该如何处理？

实战演练

将学生分为若干组，每组3~5人，分别进行模拟实训演练，具体实训场景包括迎宾服务、热情问候、领位服务和主动告别。提出在实训中出现的问题，并进行讨论。

项目二十一　接待服务礼仪

学习目标

1. 掌握会议接待服务礼仪。
2. 掌握庆典接待服务礼仪。
3. 掌握展览接待服务礼仪。

任务一　掌握会议接待服务礼仪

会议，又称集会或聚会。会议的概念有狭义和广义之分。狭义的会议是指为实现一定目的，由主办或主持单位组织的，由不同层次和不同数量的人们参加的一种事务性活动；广义的会议泛指一切集会。

狭义的会议接待服务，专指为各类会议，如党的代表会议、政府工作会议、总结会、研讨会、现场会、报告会、座谈会、经验交流会、洽谈会等提供服务；广义的会议接待服务，是指为各种聚会或大型活动，如各种类型的展览会、博览会、运动会、联欢会、文艺会演等提供全方位的服务。

会议应具有三个要素：一是形式，即有会议的名称、时间、地点、方式、主持人、与会者；二是内容，即有会议的指导思想、议项、目的、任务、结果；三是程序，即会议要包括会前准备、开始、结束三个程序。会议是人们为了解决某个共同问题，或出于某种目的而聚集在一起进行讨论、交流的活动。

情境导入

某市环保局今年的工作很出色，清理整顿了一大批污染严重的企业，又重点整顿了一些物业小区的环境卫生，得到了市里的表扬。局里决定召开一次表彰大会，并邀请到王副市长作为嘉宾，与高局长、常务副局长张强、洪副市长、刘副局长等领导一同参会，表彰工作突出的个人和部门。会场布置工作由王秘书负责。考虑到参会人员众多，王秘书选择局里的大礼堂作为表彰会的会场，并在前面设置主席台，全体职工在主席台对面就坐。

问题：王秘书该如何安排主席台的座次席位呢？

一、组织会议的礼仪

会议的类型、目的、对象不同，则场地的布置方式、会议的主持方式也有所不同。无论什么类型的会议，要想取得良好的效果，会议的组织工作都必须讲究礼仪。会议礼仪是会议取得成功的重要保证。

(一) 会前礼仪

会前的准备工作对会议的质量有着至关重要的影响。会前准备工作主要包括以下几个方面。

1. 了解情况，确定主题

在接到举办会议的通知后，召集有关部门对会议进行研究，了解会议的要求和所要达到的既定目的，并确定会议主题。

2. 理清要素，分别落实

会前准备的基本要素包括时间、地点、参会人、形式、所需物品、策划等。要理清各个要素，分别落实。

3. 成立会务机构

凡是大、中型会议，都需要成立专门的会务机构进行会议的筹备、组织和协调工作，具体负责会议通知的发放、会场的布置、议程的安排、会议文件的准备和发放等具体工作。

4. 拟订会议日程

会议日程是指对会议所要通过的文件、所要解决的问题进行粗略安排，并以表格的方式清晰地表达出来。编制会议日程时，应注意议题所涉及的各种事情惯有的顺序，并尽量将同类事情排列在一起。保密性较强的议题通常放在最后。

5. 确定人数，拟发邀请函

召开会议前，要提前确定参加会议的人员和具体人数。与会人员确定之后，便拟发会议邀请函或通知。会议邀请函上需要注明会议的组织单位、名称、目的和内容、会期和日程、报到时间和地点等，必要时还应注明会议所需缴纳的费用等事宜。

6. 布置会场，安排座次

举行正式的会议时，会场的布置和参会人员的座次安排非常重要，其是会议得以顺利进行的重要保证。越是重要的会议，其座次安排越受关注。座次安排在实际操作中，应根据会议的规模进行具体排列。

(1) 小型会议

小型会议的座次安排主要遵循"自由择座、划片就座、面门设座、居中为上和依景设座"的原则。

1）自由择座。不安排固定的座次，而是由所有参会人员完全自主地选择座位就座。

2）划片就座。为了维持安静、有序的会场纪律，提前按照参会人员的单位和职务进行划片，并安排座位。

3）面门设座。主座面对会议室的正门，而其他与会人员的座位在其左右两侧，依次排开。

4）居中为上。居于中央的座位位次要高于两侧的座位。

5）依景设座。主座背对会议室内的主要景致，如会议室内的字画、装饰墙、讲台等。另外，为了方便观景，也可面对窗外美景设座。

(2) 大型会议

大型会议的最大特点是会场上分设主席台与群众席。在座次安排上主要分为国内政务型、国际会议两种排序方式。

1）按国内惯例安排主席台座位。除大型商务会议外，我国政府、人大及党政机关召开的大型会议，主席台的位置安排都遵循中国传统做法。国内排定主席台位次的基本原则如下。

①居中为上：身份最高的领导人（或声望较高的来宾）安排在主席台前排中央就座。

②以左为尊：其他人员按先左后右、一左一右的顺序依次排列，如图21-1所示。

③前高于后：参加会议的群众席排座主要按照自由择座和划片就座的方式进行。另外，以面对主席台为准，群众席的座次是前排高于后排。

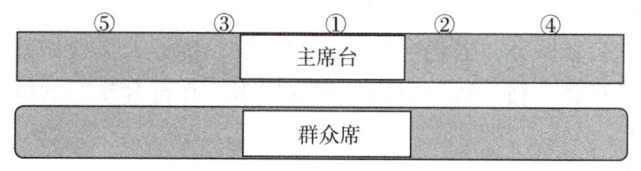

图 21-1　按照国内惯例安排主席台座位

2）按国际惯例安排主席台座位。按照国际惯例，召开国际会议时都应遵循以下三项原则。

①居中为上：身份最高的领导人（或声望较高的来宾）安排在主席台前排中央就座。

②以右为尊：其他人员按先右后左、一右一左的顺序依次排列，如图21-2所示。

③前高于后：参加会议的群众席排座主要按照自由择座和划片就座的方式进行。另外，以面对主席台为准，群众席的座次是前排高于后排。

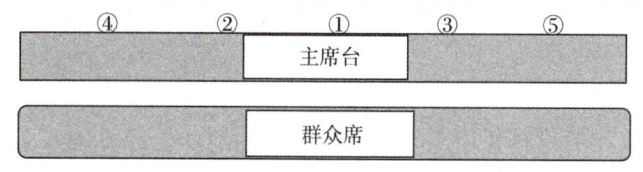

图 21-2　按照国际惯例安排主席台座位

(二) 会中礼仪

1. 人员签到，迎宾入座

为掌握准确的到会人员情况，会议的组织者或会务组应设立签到处，安排与会人员进行有序签到。尤其是一些有选举和表决内容的会议，必须组织签到，可以使用签到卡或签到簿来进行。会议服务人员应提前一个小时进入会场，检查环境、设备等，确保会场各项工作到位，做好迎接参会人员的准备。与会人员进入会场后，会议服务人员应安排其有序就座。

2. 会议记录，文件印发

会议记录是指对会议发言内容进行记录，可以采用手写笔记、电脑录入、录音、录像等方式进行。在会议过程中，应安排专人做好此项工作，包括会议名称、时间、地点、人员和发言内容等。会期较长的重要会议，应及时编写会议简报，报道会议的动态情况，进行会议文件的印发。

3. 参观引导，会场调度

与会人员进入会场后，要安排专人负责迎接工作。若与会人员需要参观会场，会务人员须做好引导陪同工作。会议中要随时注意观察，及时发现和解决问题，有效地进行会场调度工作，保证会场的秩序和安全。

4. 注重形象，规范服务

会议服务人员要注重形象，符合礼仪，统一着装并佩戴醒目标志牌。服务语言礼貌规范，服务态度热情有礼、细致周到。在会场服务前以及会场服务中，应做到不饮酒、不食异味食品、不擅离岗位、不在会场使用手机等，恪守职业道德，规范服务。

5. 做好其他相关服务工作

除了以上提到的会场服务，若遇会期较长的会议，服务人员要做好会议食宿工作的安排。对于外来与会者在食、宿、行等方面的其他要求，在符合规定的情况下应尽力满足。

（三）会后礼仪

1. 会场清理，人员送别

会议结束后，按分工划分的责任区域认真细致地进行检查，如发现与会人员遗留的物品，要记清所在位置，及时上交或汇报，进行妥当处置。认真搞好当日的收尾工作，包括收纸杯座、名签座等，妥善收存各种牌号，以备日后继续使用。

2. 整理材料，形成文件

会议结束后，应尽快对会议记录进行整理，更正记录中出现的问题，从而保证会议记录的真实准确、清晰完整，随后形成正式的会议文件，包括会议纪要、会议决议等，并及时下发。

3. 做好总结，反馈信息

会议记录及会议相关材料要由专人负责整理、归纳。会后要做好总结工作，及时收集相关人员对本次会议的反馈信息，以便改进和更好地完成今后的工作。

4. 协助返程，提供帮助

会议结束后，组织者应为与会人员提供必要的帮助，协助他们顺利、安全地离开。如果条件允许，可提供必要的车辆。对于外地的与会者，应帮助他们订购返程的车票、机票等，并安排会务组专人负责送行。

二、参加会议的礼仪

(一)注重仪表,符合规范

参加会议者应衣着整洁,仪表大方,其着装应符合场合和自己的身份。参加一些国际性会议时,参会者需要着正装。

(二)恪守时间,准时赴会

参会人员应恪守时间,准时入场,进出有序,依会议安排座次落座。应尽量提前5~10分钟入场,做到不迟到、不早退。

(三)注重仪态,礼貌发言

参会人员应精神饱满,动作举止稳重大方,保持良好的坐姿,不可歪斜身体或伏案抖腿,避免搔首、挖鼻、掏耳、剔牙等不文明行为。会议中闭眼睡觉、身体动来动去也是对会议组织者和其他参会人员的不尊重。发言人发言结束时,应鼓掌致意表示感谢。上台发言应控制好时间,观点明确,表达流利清晰。

(四)保持安静,尊重他人

开会时应认真听讲,保持安静,不私下小声说话、交头接耳或拨打接听手机。在中途退场时应轻手轻脚,不影响他人。

(五)收集资料,征得同意

为了收集、整理和汇总相关的会议资料,参会者在会议中进行录音、录像、拍照等行为时,要征得主办方的允许,不可擅自贸然行事,避免尴尬和不必要的麻烦。

任务二 掌握庆典接待服务礼仪

庆典即庆祝典礼和仪式,通常是指人们在人际交往中,特别是在一些比较重大庄严、隆重热烈的正式场合为了激发出席者的某种情感,或者为了引起重视,参照合乎规范与惯例的程序而举行的某种活动的具体形式。

庆典礼仪一般指典礼、仪式的标准要求和礼仪规范。庆典仪式是国家、单位、团体对外塑造公众形象、扩大宣传,对内增强凝聚力的重要方式,通常会突出喜庆、隆重的气氛。在现实生活中,庆典仪式较多,例如开业庆典、剪彩庆典、签字庆典等。

情境导入

开业庆典

2012年4月13日,是北京××酒店隆重开业的日子。

这一天,酒店上空彩球高悬,四周彩旗飘扬,身着鲜艳旗袍的礼仪小姐站立在店门两侧,她们的身后是摆放整齐的花篮。所有员工服饰整洁,面貌一新,精神焕发,整个酒店沉浸在喜庆的气氛之中。

开业庆典在店前广场举行。上午 11 时许，应邀前来参加庆典的有关领导、各界友人、新闻记者陆续到齐。正在举行剪彩之际，天空突然下起了倾盆大雨，典礼只好移至厅内举行，一时间大厅内挤满了参加庆典的人员和避雨的行人。典礼仪式在音乐和雨声中隆重举行，整个厅内灯光闪亮，使得庆典别具特色。

典礼完毕，大雨仍没有停歇。厅内避雨的行人在短时间内无法离去，许多人焦急地望着厅外。于是，酒店经理当场宣布："今天能聚集到我们酒店的各位都是我们的嘉宾，希望大家能同敝店共享今天的喜庆，我代表酒店真诚地邀请诸位到餐厅共进午餐。当然，一切费用全免。"

话音刚落，大厅内响起雷鸣般的掌声。

问题：在酒店开业庆典的当日，酒店经理此举具有什么意义？

一、开业庆典

开业庆典是指一个企业或公司向新闻媒体、社会公众发布和传播企业信息、宣传企业形象，促进企业与社会各界及新闻媒体沟通和交流的公关宣传活动。开业庆典的组织应遵循一定的原则和礼仪要求。开业庆典策划应遵循"热烈、隆重、节俭"的原则。

(一) 制订周密、详细的计划

开业庆典计划包括出席人员、物资、资金、场地、设备的确定。应成立相应的组织机构，对每项工作进行分工，具体问题要考虑周全，并将责任落实到个人。准备时间要仔细安排，并经常督促、检查落实的情况。

1. 确定出席人员

开业庆典影响力的大小，往往取决于来宾身份的高低和数量的多少。因此在制订周密详细的开业庆典计划时，确定出席的人员尤为重要。地方领导、上级主管部门与地方职能管理部门的领导、合作单位与同行单位代表、社会名流、新闻界人士以及社区负责人等，往往是来宾的首选。

2. 发放请柬

出席开业庆典的人员一旦确定，就要在开业庆典的前一周，向有关人员发出请柬，表示正式邀请。请柬的印制要精美，内容要完整，文字要精练，措辞要热情。被邀者的姓名要书写工整，不能潦草、马虎，杜绝出现错别字。

(二) 做好庆典环境的布置

开业庆典现场环境的选择，应尽量考虑宽敞、醒目、开阔的地带，通常可以选择正门之外的广场，也可以是正门之内的大厅。为了烘托热烈、隆重、喜庆的气氛，可在来宾尤其是贵宾站立之处铺设红色地毯，并在场地悬挂横幅，两侧布置一些来宾送的祝贺条幅、花篮，会场四周还可以张灯结彩，悬挂彩灯、气球等。来宾的签到簿、主办单位的宣传材料、待客的饮料等，也要提前备好。对于音响、照明设备，以及开业典礼举行之时所需使用的各种设备，必须事先认真进行检查，以免在使用时出现差错。另外，开业庆典的场地选择不能妨碍交通，音响、设备的调试以不制造噪声为宜，否则会影响开业典礼的效果，甚至破坏本单位的形象。

(三)提供热情、礼貌的接待服务

在举行开业庆典的现场，一定要由专人负责来宾的接待工作。主办单位的全体员工要以主人翁的身份热情待客、主动相助，并分工明确，各尽其职。在接待贵宾时，主办单位的主要负责人要亲自出面。

(四)塑造规范、适宜的形象

1. 组织方

对于开业庆典的组织者来说，整个仪式过程都是礼待宾客的过程，每个人的仪容仪表、言谈举止都关系到主办单位的形象。因此，作为组织者，在参加开业庆典时应注意以下几点。

(1)仪容整洁

出席庆典的人员事前都要进行适当修饰，女士可以适当化淡妆，男士也应整理好仪容。

(2)服饰规范

若条件允许，主办方人员应尽量身着统一式样的工装。若没有统一的工装，则每个人应穿着正装，即男士穿深色西装，女士穿深色西装套裙或套装。

(3)遵守时间

出席开业庆典的所有人员都应严格遵守时间，不迟到、无故缺席或中途退场。如果仪式的起止时间已经公布，庆典应准时开始、准时结束。

(4)态度友好

遇到来宾要主动热情地问好，对来宾提出的问题应予以友善的答复。当来宾发表贺词后，应主动鼓掌表示感谢，不得起哄、鼓倒掌，不能随意打断来宾的讲话或是对来宾进行人身攻击。

(5)举止得体

主办方人员的得体举止，可以充分展示主办单位的良好形象。在整个庆典过程中，参加人员不得嬉笑打闹，不得做与典礼无关的事，如看报纸、玩手机、打瞌睡等。

2. 参加方

参加开业庆典的宾客也要注意自己的礼貌礼节，尽量做到以下几个方面。

(1)准时参加

参加开业庆典的嘉宾，应该遵守时间，准时到场。如有特殊情况不能到场，应及早通知主办方，不要辜负主人的一番好意。

(2)准备礼物

被邀请的嘉宾在参加开业庆典时，可送些贺礼，如花篮、镜匾、楹联等，并在贺礼上写明庆贺对象、庆贺缘由、贺词及祝贺单位，表示对开业方的祝贺。

(3)礼貌致贺

参加开业庆典的嘉宾见到主人时应向其表示祝贺，并说一些恭祝顺利、发财、兴旺的吉利话。入座后应礼貌地与邻座打招呼，可通过自我介绍、互换名片等方式结识新朋友。在庆典上致贺词时，要简短精练、清晰明确，避免拖延时间。

(4)举止得体

在庆典进行的过程中,宾客也要注意自己的仪态举止符合礼仪规范。根据典礼的进展,做一些礼节性的活动,如鼓掌、跟随参观、写留言等。

二、剪彩庆典

剪彩庆典是有关组织为了庆贺其成立或开业、大型建筑物落成、新造车船或飞机出厂、道路桥梁落成、大型展销会开幕等重大事宜而举行的一种庆祝仪式。

(一)剪彩的来历

剪彩源于一次偶然发生的事件。1912年,美国圣安东尼奥州的某家大型百货公司将要开业时,店主为了防止公司未开张就有人闯入店内,便找来一条布带子拴在门框上。

这时,店主的小女儿牵着的一条小狗突然从店里跑了出来,将拴在门框上的布带子碰落在地,店外的人误以为这是该店为了开张所搞的活动,于是一拥而入,大肆抢购,店铺生意红火。此后,店主旗下的几家分店陆续开业时,如法炮制,只是将碰落布带子的主角换成了他的女儿,结果生意也很兴旺。于是,人们认为公司、店铺开张时,让女孩碰落布带是一个极好的兆头,都争相效法。后来,人们用彩带取代了颜色单一的布带,并用剪刀剪断,执行人也变成了美丽的少女。再后来,这个仪式又被定型为邀请社会名流或本地官员来执行,并给这种做法正式取名为"剪彩"。

时至今日,剪彩已成为商务公关、开业志庆的一个重要仪式,并约定俗成,形成了一整套的礼仪规范和要求。

(二)剪彩庆典的必备物品

1. 红色缎带和花球

花球的具体数目通常比剪彩人多一个,每两朵相邻的花球,用长度为2米左右的红色绸缎或缎带类织物连接起来。

2. 剪刀

剪刀专供剪彩者在剪彩仪式上使用,每位剪彩者必须人手一把。

3. 白色薄纱手套

白色薄纱手套供剪彩者在剪彩庆典仪式上使用,要求平整崭新、洁白无瑕、大小适度、完好无损。

4. 托盘

托盘供礼仪服务人员盛放剪刀、白色薄纱手套,托盘上可铺盖红色绒布或绸布。

(三)剪彩者的确定

在剪彩庆典仪式上,谁来剪彩尤为重要。通常情况下由上级领导、合作伙伴、社会名流、职工代表等担任,人数最好不超过五人。剪彩庆典仪式开始之前,应告知届时将与何人一同担任剪彩嘉宾,征得剪彩人同意,以示尊重。助剪者通常由礼仪服务人员担任。

(四)剪彩庆典的礼仪程序

1)庆典活动即将开始时,排列整齐的礼仪小姐手托花球和盖有红色方巾的托盘,伴着喜庆热烈的音乐入场，面向观众站成一排。

2）主持人入场，音乐停止。

3）主持人致词，介绍重要来宾及与会代表。

4）剪彩开始，由主持人宣布剪彩人员名单及职务。

5）剪彩人步履稳健、面带微笑地走向彩带。剪彩人交叉地站在礼仪小姐中间，拿剪刀时应用眼神和微笑向礼仪小姐示意。

6）当主持人致词完，示意准备剪彩时，剪彩人相互用眼神示意，配合默契，一起下剪，同时剪断。

7）剪彩完毕放下剪刀后，向观众鼓掌致意，音乐再次响起。

三、签约庆典

组织或单位之间就某一重大事件达成协议、签订合同，或者国家之间通过谈判，就政治、经济、军事、科技、文化等某一领域的相互关系达成协议，缔结条约、协定或公约，往往都要举行签约庆典。

（一）签约庆典的准备

在签署合同或约定之前，一般要做好以下几个步骤的准备工作。

1. 布置签约厅

签约厅可设专用的，也可临时以会议厅、会客室代替。布置签约厅应遵循"庄重、整洁、清静"的原则。一间标准的签约厅，室内应当铺设地毯，摆放必要的签字用桌椅。正规的签字桌应为长桌，其上最好铺设深绿色的台布。

2. 安排签约座次

按照仪式礼仪的规范，签字桌应当横放，在其后可摆放两把高靠背扶手座椅，签约代表面门而坐。按照国际惯例，座次排列遵循"以右为尊"的原则，左为主方签字座位，右为客方签字座位。

在签约桌上，应事先摆放好待签的合同文本，以及签字笔、吸墨器等签字时所使用的文具。与外商签署涉外商务合同时，还需在签字桌上插放有关各方的国旗。插放国旗时，在其位置和顺序上，必须按照礼宾序列而行。

3. 预备待签的合同文本

在正式签署合同之前，应由举行签约仪式的主方负责准备待签合同的正式文本。在决定正式签署合同时，就应当拟订合同的最终文本，它应当是正式且不再进行任何更改的标准文本。负责为签约仪式提供待签合同文本的主方，应会同有关各方一道指定专人负责合同的定稿、校对、印刷与装订。待签的合同文本应以精美的白纸印制而成，按大八开的规格装订成册，并以高档材料（如真皮、金属、软木等）作为封面。

（二）签约庆典的程序

虽然签约仪式时间不长，但它是合同、协议签署的必要仪式，其程序应规范庄重、热烈美好。

1. 签约仪式正式开始

有关各方人员进入签约厅，在既定的位次上坐好。双方助签人分别站在己方签字者的外侧，协助调整文本，指明签字处。

2. 签字人签署文本

签字人签署文本的通常做法是先签署己方保存的合同文本，后签署他方保存的合同文本，这一做法在礼仪上称为"轮换制"。它的含义是轮流使有关各方有机会居于首位一次，以显示机会均等、各方平等。

3. 交换合同文本

双方签字人签字后，正式交换已经由有关各方正式签署的文本。交换合同文本后，各方签字人应热烈握手，互相祝贺，并相互交换各自刚才使用过的签字笔，以作纪念。这时全场人员应鼓掌表示祝贺。

4. 共同举杯庆贺

交换已签订的合同文本后，礼宾小姐会用托盘端上香槟酒，有关人员尤其是签字人要当场碰杯。这是国际上通用的做法，旨在增添喜庆色彩。

5. 有序退场

请双方最高领导者及客方人员先退场，然后其他人再退场。整个签约仪式以半个小时为宜。

任务三　掌握展览接待服务礼仪

展览会是旅游组织与企业举行公共关系专题活动的一种重要形式，它主要通过实物、文字、图表来展现其成果、风貌、特征，推广产品和服务，宣传成就，塑造形象。举办展览会，通过真实可见的产品、热情周到的服务、全面透彻的资料和图片及技术人员的现场操作，可吸引大量的参观者，使其留下深刻的印象。因此，在举办或参加展览会时，相关人员要注意展现良好的修养，努力维护参展企业的形象。

一、展览会的优势

（一）形象的宣传方式

展览会是一种非常直观、形象、生动的传播方式。它通常以展出实物为主，并进行现场示范表演，有专人讲解和示范产品的使用方法。

（二）良好的沟通平台

展览会给参展者提供了与公众直接沟通的极好机会。通常，展览会上有专人解答参观者的问题，并就他们感兴趣的问题进行深入讨论。这样，参展单位在让公众了解自身的同时，还能及时了解公众对其传播内容的反应，可以根据公众反馈的信息进一步做好工作。

（三）多种传媒的综合运用

展览会是一种复合的传播方式，是同时使用多种媒介进行交叉混合传播的过程。它集多种传播媒介于一体，具体有：声音媒介，如讲解、交谈和现场广播；文字媒介，如印刷的宣传手册、资料；图像媒介，如各种照片、录像、幻灯片等。

二、展览会的服务礼仪

（一）明确展览会的主题

只有明确清晰的主题，才能提纲挈领，对所有展品进行有机的排列组合，充分展示其风采，达到参展的既定目标。否则，主题杂乱无章、主旨不明，就很难把展品、各类资料有机地结合起来，必定影响展览效果。因此在展览会的组织工作中，确定明确的主题尤为重要。

（二）合理设置展会的各个环节

1. 精心布置展台

参加展会时，要围绕明确的主题，认真选择展品，精心布置陈列，合理配置展品。展品的配置要有利于突出展览会的主题，避免脱离主题的过分装饰、音响刺激等，以免分散参观者的注意力。

2. 重视展览会的整体设计

任何一项展览都是一项系统工程，必须有一个详细的整体设计方案。方案内容包括展览场地、标语口号、展览徽志、参展单位及项目、辅助设备、相关服务部门的设置和人员安排、信息的发布与新闻界的联络、对工作人员的培训等。整体设计需要全面规划、周密安排，任何一个环节安排不当，都会影响整个展览的效果。

3. 成立对外新闻发布机构

参展单位要成立对外发布新闻的专门机构，负责与新闻界进行密切的联系。展览过程中往往会发生许多有新闻价值的情况，有关人员要以敏锐的观察力去挖掘、分析，并写成各种新闻稿件发表，以扩大影响。同时，要制订好新闻发布的计划，如确定发布内容、发布时机、发布形式等。

（三）热情接待，礼貌服务

理想的展览接待人员应具备的条件是：仪表端庄，仪容整洁，仪态举止得体，专业知识扎实，能够提供业务、产品方面的咨询服务，具有较强的口头表达能力和接待能力。在接待参观者时，不要用"雷达式"的目光进行扫描，而要尽快判断出参观者的意向，实现与参观者的良好沟通，让参观者有机会说明其兴趣和需要，然后有针对性地提供相应服务。

（四）资料充足，介绍详尽

在参展前，要印制好参展所需要的宣传资料，放置在展览会签名处，并保证数量充足。宣传资料内容要尽可能详尽、仔细。参展过程中对重点招徕的目标商进行有针对性的介绍。

（五）恪尽职守，工作善始善终

在展览会的举办过程中，参展人员要坚守展台，不擅离职位。要充分利用展览会组织者举办的各种社交活动、专题报告会、信息交流会、研讨会等，最大可能地叙旧结新，广交朋友。展览会结束后，为做好追踪和后续工作，要与本地客户及时联系，并拜会新、老客户，解决在展览会期间没有来得及处理的问题。

(六) 参展工作人员的具体礼仪

1. 主持人礼仪

主持人是展览会的主角，应该表现出决定性人物的权威性。在着装上，要穿西装套装或套裙，举止大方得体，使公众对其产生信赖感。主持人是参展单位形象的代言人，在会见、接待宾客时，应主动伸手，热情、礼貌地表示欢迎。

2. 讲解员礼仪

讲解员着装要整洁大方，打扮自然得体，讲解时应热情礼貌地招呼听众，语调流畅合宜，声音洪亮悦耳，语速适中，并且避免使用生僻晦涩的专业词汇。介绍时应做到实事求是、客观真实，不愚弄听众。解说完毕后，应对听众表示感谢并进行适时的互动交流。

3. 接待员礼仪

接待员在提供服务时，应该重视自己的仪态举止，有精神挺拔的站姿、干练稳重的走姿、端庄优雅的坐姿和文明合宜的蹲姿。

学以致用

学有所思

1. 组织会议时，在会前、会中和会后应注意哪些细节？
2. 简要陈述会议位次排序的基本原则。
3. 什么是庆典？列举几种庆典仪式，并说明参加人员应注意的礼仪规范。
4. 简要陈述展览会的服务礼仪。

实战演练

1. 模拟会见活动，进行会场布置及场景演练。
2. 模拟庆典活动中客人报到的场景。

模块八

游客社会公共礼仪

项目二十二　游客"食"的礼仪

> **学习目标**
>
> 1. 掌握中餐进食礼仪。
> 2. 熟悉西餐进食礼仪。

任务一　掌握中餐进食礼仪

任何一个民族都有自己的饮食礼仪，发展的程度也各不相同。中国人的饮食礼仪是比较完备的。《礼记·礼运》说："夫礼之初，始诸饮食。"在中国，根据文献记载，最迟在周代时，饮食礼仪就已形成一套相当完善的制度。这些礼仪在以后的社会实践中不断得到完善，在古代社会发挥过重要作用，对现代社会也依然产生着影响，是文明时代的重要行为规范。

> **情境导入**

由于市场竞争激烈，蓝天和创意这两家策划公司对某机电公司即将进行的车展策划都志在必得。于是蓝天公司的李总就约了机电公司的王总在银都酒店三楼中餐厅吃饭。

李总和秘书小刘刚到银都酒店三楼中餐厅的一号房间，王总也到了。双方问好就座后，小刘便叫服务员开始点菜。15分钟后，小刘点好菜对王总说："王总，我也不知道这些菜合不合您的口味，您看还要再点些其他的吗？"王总说不必了。

在吃饭过程中，小刘为了表示热情，就用自己的筷子不停地给王总夹菜。当两位老总因谈话逐渐深入时，小刘把筷子随意地横放在碗上为两位老总添加饮料，由于加饮料时没有给予提示，差点把饮料泼在王总身上。

不久，李总收到了王总发来的邮件，内容是：本来我还在犹豫该选择哪家公司为我公司策划车展的事,现在我已经决定,我是不会和一家礼仪如此差的公司合作的。李总有些莫名其妙。

(资料来源:袁涤非.商务礼仪实用教程[M].北京:高等教育出版社,2017,12:188.)

问题: 为什么王总认为李总公司不懂礼仪呢?从哪些地方可以体现出来?

一、点菜礼仪

旅行团体在具体用餐过程中,往往觉得点菜是一件难事,如何让所有用餐的人都吃得满意、吃得舒服,确实很有讲究。

首先要充分考虑到用餐的对象,再来决定点哪些菜。一般来说,要优先考虑三类菜肴:第一类是有中国特色的菜肴,如炸春卷、狮子头、宫保鸡丁等。这些具有中国特色的菜很容易受到外国客人的喜爱。第二类是有本地特色的菜肴,这一类菜在招待外地客人时比较适用。第三类是本餐厅的特色菜,这类菜一般是餐厅的招牌菜,口碑比较好。

点菜时不仅要考虑口味,还应注意菜肴搭配。例如,一桌菜通常会有汤、热菜、凉菜,品种上包括肉类、海鲜、素菜。这六个要素的搭配必须均衡合理,做到烹饪方法不同,菜品不重复,比如,点了鱼汤,就不再适合点清蒸鱼、糖醋鱼及其他鱼;点了老鸭汤,别的肉菜就不能再以鸭肉为主。在热菜和凉菜的搭配上,以热菜为主,凉菜为辅。

菜品的数量不能过多或过少,应以吃饭人数为基准,略微多1~2个菜为宜,同时也要注意数量要双不要单。例如,4个以下的人吃饭,点三菜一汤较为合适;6人时,点七菜一汤比较合适;多于8人时,按照人数加2的数量点菜比较合适。

点菜时也可参考季节,尽量点当季菜。虽然现在交通发达,加之大棚的普及让很多菜四季都有,但时令菜的新鲜和营养还是大棚菜无法替代的。当季菜如早春时节的香椿、春笋,夏天的苦瓜、苋菜、莲子,秋天的百合、菱角、莲藕,冬天的莴苣等。点些时令菜,不仅可以显示出点菜人的水平,也能让游客尝尝"鲜"。

点菜时还有一项不可忽视的因素要考虑,那就是用餐人的年龄和性别。老年人一般牙齿不好,应点一些易咀嚼的菜;儿童肠胃功能较弱,宜点一些好消化的菜;为女性则点一些养颜美容的菜,如百合、木瓜等,可以适当点一些甜品。

颜色也是点菜时要考虑的,要注意桌上菜肴色彩的搭配,尽量让菜品的颜色和品相丰富多彩,红的辣椒、绿的黄瓜、黄的玉米、白的莲藕……看上去赏心悦目,也能增加食欲。

点菜还有禁忌,比如信奉佛教的人通常只吃素。各个地方的人在饮食偏好上也有不同,湖南人爱吃辣,山西人爱吃酸,四川人爱吃麻,江浙人爱吃甜,北方人爱吃面食。英美等国家的人害怕吃动物,尤其是动物的内脏、脚爪和头部。点菜时要把游客的禁忌、喜好充分考虑到,尽量让桌上的每个人都能找到喜欢的菜肴。

二、餐具礼仪

中餐使用的餐具通常有筷子、勺子、碗、碟和辅助餐具(如杯子、盘子、湿巾)等,这些餐具在使用时都有一定的礼仪规范。

(一)筷子

中国人使用筷子源远流长,古代称筷子为"箸"。在现代商务中式宴请中,筷子的运用也是十分讲究的。

通常,正确使用筷子的方法是右手执筷,大拇指和食指捏住筷子的顶端至中部的三分之一处,其余手指自然弯曲扶住筷子,且两根筷子的两端要对齐。筷子通常是成双使用而不能只用一根,要整齐摆放在筷子架或菜盘上,不要让筷子一根横放、一根竖放或交叉摆放。要让同一桌的筷子长、短、粗、细一致,忌讳用嘴吮吸筷头。筷子掉落时,应立即拾取,宜换双新筷,不可用掉落地上的筷子再次夹取食物。

使用筷子有很多禁忌,下面列举十忌:

1)忌舔筷:夹菜前将筷子放入嘴中舔舐,或当牙签;
2)忌迷筷:举筷不定,不知夹什么菜好;
3)忌脏筷:用筷子在盘里翻捡夹菜;
4)忌指筷:拿筷子指人;
5)忌泪筷:夹菜时不干净,菜上挂汤淋了一桌;
6)忌插筷:将筷子插在饭菜上;
7)忌粘筷:筷子上还粘着东西又去夹别的菜;
8)忌连筷:同一道菜连夹3次以上;
9)忌敲筷:用筷子敲击餐具或桌面;
10)忌分筷:将筷子分放在餐具左右。

(二)勺子

中餐的勺子以短柄瓷质为主,主要用来喝汤和羹,有时也可以用勺子辅助筷子取菜,但尽量不要用勺子单独取菜。

用勺子取食物时,不要过满,以免溢出来弄脏餐桌或自己的衣服。在舀取食物后,可以在原处停留片刻,当汤汁不再往下流时,再移回来享用。

用勺子取食物后,要立即食用或放在自己碟子里,不要再把它倒回原处。如果取用的食物太烫,不可用勺子舀来舀去,也不要用嘴对着吹,可以先放到自己的碗里等凉了再吃。

当菜碗中摆放了公勺时,要用公勺取菜,但不要忘了放回去。

(三)碗

碗主要用于盛放主食,或者羹、汤。使用碗时尽量不要端起碗来吃东西,要用筷子或勺子取碗内的东西吃,不可端起碗往嘴里倒食物;更不能去吸碗。碗即便暂时不用,也不可以盛放杂物。不要把碗倒扣过来放在桌上。

要注意端碗的姿势,不可用手掌托着碗,也不要把碗抱在胸前。

(四)盘子(碟子)

在餐桌上使用的盘子通常比较小,又称作碟子,也有称骨碟的。它起到一个中转的作用,可以暂放从餐桌上取来的菜肴,也可盛装骨头等弃物。

不要一次性夹太多菜放到盘子里,也不要堆放很多品种不同的菜。不要将食物的残渣、骨头、鱼刺等直接吐在餐桌上或碟子里,而应用筷子夹着轻轻放在盘子前端。如果盘子堆满了弃物，则要请服务员及时更换。

(五)其他

1. 湿毛巾

比较讲究的正式宴会在餐桌上会放两条湿毛巾，一条餐前用来擦手，另一条餐后用来擦嘴。也有的是由服务员餐前递送，看到客人用脏后不断更换。餐前的湿毛巾是用来擦手的，不宜用来擦脸、擦汗；结束前的湿毛巾是用来擦嘴的，也不宜用来抹脸、抹汗，更不要往湿毛巾上吐脏物。

2. 水盂

有时在吃中餐时需要直接用手抓食物，如吃海鲜或带壳的食物时，遇到这种场合，桌上往往会摆上一个水盂。为了消毒和美观，会在水盂中放几片柠檬，水盂里的水只能用来洗手。洗手时注意动作要轻柔，不要让水溅出，洗过手后用毛巾擦干，不要甩干。

3. 牙签

牙签主要用来剔牙，有的食物也需要使用牙签。不要当众剔牙，如果非要剔的话要用手或餐巾遮住嘴巴。剔出来的东西千万不要拿来看或再次放入口中，也不能随手乱弹或随口吐出。

三、用餐礼仪

(一)进餐礼仪

进餐时，先请长者和女士动筷子，夹菜时每次少一些，离自己远的菜尽量少吃一些。

吃饭时不要发出声音。有的人吃饭时喜欢用力咀嚼食物，发出很大的声音，这种做法是不符合礼仪要求的，特别是和众人一起进餐时，要尽量避免出现这种情况。

喝汤时不能发出咕噜咕噜的声响，因为这是十分粗鲁、缺乏教养的表现。不可对着热汤吹气，应该用汤勺舀出部分盛入碗中品尝，待汤羹稍许降温后，用汤勺舀取一勺轻轻对着汤勺吹，慢慢送到嘴边咽下。不可直接端碗一饮而尽，此举虽豪迈，但实为不雅，正确的做法应该是用左手扶碗，右手持汤匙舀汤喝。

(二)忌暴饮暴食

有的旅游者在旅途中饱一顿、饥一顿，看见好吃的就暴饮暴食，没有好吃的便不吃，这是一种极不好的习惯。

(三)注意饮食卫生，防止途中生病

由于旅途劳累，气候环境、饮食起居变化，游客往往容易晕船、晕车、便秘、腹泻、感冒等。除自备常用药品外，要特别注意防寒避暑，注意饮食卫生、生理卫生，预防传染病。有慢性病的中老年人，要注意自己病情的波动，严防发病。

(四)餐厅入座的礼仪

先请长者、女士依次入座，最后自己坐在离门最近的座位上。如果带小孩，在自己坐定后把孩子安排在身旁。入座时，要从椅子左边进入，坐下以后要端正身子，不要低头，身体与餐桌保持10~20厘米的距离。入座后不要马上动筷，更不要弄出响声，也不要起身

走动。如果有事，要向导游或服务员示意。

(五) 进餐应注意的细节

进餐时不要打嗝，也不要出现其他声音。如果出现打喷嚏、肠鸣等不由自主的声响时，要说一声"真不好意思""对不起""请原谅"之类的话，以示歉意。

吃到鱼头、鱼刺、骨头等物时，不要往外面吐，也不要往地上扔，要慢慢用手拿到自己的碟子里，或放在紧靠自己的餐桌边，或放在事先准备好的纸巾上。

最好不要在餐桌上剔牙，如果要剔牙，要用餐巾纸遮住口部。不要用自己的筷子去捞汤中的食物。不要高谈阔论，唾沫四溅。不要当众修饰仪表，如整理头发、化妆补妆、宽衣解带、脱袜脱鞋等，如确实有需要可以去化妆间或洗手间整理。不要碰到自己喜欢的菜就夹很多。够不到的菜，可以请人帮助，不宜起身甚至离座去取。

(六) 夹菜礼仪

如果要给长辈夹菜，最好用公筷，也可以把离长辈远的菜肴送到他们面前。按习惯，如果同桌有领导、老人、女士的话，每当上来一个新菜时，就请他们先动筷夹菜，或者轮流请他们夹菜，以表示对他们的尊敬和重视。

(七) 进餐气氛

要适时地和身边的人聊几句风趣的话，以调和气氛。不要光顾着低头吃饭，不管别人。旅游用餐通常以吃饭为主，没有过多的社交目的，因此注意一下常识性的礼节即可。

(八) 离席礼仪

离席时，要向其他人有所表示，不要不声不响地离开。

任务二　熟悉西餐进食礼仪

在欧美国家，所有跟吃饭有关的事，都备受重视，因为它同时提供了两种最受赞赏的美学享受——美食与交谈。除了食物口感外，用餐时酒与菜的搭配、优雅的用餐礼仪也都很有讲究。调整和放松心态，享受环境和美食，正确使用餐具、酒具是进入美食殿堂的先修课。

情境导入

郭先生是一位外贸公司的业务经理。有一次，他因为工作上的需要在国内设宴招待一位来自英国的生意伙伴。有意思的是，那一顿饭吃下来，令对方最为欣赏的倒不是郭先生专门为其所准备的丰盛菜肴，而是郭先生在陪同对方用餐时的一处不经意的举止表现。用那位英国客人当时的原话来讲就是："郭先生，你在用餐时一点儿响声都没有，使我感到你的确具有良好的教养。"

(资料来源：袁涤非. 商务礼仪实用教程[M]. 北京：高等教育出版社，2017：188.)

问题：如何在西餐进餐过程中表现得"有礼"？

随着国家经济发展，中国已成为全球出境旅游市场上增幅最快、潜力最大、影响力最广的国家，而其中以欧美国家为出境旅游目的地的游客数量最多。

在西餐厅吃饭，一般要事先预约。在预约时，有几点要特别注意。首先要说明人数和时间，其次要表明是否要吸烟区或视野良好的餐位。如果是生日或其他特别的日子，可以提前告知餐厅经理。在预订时间内到达，是吃饭前的基本礼节。如果有急事不能按时到达或需取消预约，要提前通知饭店并表示歉意。

再昂贵的休闲服也不宜穿着去高档西餐厅吃饭。去高档的西餐厅，男士要穿着整洁，一般着正式服装；女士要穿晚礼服或套装和有跟的鞋子。女士化妆要稍重，因为餐厅内的光线较暗。如果穿正装的话，男士必须打领带。进入餐厅时，男士应先开门，请女士进入，并请女士走在前面。

入座、点酒都应请女士来决定。就座后可以不急于点菜，有什么问题直接问服务生，他们非常乐意回答顾客提出的问题。

吃西餐在很大程度上是在吃"情调"。大理石的壁炉、熠熠闪光的水晶灯、银色的烛台、缤纷的美酒，再加上人们优雅迷人的举止，这本身就是一幅动人的画卷。为了能在初尝西餐时举止更加娴熟，花时间熟悉一下西餐进餐礼仪，是非常值得的。

一、西餐特点

西餐，是我国对西方国家菜肴的统称，但各地还是有些差异。一般可以粗略地分为两类：一类是以英、法、德、意等国为代表的西欧式西餐，又称欧式西餐，其特点是选料精纯，口味清淡，以款式多、制作精细而享有盛誉；另一类是以俄罗斯为代表的东欧式西餐，也称俄式西餐，其特点是味道浓，油重，以咸、酸、甜、辣皆具而著称。此外，在英国菜基础上发展起来的美式西餐也有其特点，并且日益风行。如果细分，则可以分为英国菜、法国菜、俄国菜、美国菜、意大利菜以及德国菜等。各国菜系自成风味，其中尤以法国菜最为突出。但不管是何种风格的西餐，与中餐相比，至少具有以下几个显著的特点。

（一）讲究营养，注重搭配

西餐极重视各类营养成分的搭配组合，搭配菜肴时，应充分考虑人体对各种营养（如糖类、脂肪、蛋白质、维生素和热量等）的需求。

（二）选料精细，用材广泛

西餐烹饪在选料时十分精细、考究，而且用材十分广泛。例如，美国菜常用水果制作菜肴或饭点，咸里带甜；意大利菜则会将各类面食制作成菜肴，各种面片、面条、面花都能制成美味的席上佳肴；而法国菜，选料更为广泛，诸如蜗牛、洋百合、椰树芯等均可入菜。

（三）重视调味，突显色泽

西餐烹饪的调味品大多不同于中餐，如酸奶油、桂叶、柠檬等都是常用的调味品。法国菜还注重用酒调味，在烹调时普遍用酒，不同菜肴用不同的酒做调料；德国菜则多以啤酒调味。在色泽的搭配上则讲究对比、明快，因而色泽鲜艳，能刺激食欲。

（四）工艺严谨，器皿讲究

西餐的烹调方法很多，常用的有煎、烩、烤、焖等，而且十分注重工艺流程，讲究科学化、程序化，工序严谨。烹调的炊具与餐具均有不同于中餐的特点，特别是餐具，除瓷制品外，水晶、玻璃及各类金属制餐具占很大比重。

二、餐具礼仪

（一）餐具的种类及摆放

西餐所用的餐具主要是餐刀、餐叉、餐匙、餐巾等。

在正规的西餐宴会上，通常讲究吃一道菜换一副刀叉，品尝每道菜肴时，都要使用专门的刀叉，不可乱用。根据食物的不同，刀叉的形状也不同，有吃鱼专用的刀叉、吃肉专用的刀叉、挑抹黄油专用的餐刀、吃甜品专用的刀叉等。

刀叉的摆放一般是餐刀在右，餐叉在左，均是纵向摆放在餐盘的两侧，让用餐者方便使用。叉如果不是与刀并用，叉齿应该向上。如果不懂哪种形状的刀叉如何使用，只要记住依次从两边由外侧向内侧取用即可。餐具的种类及摆放如图 22-1 所示。

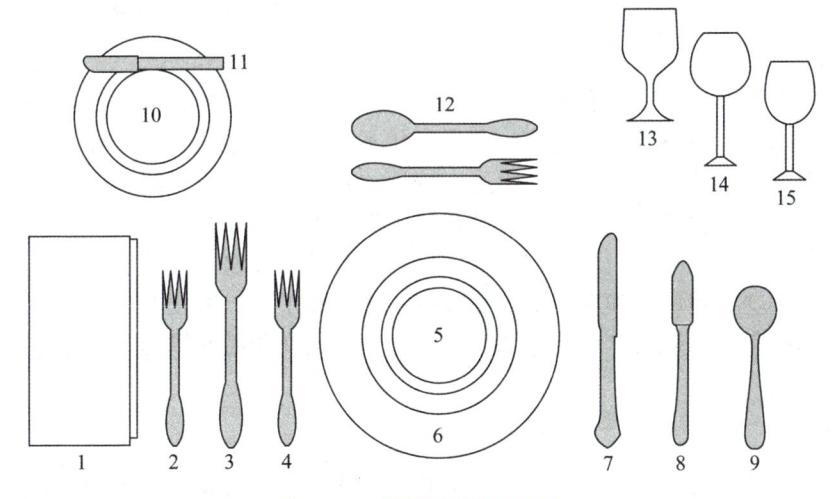

图 22-1 餐具的种类及摆放

1—餐巾；2—鱼叉；3—主菜叉；4—沙拉叉；5—主菜盘；6—托盘；7—主菜刀；8—鱼刀；9—汤匙；10—面包及奶油盘；11—奶油刀；12—点心匙及点心叉；13—水杯；14—红酒杯；15—香槟杯

（二）刀叉的用法

1. 刀叉的区别

西餐的主要工具是餐刀和餐叉，这两样既可以配合使用，也可以单独使用。餐刀主要用来切割食物，可分为三种：一种是带小锯齿的，用来切割肉类食物；另两种也带锯齿，刀较大者是用来将大片蔬菜切成小片的；小巧型的，刀尖是圆头，顶端上翘的小刀是用来切开面包、挑抹果酱或奶油在面包上用的。

餐叉是用来叉起食物的，可以单独用于叉食或取食，也可以用于取食头道菜和馅饼，还可以用于取食那些无须切割的主菜。

2. 刀叉的握法

用刀时，应将刀柄的尾端置于手掌之中，以拇指抵住刀柄的一侧，食指按在刀柄上，其余三指顺势弯曲，握住刀柄。持叉应尽可能持住叉柄的末端，叉柄倚在中指上，中间则以无名指和小指为支撑。

3. 刀叉的使用

刀叉的使用一般有两种方法：一种是英式法，另一种是美式法。

英式法要求用餐者在吃饭时，始终右手持刀，左手持叉，边切割边取食。将食物叉起时，叉尖是朝下的。美式法是用餐者右刀左叉，一次性把餐盘中的食物全部切成小块后，将刀放在盘子上，注意刀刃要朝内，然后叉子从左手换到右手，用叉子叉起已经切成小块的食物食用，吃的时候叉尖朝上。但无论哪种方法，都不要用刀挑食物吃，动作要轻缓，不让刀叉磕牙齿或碰到餐盘发出声响。

在西餐宴会上，客人很少直接传唤服务员，受过训练的服务员会根据用餐者刀叉使用所传达的信息去为客人服务。比如，餐盘中的食物还未吃完，要继续用餐，则应将刀叉分开呈三角形摆放；而如果餐盘的食物已经吃完，还想添加饭菜时，则应将刀叉分开摆放在餐盘两侧并呈八字形；如果已经用好餐，虽然盘中还有食物，但已经不想再吃了，那么，可将刀叉一起纵向摆放在餐盘上，服务员看到这些，会过来有针对性地服务的。

(三) 餐匙的用法

在正式的西餐宴会中，每套餐具中会摆放两把或两把以上的餐匙。这里主要介绍两种餐匙，一种是汤匙，另一种是甜品匙，两者形状不同，用途也完全不一样。形状较大的是汤匙，它一般纵向摆放在用餐者的右手边；较小的是甜品匙，它一般横向摆放在吃甜品专用刀叉的正上方。在使用餐匙取食时，动作要干脆，不可将甜品或汤羹来回翻搅，一旦舀出部分品尝，要一次性吃完，切忌一餐匙的食物反复品尝几次。使用餐匙时，要尽量保持餐匙的干净，不要弄得匙面和匙柄到处是食物。餐匙除了可以喝汤和吃甜品外，不可直接舀取其他菜肴。使用餐匙后，应将它放回原位，不可放在甜品或汤碗中。

(四) 餐巾的用法

餐巾看似普通，在餐桌上却发挥着多重作用。不同的餐巾可以根据宴会的性质叠成不同的图案，如扇形、皇冠形、长方形等，形状各异的餐巾可与就餐环境相得益彰。一般餐巾会放置在水杯中，也可平放在用餐者左侧的桌面或底盘上。

餐巾一般是在开始用餐时取用，先将餐巾对折，将褶线朝向自己，然后平铺在并拢的双腿上。铺餐巾主要是为了防止进餐时掉落的菜肴、汤汁弄脏衣物。不能将餐巾当作围兜系在身上或裤腰上。用完餐后，餐巾可用来擦拭嘴巴。一般是用餐巾的末端顺着嘴唇轻轻擦拭，弄脏的地方可向内侧翻卷。餐巾还可以在剔牙的时候作为遮挡，剔出来的食物残渣可直接包在餐巾上，并将餐巾向内折起。特别值得注意的是，餐巾不可用来当毛巾使用，不能擦汗，也不能擦脸，更不能用来擦拭餐具。

在西方宴会上，餐巾就是用来擦拭之用，宾客尽量不要拿出自己的手帕或者纸巾来代替，这不仅违反用餐的礼仪，而且还会让主人觉得这是在嫌弃餐巾不卫生。离席的时候，应将餐巾脏的一面朝餐桌，用盘子或刀具压住餐巾的一角，让其从桌沿自然垂下，这样比较雅观。

三、用餐礼仪

(一) 入座礼仪

入座是西餐礼仪的第一步。应从椅子的左边入座，首先站立在座位的左边，左脚先往前迈出一步,然后右脚迈至椅子前方,最后左脚往右迈一步。这样简单的三步就是最标准的入座姿势。如果座位在最左边靠墙的地方,无法从左侧进入,可以从右边入座,步伐同左侧入座刚好相反。如果男士和女士一同用餐,男士应为女士挪开凳子,协助女士入座,以显绅士风度。

就座时,身体要端正,手肘不要放在桌面上,不可跷足。身体与餐桌的距离以便于使用餐具为佳。餐台上已摆好的餐具不要随意摆弄。就座后,将餐巾对折轻轻放在膝上,坐姿应端正,女士双腿应并拢。

(二)举止礼仪

吃面包时,要用食指和拇指把面包撕下来一小块放入口中食用,不要用刀切面包,也不要用叉子叉着吃。如果需要抹上黄油,不要把整块面包全都抹上黄油,而是将黄油抹在撕下来的小块面包上。

吃硬面包时,用手撕不但费力而且面包屑会掉落,此时可用刀先将面包切成两半,再用手撕成块来吃,避免像用锯子似的锯面包。

喝汤不能吸着喝,一定要用汤匙舀汤,而且舀汤的方向应该是由内向外,然后把汤送入口中,尽量不要发出声音。

取菜时,不要盛得过多。盘中食物吃完后,如不够,可以再取。如由招待员分菜,需增添时则待招待员送上再取。如果有本人不能吃或不爱吃的菜肴,当招待员上菜或主人夹菜时,不要拒绝,可取少量放在盘内,并表示"谢谢,够了"。对不合口味的菜,勿显露出难以忍受的表情。

西餐是吃文化、吃氛围,西餐厅一般都很安静,光线柔和,伴有舒缓的轻音乐,所以用餐、交谈、走动都要尽量轻缓,不要破坏其他用餐者的雅兴,更不要大声呼唤服务员或高声劝酒。

(三)饮酒礼仪

酒是西餐餐桌上的主旋律,一般有餐前酒、进餐酒、餐后酒三种。餐前酒,也叫开胃酒,是在正式用餐前饮用的,一般有鸡尾酒、威士忌、伏特加、啤酒等。开胃酒不宜喝太多,喝多反而影响食欲。

进餐酒是正式用餐时饮用的酒,通常是指葡萄酒。正式西餐,在每道菜上来之时,服务生都会倒上酒,酒随菜的不同而不同,通常是"白酒配白肉,红酒配红肉"。白肉,是指鱼肉、鸡肉、海鲜等,一般搭配白葡萄酒;红肉则指牛肉、羊肉、猪肉等,一般搭配红葡萄酒。白葡萄酒宜在7摄氏度左右喝,可以加冰块;红葡萄酒的饮用最佳温度是18摄氏度。因此,在饮用葡萄酒时,一定要用高脚的玻璃杯,并用除小手指以外的四个手指捏住杯脚。

餐后酒是有助餐后消化的酒,如白兰地,其酒精浓度在42~43度。这种酒的品尝方式,是用手掌握住酒杯,用手心的温度将酒加温,待其香味四溢时,再小酌品味,不可一饮而尽。

通常,饮用不同的酒就会选用其专用的酒杯,在每位用餐者桌面上右边的位置,大都会横摆着三四只酒杯,取用顺序是依次从外侧向内侧。

(四)喝咖啡礼仪

在西方,除了在餐桌上吃饭喝酒外,还有另外一种宴请方式,就是喝咖啡,最常见的地点有休息厅、咖啡厅等。喝咖啡时,要特别注意个人的行为举止,主要从饮用的数量、配料的添加、品用的方法等方面加以注意。

喝咖啡时要注意适可而止,所点咖啡每人不要超过三杯,因为喝咖啡不是为了解决口渴。

根据个人口味,喝咖啡时会往杯里添加一些改善口味的配料,如牛奶、糖块等。某种配料用完时,不要大声呼叫,也不可给他人添加配料。给咖啡添加砂糖时,要用小勺舀取进行添加;若是添加方糖,则应用夹子先夹取方糖放置于咖啡碟上,再用咖啡勺将方糖加入杯中。添加任何配料,动作都要尽量轻缓,避免咖啡溅出而弄脏衣物。

喝咖啡本身是一种很惬意的交际方式,所以举止应得体、文雅。握住咖啡杯时,要用右手的拇指和食指捏住杯把,不可双手握杯或用手托住杯底,也不可俯首握杯喝。坐着喝咖啡时,只需端起杯子。只有起身站立或走动时,才将咖啡杯和碟一起端。用勺搅拌配料时动作要轻缓,使配料和咖啡充分融合均匀,搅拌完后,应将勺靠近杯子的内沿,使咖啡顺势滴下后再放回碟子。不能用咖啡勺舀着咖啡喝,也不可将杯中咖啡一饮而尽。

学 以 致 用

学有所思

1. 组织会议时,在会前、会中和会后应注意哪些细节?
2. 简要陈述会议位次排序的基本原则。
3. 什么是庆典?列举几种庆典仪式,并说明参加人员应注意的礼仪规范。
4. 简要陈述展览会的服务礼仪。

实战演练

1. 模拟中餐进食场景。
2. 模拟西餐进食场景。

项目二十三　游客"住"的礼仪

学习目标

1. 认识预约的礼仪。
2. 掌握登记入住的礼仪。
3. 熟悉入住客房的礼仪。
4. 熟悉离店的礼仪。
5. 了解投宿民宅礼仪规范。

任务一　认识预约的礼仪

在信息高度发达的今天，人们出行预订酒店主要通过电话、网络等渠道预订。在预订过程中，也要遵循相应的礼仪规范。

情境导入

2021年10月27日一湖北游客到南方某小镇旅游，全程按全国及当地政府防疫政策通行，机场、酒店、码头均正常通行。10月29日中午，入住当地温泉酒店，到达酒店岗亭后，被保安拦下，不让入内，拒绝入住，理由是湖北人需提供48小时内的核酸检测证明（预订酒店时并未告知）。

（资料来源：https://www.sohu.com/a/499442693_260616）

问题：预订酒店时要注意哪些内容？

一、提前预订酒店

外出旅行要提前预订酒店，这样既方便自己，又有利于酒店的管理，尤其是在旅游旺季出门，这项工作必不可少。

二、保持电话联系

预订酒店最常用的还是电话预订。在确定了要入住的酒店后，可以拨打酒店的电话，告知入住要求以及到达和停留的时间、入住的人数、房间的类型、姓名，并问清房费。万一到达目的地的时间比预订时间晚，要尽快打电话联系，否则预订就可能被取消。

三、提出特殊要求

随着服务业的发展，酒店越来越注重个性化服务，能尽量满足客人的需求。所以，如果对房间有什么特殊的要求，也可以在预约时提出，使自己在酒店的休息可以更加舒适和方便。

任务二　掌握登记入住的礼仪

客人在办理入住登记的过程中对酒店服务设施产生的第一印象，对于营造热情友好的氛围和建立持续良好的关系非常重要。

情境导入

娄女士计划在"十一"假期出门旅游，因是旅游旺季，所以提前在某线上旅游平台预约了入住酒店。假期来临，娄女士如期到预订酒店前台办理入住，却在当天晚上接到前台电话，并告知娄女士，因她与另一位预订房间的客人姓名首字母相同，所以办错了入住手续，娄女士入住的是另一位客人预订的房间，此时另一位客人正在前台办理入住。娄女士与另一位客人对前台的服务都表示很不满意，向前厅部经理进行投诉……

问题：
1. 前台人员为客人办理入住登记时，应注意哪些内容？
2. 如果你是酒店前厅部经理，该如何处理此事？

一、办理入住时的注意事项

到达目的地后，可以直奔预订好的酒店。进入大堂后，首先应该到前台登记。保安人员因职责所在，往往会留心进入酒店的人员，碰到对方打量或询问自己时，要给予帮助，不要怒目而视或口有微词。遇到雨雪天气，要收好雨伞，把脚上的泥清理干净后再进入酒店。

如果有正在登记的客人，应该在后面按顺序等候，与其他客人保持一定的距离。在总服务台登记客房或询问问题时，不必低声下气，也不要趾高气扬、咄咄逼人，要表现出友好和耐心。如果要求住某间客房或要求换房，要用协商的语气与对方沟通。入住酒店要出示身份证或其他证件（如护照等）。无论入住几人，都应该把名字填写上去，方便配合公安部门查房。旅行团在分房间钥匙时，应尽量集中在前厅的一角，不要破坏大堂的氛围。

二、乘电梯时的注意事项

在登记、领过房卡或钥匙之后，就可以乘电梯去房间了。乘电梯时，要为后来的客人扶住门。搭乘有人服务的电梯时，应清晰地报出自己所要到达的楼层，并道一声"谢谢"，注意不要不作声响、无视对方的存在。

三、查看客房及四周情况

如果不喜欢所分配的房间，可以告诉服务员或打电话给前台，让其安排别的房间。安顿好后要查看紧急出口和安全出口，检查一下是否需要毯子、衣架、电源插座、毛巾等。有事情要尽早找服务员解决，不要等到晚上，因为晚上值班的服务人员可能会比较少，服务会不及时。

四、公共场合的注意事项

大厅和走廊是酒店的主要公共场合，因此一定要遵守在公共场合应该注意的礼仪规范。着装一定要端庄得体，不要像在自己家中一样，穿着睡衣或浴衣转来转去。在走廊遇到服务人员主动向自己打招呼时，应向对方问好。此外，还应该注意，不要大声说话和吵闹，也不能乱蹦、乱跳，避免影响到其他客人休息。

任务三　熟悉入住客房的礼仪

如今酒店行业都致力于提升服务质量，树立宾至如归的服务理念。作为酒店消费者，同样也要树立"家"的理念，在入住客房的过程中注意自己的言行，做有礼的入住者。

情境导入

领队的"烦恼"

上海某旅游团一行15人到东南亚旅游，小李担任领队。结果在退房时，酒店发现某客房的台灯灯罩上出现了一道道黄色的水渍，经过询问，得知一些游客贪图省事，为了少带换洗衣物，常将小件衣服洗后挂在台灯上连夜"烘"干，导致灯罩上出现难以去除的水渍。另外，酒店还查出有两间客房并非一次性使用的拖鞋也不见了踪影，而且没有人承认自己拿走了。为避免出现让大家开箱检查的尴尬局面，领队只好掏钱赔付了事。

问题：作为客人，在入住客房时应注意哪些礼仪规范？

一、尊重服务人员

虽然打扫客房卫生是服务人员的工作，但是不能因为有人代做，就不注重清洁卫生。废弃物要扔到垃圾桶里，东西要尽量摆放得整齐有序。当服务人员进入客房打扫卫生、送热水、送报纸等时，应表示欢迎并道谢。如不方便其进入，可事先在门外把手上悬挂"请勿打扰"的告示牌，或开启"请勿打扰"指示灯。但离开房间时，应取下此牌或关闭此灯。

二、物品保管

在存放物品时，千万不要把现金或贵重物品放在房间里，要把它们放在前台的保险箱里或随身携带，避免遗失或被盗。保险箱要设置密码，否则是不保险的。

三、不浪费资源

节约是值得提倡的好习惯。在住店时，如果要连续住上几天，可以留一张纸条给客房服务人员，告诉他们床单和牙刷不必每天换，牙膏和洗发水也可以等用完了再换新的，不要造成不必要的浪费。这样的客人会备受酒店的尊重和欢迎。

四、文明住宿

酒店虽提供客房清扫服务，但在住店过程中仍需注意自己的住宿行为，不可将房间设施设备另用他途、随意损坏，或将生活垃圾随意丢弃在房间。

在酒店住宿时，应注意正确使用房间设施设备。酒店房间内毛巾、床品、水壶、杯子等产品多为消毒后循环使用，在使用过程中要合理使用、专品专用，文明住宿。

五、注意安全

进客房时，关门一定要轻。要注意锁好门锁。有人敲门时，除非说明身份，否则不要开门。如果是自己不认识的人敲门，要先和前台或保安核实后再开门。电视的音量要适中，更不可太早或太晚开电视而影响别人休息。带小孩一起住宿时，要看管好孩子，不要听任其自由活动，避免损坏酒店设施或受到伤害。

六、其他服务

需要用餐服务时，可以打电话给餐厅。当订餐送到后，不要吹毛求疵、求全责备。用餐完毕后，要用餐巾纸将碗、碟擦干净，放在客房外的过道上，以方便服务人员收拾。万一客房内某一设施出现故障，要表现大度，不要大呼小叫。当维修人员来了之后，要以礼相告，不要刁难对方或小题大做。如果有不满意的地方，也应该询问而不是用质问的语气对待服务人员，要包容更要体谅他们的劳动。这样的风度一定会感染服务人员，自己也会备受欢迎与厚待。

七、付小费的礼仪

这一点主要针对到国外旅行的游客而言。在国外的酒店享受服务时，一般都要付小费给服务员，这是对服务员服务的一种肯定，同时也是一种尊重和礼节。

对为你提供打扫房间等各项服务的服务员，需每天或者隔天付小费，小费可以放在床上。如将小费放在桌子上，要用信封将小费装好，上面写上"给服务员"，否则服务员可能以为是你的零钱，是不敢拿走的。其他像送早餐、洗衣或送咖啡等服务，也应当天付小费的。

任务四　熟悉离店的礼仪

当客人结束在酒店的居住时，也要给酒店留下一个良好的印象。离店的相关行为礼仪更能体现一个人的修养和素质。

情境导入

A旅游团在某著名旅游城市进行了为期7天的旅游活动，在即将返程时，导游员小张在前台为游客们办理离店手续，前台人员通知相应的楼层服务员进行查房检查，发现其中一间房间不但极其脏乱，而且放在房间吧台上的水杯也不见了……

问题：该游客的哪些行为不符合酒店离店礼仪？

一、电话提前告知

在准备离店之前，可以先给前台打个电话通知一声。如果行李很多，可以请他们安排一个人帮忙。

二、不顺手牵羊

客人在离店时，不要从酒店拿走毛巾、睡衣或其他物品，认为自己的东西就是自己的。酒店对物品的管理非常严格，这样做有可能会出现尴尬的局面，甚至到最后要为此付账。如果想要些纪念品，可以到酒店的商店里去购买。

三、损坏东西要赔偿

如果不小心弄坏了酒店的物品，不要隐瞒抵赖，要勇于承担责任，加以赔付。

四、礼貌致谢

结完账后，要礼貌地致谢、道别，这对服务人员来说不只是得到了工作上的肯定，更是人格上的一种尊重。

任务五　了解投宿民宅的礼仪

在很多旅游城市，民宿已悄然兴起，并得到了越来越多人的青睐。投宿民宅，可以体验别样风味，但也有应该注意的新问题。虽说投宿民宅已经商业化、服务化了，但是对主人的尊重会赢来更好的服务。注意公共卫生，不违反正常的作息时间，这是最基本的礼仪常识。如果有时间和主人聊聊天，或者参加到他们的劳动中去，可以体会到其中的乐趣，加深对当地民风民俗的了解，这会成为游客旅游生活中不小的收获。

一、应当两相情愿

在国外,一般只有在私人出访时才会直接投宿在外国友人家中,但因公出访一般不允许这样做。如果外国朋友没有提出,那么客人不要主动提出投宿。当然,如果对方提出来了,若自己不便,也可以婉言拒绝。

二、应当支付费用

不论何时在外国友人家里入住都应支付一定的费用。即便免去房租,自己使用的电话费、传真费、电视费等也应自己付。在有些国家,自己的子女成年后在家里住有时都要付房租,那么外来人员支付房租也是再正常不过的事情了。

三、其他注意事项

投宿民宅时具体要做到:遵守约定,尊重房东,不干涉别人的生活,爱惜物品。

学 以 致 用

学有所思

简述预约、入住客房和离店时,游客分别应当注意的礼仪。

实战演练

1. 模拟入住客房的场景。
2. 模拟离店的服务场景。

项目二十四　游客"行"的礼仪

学习目标

1. 掌握登机前、飞行过程中和下飞机时的礼仪。
2. 熟悉公路出行的礼仪，掌握乘火车、长途汽车、公共汽车和私家车的注意事项。
3. 掌握乘船的礼仪。

任务一　掌握乘飞机的礼仪

在现代社会生活中，飞机已经成为非常普遍的交通工具之一，人们经常需要乘飞机出差、开会、旅行。因此，懂得乘飞机的礼仪是非常重要的。一般来说，乘飞机要注意的礼仪包括三个方面：一是登机前的礼仪；二是乘机时的礼仪；三是停机后的礼仪。

情境导入

托运行李夹带危险品被扣

游客张先生在旅行途中买了一个非常精致的打火机准备送给朋友。在机场柜台办理托运手续时，虽然工作人员再三询问和提醒，张先生仍然把带有打火机的行李放在了传送带上。但下了飞机提取行李时，张先生发现自己的行李迟迟没有出现。

原来，航空公司在进行安检时，如果发现托运行李中有危险品或者是疑似危险品，都会将行李扣留，如果来不及在登机前联系到旅客本人，只能把行李暂缓托运。而一旦行李被扣，旅客需要先在目的地机场的行李查询处登记，再跟始发地机场联系，确认行李是因为安检问题扣留后，旅客还需要填写一份授权委托书，同意始发地工作人员将其行李开包，取出危险品，再通过后续航班托运过来。

一次非常愉快的旅行却因为行李在最后时刻给张先生带来了麻烦。

问题：此案例给你带来什么启示？

一、登机前的礼仪

(一)提前一段时间去机场

这是乘坐飞机前的基本要求。一般来说，国内航班最好提前一小时到达，国际航班最好提前九十分钟到达，以便办理登机手续、托运行李、安全检查。

遇到雨、雪、雾等特殊天气，应该提前与机场或航空公司取得联系，确认航班的起落时间。

(二)行李要尽可能轻便

手提行李一般不要超重、超大，其他大件行李最好托运。国际航班对行李的重量有严格限制，一般为5~10千克/件(不同航线有不同的规定)。如果行李超重，要按一定的比价收费。应将金属物品装在托运行李中。

在机场，可以使用行李车来运送行李。在使用行李车时要注意爱护，不要损坏。在座位上休息时，不要将行李车横在通道内，以免影响其他旅客通行。

(三)乘坐飞机前要领取登机牌

到达机场后，要凭有效证件(身份证、护照等)和机票前往值机台办理登机手续，领取登机牌。对现在的电子客票，可以凭有效证件，到机场自助办理登机手续或在值机台办理。领取登机牌后，一定要注意看登机牌的具体登机时间和登机口。

如果航班延误，要听从工作人员的指挥，不能乱嚷乱叫，扰乱秩序。

(四)通过安全检查

乘飞机要切记安全第一，不能拒绝安全检查，更不能图方便而通过安全检查门以外的其他途径登机。

安检时应配合安检人员的工作，将有效证件、机票、登机牌交安检人员查验。放行后通过安检门时，需要将电话、钥匙、小刀等金属物品放入指定位置，手提行李放入传送带。

当遇到安检人员对自己所携带的物品产生怀疑时，应积极配合。若有违禁物品，要妥善处理，不应妄加争辩，扰乱秩序。

通过安检门后，将有效证件、机票收好，以免遗失，持登机牌进入候机厅等待登机。

(五)候机厅内礼仪

在候机大厅内，一个人只能坐一个位子，不要用行李占座位。并且，异性之间不要过于亲密。

候机厅内设有专门的吸烟区，除此之外其他地方是严禁吸烟的。

候机厅一般设有商店、书店等，如果等待的时间较长，可以在此浏览，但是不可大声喧哗。

(六)向空乘人员致意

上下飞机时，均有空乘人员站立在机舱门口迎送乘客。他们会向每位通过舱门的乘客热情问候。此时,作为乘客应有礼貌地点头致意或问好。

二、乘机时的礼仪

(一)登机时

旅客需要根据飞机上座位的标号对号入座。经济舱的乘客不要因头等舱人员稀少就抢坐头等舱的空位。

找到自己的座位后,要将随身携带的物品放在座位上方的行李箱内,放置时要特别留意纸袋中是否会有物品甩出伤到他人。如果座位上方的行李箱已放满,请按照空中乘务员的安排放到其他地方。较贵重的东西随身携带。注意不要在过道上停留太久,以免在通道上影响其他乘客入舱。不要急于和他人交换座位,影响登机速度。

(二)飞机起飞前

乘客就坐后,乘务员通常会给乘客示范如何使用氧气面具和救生器具,或者播放视频进行演示,要认真观看。当飞机起飞和降落时,要系好安全带。在飞行的过程中,一定要将手机、电脑等电子设备关机或开启飞行模式,以免干扰飞机的飞行系统,产生严重后果。

飞机上要遵守"禁止吸烟"的规定。

(三)飞机起飞后

飞机起飞后,乘客可以看书看报。邻座乘客之间可以小声进行交谈,但不要隔着座位说话,也不要前后座之间互相说话。随行大人有责任认真看护孩子,尽量别让孩子在过道中奔跑追打,引导孩子说话小声;若小孩哭闹,应及时安抚,并和周边乘客表达歉意。

飞机上的座椅可以小幅度调整靠背的角度,但应考虑前后座的人。突然放下座椅靠背,或突然推回原位,或跷起二郎腿摇摆颤动,都会引起他人的反感。用餐时要将座椅复原。

在飞机上用餐要尽量保持安静,飞机上的饮料是不限量免费供应的。在乘务员发饮料的时候,坐在外边的乘客可以主动帮助乘务员递送饮料。在打开热食包装时,注意烫手,或有汤汁溅出。通常餐食按照乘客数量配置,若没吃饱,可等乘务员发餐完毕后再去询问是否还有多余餐食。

在飞机上使用卫生间时,要注意按次序等候,尽量迅速,少让他人排队等候,长时间等待也会增加遇到颠簸出现意外的概率。在使用卫生间时同时应保持清洁。

出现晕机情况时,可想办法分散注意力,如果呕吐,要吐在清洁袋内。如有问题,可打开头顶上方的呼唤信号,求得乘务员的帮助。

在机上过夜时,请尽量放轻动作,不要打扰他人的睡眠。也最好不在此时亮灯。

长途飞行想舒缓脚部的,请留意是否有异味影响别人。不要将脚放在前排座位或隔板上。

下飞机前,要将垃圾(如报纸、杂志、纸张、糖果和口香糖包装纸等)集中放进座位前的杂物袋内,不要乱丢垃圾,座位周围干净卫生。

降落前,确认自己座位椅背已调直,小桌板已收起,遮阳板已拉起,前两项是保障紧急状态下能及时疏散乘客，后者是保证对窗外动态的观察。

如果出现航班备降，请听从安排。和机组成员或其他乘客发生纠纷，请保持冷静，等飞机落地后联系警方或航空公司处置，切勿冲动。因为任何过激言语或行为，都可能让机长判断为威胁航班安全，从而导致航班返航、备降等。

三、停机后的礼仪

要等飞机完全停稳后，再打开行李箱，带好随身物品，按次序下飞机，狭窄的通道不宜争先恐后。国际航班上下飞机要办理入境手续，通过海关后便可凭行李卡认领托运行李。下飞机后，如果一时找不到自己的行李，可通过机场行李管理人员查询，并填写申报单交航空公司。

学习小贴士

乘飞机的注意事项

1. 不宜谈论有关劫机、撞机、坠机一类的不幸事件，也不就飞机的性能与飞行状况进行谈论，以免增加他人的心理压力，制造恐慌。
2. 调整飞机座椅时应考虑后座的人，不要突然放下座椅靠背，或突然推回原位，更不能跷起二郎腿摇摆颤动。
3. 遇到飞机误点、改降或迫降时不要紧张，更不要为难空姐。
4. 不要在供应饮食时到洗手间去，因为餐车放在通道中，其他人无法穿过。
5. 不要把飞机上提供的非一次性用品带走，如餐盘、耳机、毛毯等。
6. 避免小孩在飞机上嬉戏喧闹。

任务二　掌握陆地出行的礼仪

陆地出行是大多数人日常生活中的出行方式，也是游客旅途中常用的出行方式。在出行过程中，要遵守相关的礼仪规范，其主要包括行路礼仪、行车礼仪、乘电梯礼仪、乘坐交通工具礼仪等。

情境导入

和谐号上"不和谐"的举动

近日，一则"女子在高铁上脱鞋并将脚放上桌"的视频在各大平台迅速传播，而在曝光的视频画面中，一名女子将自己的鞋子脱掉，直接就将穿着袜子的脚放到桌子上，而她身旁还有一个正在吃零食的小男孩，整个车厢里充斥着一种怪味。"你能不能把脚放下去，孩子吃东西呢！"面对孩子妈妈的斥责，这名女子直接怼了回去，甚至表示她坐高铁掏钱了，想脱鞋就脱鞋，想把脚放哪就放哪，用不着别人管，态度非常嚣张。这样的回答也彻底激怒了孩子妈妈。面对这样的状况，列车乘务员及时进行了劝导，才使事情有了转机，脱鞋女子也不情不愿地穿上了鞋。女子的行为受到了大众的斥责,没有一个人站出来为女子讲话。

(资料来源:https://www.sohu.com/a/480449494_400344)

问题:在出行时,人们需要注意哪些行为规范?

一、行路礼仪

(一)遵守交通规则

1)过马路时,要走人行横道,不乱穿马路,不翻越栏杆。红灯停、绿灯行、黄灯等一等、行人靠右等交通规则要牢记心中。

2)不要边走路边接打电话、刷微信、抽烟或吃东西。

(二)文明礼貌

1)遇到老人、小孩和行动不便的人时要礼让,在人多的地方不要拥挤,应依次而过。随身携带的行李包裹,要注意不妨碍他人行路。

2)不小心碰到了别人要及时说声"对不起",别人碰了自己或踩了自己,不要过分计较,更不可恶语相向,应大度地对待别人的道歉。如果对方毫不知情,且多次妨碍自己,可以委婉地提醒对方"请您注意一下好吗",不可大声争吵。

3)在人行道上行走时,自觉让出盲道。

4)行进时与身边的人保持适当的距离,不可与陌生人挨得过近,否则会让他人感觉不自在。行进的速度不要太慢,以免阻挡后面的人。需要停下打电话或聊天时,应自觉站到不影响他人的位置。两人或多人行走时,不携手并肩,不嬉笑打闹,以免影响他人通行。

5)行路时遇到交通事故、他人争吵等现象不要去围观,尤其是不应围观外宾和身着少数民族服装者。

6)遇见朋友、熟人可打招呼,但不要大呼小叫,惊动旁人。若要停下谈话,应站到路边,或边走边谈。

7)不可随地吐痰,有痰时要吐在面巾纸上再扔进垃圾筒内,不乱扔果皮、纸屑等杂物。

(三)问路礼仪

问路时态度要诚恳,使用礼貌用语,如"您好""请问",切忌使用"喂""嗨""老头"等不敬的称呼。无论对方能否为你指路,都要感谢对方。如果遇到别人问路,要热心地回答,不能置之不理,冷漠对待。假如自己也不知道,则要向对方说明,请其转问他人,并表示歉意。

二、行车礼仪

"宁停三分,不抢一秒""一慢二看三通过"等行车警语,从小就能在马路上看到,但那时的感觉并不明显,因为会开车的人并不多。现在私家车进入了寻常百姓家,开车时更要注意行车的礼仪,除了要认真遵守经常提到的一些交通法规外,特别要强调以下几点。

1) 开车要系好安全带，会车要变换车灯。夜间会车时，应该主动转换成近光灯。

2) 女性不要穿高跟鞋或有防水台的鞋开车，否则，脚部的感觉会很迟钝。

3) 不要对车内过度装饰，香水瓶、各种挂件和车贴，这些东西会干扰视线，带来安全隐患。

4) 带婴幼儿行车时，不要让他们坐在副驾驶位置，坐后排时也要使用儿童安全座椅。

5) 过斑马线时要礼让行人。下雨天开车，旁边有行人时，要减速慢行，不要把水溅到行人身上。

6) 开车时不要接打电话，不要把车内音响开得太大，更不要向车外扔垃圾。遇上会车，要相互礼让。不要因赌气将车停在路中间，造成交通堵塞。

7) 高速公路行车一定不要占用应急车道。应急车道是救援通道，是生命通道。

8) 不要恶意飙车。恶意飙车除了成为"路霸"以外，招致危险的概率相当大。

9) 遵守交通标志与信号灯。标志与信号灯既可以保障行车安全，又可以维护道路秩序。

10) 停车时请在合法处停放。违规停车不但会被交通管理人员处罚，还涉及紧急事件时救灾救难的通畅问题。

11) 在没有明确禁鸣喇叭的区域，也应尽量少按、轻按喇叭，且每次鸣笛时间不宜过长。

三、乘电梯礼仪

（一）乘直升梯礼仪

等候电梯时，应自觉排队并站在两侧，不可堵在电梯门口，影响电梯里的人出电梯。电梯门打开后，应让里面的人先出来，再有秩序地进入电梯。尽量让孕妇、老人、孩子和行动不便的人先进去，不可一拥而上。如果先进入了电梯，应尽量往里站，挪出空间，让后进入电梯的人有地方站。

电梯即将关门时，不要扒门。电梯超载时不要强行挤入，自己靠近门口时要主动退出。如果携带较多物品，应注意不妨碍其他人。

进入电梯后，应面朝电梯口，可以看电梯门或显示的楼层数字，不要四处张望或盯着某个人看，避免发生与陌生人脸对脸的尴尬。在电梯中不吃东西，不喝饮料，不大声接打电话，不丢垃圾，不在电梯内蹦跳。即使电梯内装有可以充当镜子的材料，也不要在电梯内整理仪容。

站在电梯楼层按钮旁边时应做好电梯开关的服务工作，可以主动询问其他人要到达的楼层，并代为按按钮。如果所站位置远离电梯按钮，可有礼貌地请按钮旁边的人代劳，不建议自行伸长手臂越过人群去按按钮。别人代劳按了按钮后，要表示感谢。按按钮时动作要轻缓。快到自己所去的楼层时，应提前等候在靠近电梯门的地方，不要等电梯到达时才匆匆挤出人群。出电梯时应遵守秩序，由外而内依次走出电梯，不要争抢。

乘电梯过程中如发生事故，不要惊慌失措，应马上拨打检修电话，耐心等候，不可冒险扒门而出。

陪同客人或长辈乘坐电梯时，先按电梯按钮。电梯门打开后，如果里面有电梯服务人员，则请客人或长辈先进入电梯；如果里面没有电梯服务人员，则自己要先进入电梯，一只手按住电梯"开"的按钮，另一只手按住电梯门，并礼貌地说"请进"，请客人或长辈安全进入电梯。出电梯时，如果有专门的电梯工作人员，应自己先于客人出电梯，在电梯外指引方向；如果没有专门的电梯工作人员，则自己在内先按住电梯的开门键，让客人先出电梯后自己迅速出电梯并指引方向。

如遇火警，千万不要乘直升电梯。

（二）乘自动扶梯礼仪

1）应靠右站立，让出左侧通道，方便有急事的人通过。
2）手要扶住电梯扶手，以免发生危险。
3）主动照顾同行的老人、小孩和行动不方便的人。
4）有急事要走急行通道时要确保安全，并向主动为自己让路的人致谢。
5）不可逆行。
6）如果同行者有女士，一般上电梯时男士站在女士后面，下电梯时男士站在女士前面。

四、乘坐交通工具礼仪

（一）乘坐汽车礼仪

1. 乘坐轿车礼仪

入座时要大方端庄，从容稳重。打开车门后，转身背对车门，先轻轻坐下，将头和身体移入车内，再将双脚轻轻触碰一下，意为将脚底的灰尘抖落，然后双脚并拢收入车内，坐好后可稍稍调整坐姿。如果女士穿裙子，则在坐下之前先把裙子理好，坐下后再将双腿收入车内。女性穿低胸的衣服时，建议披一条丝巾，也可以用手轻按胸前，并尽量保持身体正直。

下车时，先打开车门，转身面对车门，同时将双脚慢慢移出车门。女士要双脚并拢同时移出车门，双脚落地踩稳后，再将身体移出车外。

雨雪天气时，上车之前要把雨具收好并用袋子装好，把身上的雨雪拍打干净。鞋子上如果有泥，要擦干净再上车。不在车上吸烟、吃零食、喝饮料，以免弄脏车内。不携带有异味的物品上车。不往车外扔东西、吐痰，不在车上脱鞋袜。

如果是主人驾驶车辆，主人应后上车先下车，以便照顾客人上下车。

如果是由司机驾驶车辆，坐在前排者应后上车、先下车，以便照顾坐在后排者。同坐在后排的人，应请尊者、长辈、女士先从右侧车门上车，自己再从车后绕到左侧车门上车。下车时，自己先从左侧车门下车，再从车后绕过来帮助尊者下车。

为了上下车方便，坐在折叠座位上的人应最后上车，最先下车。

乘坐多排轿车时，通常以距离车门远近为序，上车时距车门远的人先上车，其他人依据由远而近的顺序上车；下车时相反。

2. 乘坐公共汽车礼仪

（1）懂得礼让

先上后下，懂得礼让，是最基本的礼仪。推开下车的人，自己先上车或用包占位，都是让人厌恶和难以接受的行为。

（2）主动购票

乘客上车后应主动购票，乘坐无人售票车时应自动刷公交卡或将事先准备好的钱币自觉投入箱内。

(3) 不要占座

如果别人用包占座，你可以请他把包拿走，但不要理直气壮地横加指责，否则会给人一种得理不饶人的蛮横印象。

在旅行车中，有时要在导游的指示下换位，我们应该予以理解并配合。

(4) 主动让座

主动给有需要的人让座，上下车帮助别人，这会让其他旅伴好感倍增。

(5) 注意卫生

乘客在车上不要吸烟，不要随地吐痰、乱扔果皮和纸屑。随身携带机器零件或鱼肉等的乘客，应将所带物品包好，以免弄脏其他乘客的衣服。

(二) 乘坐火车礼仪

候车时保持候车室内安静，不大声说话、接听电话，不旁若无人地聊天和嬉闹。自觉维护候车室卫生，不随地吐痰，不随地丢弃吃剩的食物，用过的纸屑、喝光的饮料瓶应放入垃圾桶。

在候车室休息时，一人一座，不可一人占多座，更不要躺在座椅上睡觉。检票时有秩序地排队，不要拥挤。

进入车厢后，对号入座。如果身边有老弱病残孕的乘客，要学会礼让。如果你是上铺，不要长时间坐在下铺上；如果你是下铺，则不要冷漠地对待坐在下铺上的乘客。

在车厢内，不要随意脱鞋袜。休息时不要东倒西歪，或把脚跷到对面的座位上。到了车厢内熄灯的时间，谈话时应小声，不要影响其他乘客休息。

(三) 乘坐高铁礼仪

高铁开车前5分钟停止检票，而且高铁的安检、实名制车票的核验都需要时间，所以要提前到达高铁站，为乘车预留充分的时间。万一错过了乘车时间，可迅速到改退票窗口改签。

进站安检时应自觉排队，按顺序将行李物品放到安检仪上。安检后请认准自己的物品，以防遗忘、错拿、丢失或被盗。

要注意保管好自己的物品，最好把行李物品放在自己的视线之内。列车中途停车时，要注意检视自己的物品，谨防被其他乘客拿错或被人故意拿走。

高铁列车在各经停站一般只停车一两分钟，乘客上下车的时间很短，不要下车去休息、抽烟，以免耽误行程。

高铁列车属于全封闭式车厢，全列车禁止吸烟，即使在车厢连接处或洗手间内吸烟，列车监控系统都会自动报警，所以不要在车厢内任何地方吸烟。高铁车厢与车厢的连接处设有放置大件行李的地方，上车后可将大件行李放于此处，不要带进过道妨碍他人通行。也不要把雨伞、玻璃器等物品放到行李架上，以免掉落伤人。

(四) 乘坐地铁礼仪

乘坐地铁应按照标志的提示排队。在站台候车时，请站在两侧的箭头内侧指示区，中间的箭头指示区留给下车的乘客，这样井然有序，更能节约时间。应该让车上的乘客先下来，上车的乘客再依次排队上车。上下班高峰期，乘客很多，通道窄的地方，切不可故意拥挤，一定要按顺序行走，否则，很容易发生危险。

车门的警示铃响起时如果还没上车,则应耐心等候下一趟,而不要不顾一切地往车上挤。如果真的赶时间,最好的办法就是提早出门。

因为地铁的空间比较狭小,所以禁止在车厢内饮食。乘地铁时,坐姿要规范,不可把脚伸到过道,影响他人通过。落座时,一定要注意坐姿的规范,尤其是女性,两腿要收拢、并紧,如果裙子太短,可以把手袋放在腿上稍作遮挡,"走光"是很失礼的。

乘坐地铁不能旁若无人地随意脱鞋袜,不能把垃圾丢在车厢内,不可一人占多席,更不可随意躺在座位上,也不要大声接打电话。

女性不要在地铁内当众化妆,情侣应避免在车厢里当众拥吻。

任务三　掌握乘船的礼仪

在江河湖海之上旅行,需要乘坐客轮,要是单纯为了观光游览,还可以乘坐专用的游览船或游艇。乘坐客轮较乘坐飞机、火车或公共汽车而言,有很大的活动自由,所以被认作是一件富有诗意的事情。然而要想真正地在客轮上心情舒畅,就要求每位乘客都以礼待人,遵守社会公德。

一、注意健康

如果容易晕船的话,上船之前最好去医院或者药房买些防晕船的药品随身携带。

二、语言礼仪

在船上,一般称呼开船的人为"船长",对其他人员应该叫"先生""女士"。在船上不要说"淹死""沉没""翻了"等不吉利的词。

三、着装正式

看过风靡全球的电影《泰坦尼克号》的朋友都会知道,长途航海旅行比短程的海上旅行正式。如果是盛大的环绕地球的旅行那就更正式了。吃早饭和午饭时可以穿休闲装,但晚饭时一定要穿正装,在寒冷的晚上一件披肩或夹克会非常有用。游船是一个很好的社交场所,可以认识很多人,结交新朋友,应该好好把握这个机会。

学 以 致 用

学有所思

1. 在乘飞机时,乘客哪些行为是"无礼"的?
2. 简述乘电梯时进出的正确顺序。
3. 简述乘船时的礼仪规范。

实战演练

1. 分别模拟乘飞机、高铁、船的场景,体现应遵循的礼仪规范。
2. 模拟乘电梯的场景,体现进出电梯的正确顺序。

项目二十五　游客"游"的礼仪

学习目标

1. 掌握游览的基本礼仪。
2. 掌握在旅游景点的礼仪。
3. 了解旅游购物礼仪。

任务一　掌握游览的基本礼仪

随着我国人民物质和文化生活水平的不断提高，旅游观光爱好者的队伍也在日益扩大。旅游观光本身是一项文明而高尚的活动，参加这项活动的人理应多讲究一些礼仪，做一个文明的旅游观光者，尊重观光景点的风俗习惯，爱护旅游环境。

情境导入

将垃圾埋进海滩的沙子里

在马尔代夫的海滩上，一个十来岁的小男孩看着刚才游玩时留下的一堆果皮，灵机一动，在沙滩上挖了个坑，"就地解决"。没想到，他刚转过身去，事情就"败露"了：一个大浪冲来，海面上顿时漂浮起一层垃圾。这个小游客的"劣迹"还包括把岛上随处可见的螃蟹赶到了自己住的度假屋前，并把它们"圈养"起来，结果第二天起床一看，可怜的螃蟹全都干死了。

问题：你认为作为旅游者，在游览过程中应注意哪些方面？

一、游览中要做到文明游览，以礼待人

游览是为了愉悦心情，陶冶性情，不过不要忘记，这种活动是在公共场所。旅游地汇集文化修养、性格爱好、风俗习惯、宗教信仰各不相同的游客，免不了发生这样或那样的问题，因此，每个出游者都要自觉遵守社会公德，遵守社会秩序，遵守纪律，文明游览。游客间应相互尊重，相互礼让，多为他人提供方便，做一名文明游客。

二、游览时要注意对导游人员的礼仪

游览时不要随意打断导游人员的讲话，也不要随意辞别。如果得到大家的关心和理解，导游会以更高的工作热情服务，使旅游更加丰富、完美。要学会知足，既来之，则安之，不要相互对比或贬低所到之处，故意刁难，这样会直接影响导游的情绪，进而影响游览的质量，得不偿失。要从游览中获得愉悦，就要方便他人，让大家共同获得愉悦，这也是人与人和谐相处的基本原则。

三、要注意仪表仪态

游览时的着装应该以休闲装为主。游览时，行为举止也要注意，不能乱跑乱跳、手舞足蹈、以手指人。青年情侣在游览观光时，要注意自己的行为举止，既要热情，又要持重，要合乎我国的风俗礼仪习惯，不可过分亲昵，有失礼节。

四、要做好对孩子的文明礼貌教育

游览时必须对所带小孩进行文明礼貌教育，不能让孩子的无礼行为给周围环境和他人造成影响。

任务二 掌握在旅游景点的礼仪

旅游活动是一项寻觅美、欣赏美、享受美的综合性审美活动，其本身就是一项文明活动。在旅行中会涉及许多环节，而这些环节会考验到游客的基本礼仪素质和对各种人际关系的处理能力。所以，游客要想充分体验旅游中的乐趣，并且赢得别人的尊重，就应该注意旅游中的基本礼仪。

情境导入

作为济南三大名胜之一的趵突泉，不仅有"天下第一泉"的美称，而且因为风景优美，每天的游客络绎不绝。但是，近日的一则新闻引起了大家广泛的注意。几名外地游客在游园时摆出统一的姿势，向趵突泉齐吐"漱口水"，随后几人还发出一阵狂笑。这一行为随后被附近的保安制止，但恰好让市民丁先生拍了下来并上传到网上，此后引发了广大民众的议论。

景区的相关负责人介绍，景区方面没有执法处罚权，对游客们的不文明行为只能靠劝

阻，也希望广大游客在游园时规范自己的行为，文明游园。

（资料来源：https://zhuanlan.zhihu.com/p/95469788）

问题：在旅游景点活动过程中，旅游者需要注意哪些行为规范？

一、保持环境卫生

在旅游景点游览时应注意不乱扔杂物，不乱动乱摸，不任意攀折花草树木。要保护文物古迹、游览设施，爱护自然景观。忌在文物、建筑物、树木上乱写乱刻。爱护旅游景点的一砖一瓦、一草一木。不用树木作为承重载体做各种运动，在照相时不要拉扯树木的枝条。

不要触摸珍贵的文物展品，不能戏弄游览点的动物，在山林中还应注意防火。游客在旅游观光时，有维护环境整洁的责任与义务。在外野餐之后，一定要将垃圾收拾干净，集中丢弃在垃圾箱或垃圾点，不可信手丢弃。

二、遵守景点的规定

在游览过程中，还要特别注意在一些特殊景点的礼仪。

1）不私自闯入禁区。

2）要注意自己的言行举止，例如参观寺庙时要抱有敬慕的态度，不能随随便便、说三道四。

3）保持安静。在公共场所说话时要悄声细语，不要扯着嗓门儿大呼小叫，让别人侧目而视。

4）遵守公共秩序。遇到购票或观看某景点的人较多时，要自觉排队，不要前拥后挤。

三、游览过程中文明拍照

（一）相互谦让

照相时不要过分占用时间，以免耽误其他游客。人多时要耐心等待。自己不拍照时，要从旁边绕行或待人照完后再通过。

有时会遇到陌生人请求自己帮助合影，在确定使用方法和不会弄坏相机后，要乐于助人。在通常情况下，女性不要给不认识的人照相。

（二）不违反禁忌

拍照时，不能违反国家、地区、民族的特殊禁忌。凡有"禁止拍照"标志的地方或地区，应该自觉不去拍照。在寺庙、博物馆、私宅等处不要随意拍照。在允许的情况下，对古画及其他文物进行拍照时，严禁使用闪光灯。游客所到之处要入乡随俗，尊重当地的风俗习惯和宗教戒规，否则可能会因小事而酿成大错。尤其像一些宗教禁忌的地方，如佛像是不能攀爬的，佛教寺庙的门槛是不能践踏的。

（三）尊重他人

出门在外，要相互照应，充分尊重他人。旅游途中，如走在狭窄的曲径、小桥、山洞时，要主动给老弱妇孺让道，不要争先抢行。坐游览车时，年轻的游客应该尽量坐到车厢

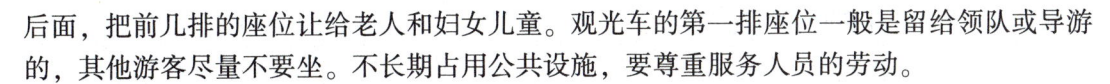

后面，把前几排的座位让给老人和妇女儿童。观光车的第一排座位一般是留给领队或导游的，其他游客尽量不要坐。不长期占用公共设施，要尊重服务人员的劳动。

（四）树立安全意识

乘坐交通工具时不要将手、头伸出窗外；自驾游时要注意行车安全，最好有一个副驾驶随行。不要酗酒，以免发生意外。不要独自前往禁行之处"探险"。在景区限定的区域内游泳时，最好结伴而行，要携带必要的保护救生用品，不私自下水，以防发生溺水事故。遇到雷雨、台风、泥石流、洪水、海啸等恶劣天气和自然灾害时，应远离危险地段或危险地区。

（五）注意个人形象

游山玩水时服饰可舒适自然，运动装、休闲装皆可，但不要赤身露体，有碍观瞻。年轻情侣、新婚夫妇结伴游玩，自然是亲密无间，但在大庭广众之下，任何过于亲昵的举动都是有失礼节的。到少数民族地区旅游，在领略独特的民族风情的同时，所到之处要入乡随俗，尊重当地风俗习惯和一些宗教戒规，否则可能会因小事而酿成大错。

任务三　了解购物的礼仪

食、住、行、游、购、娱是旅游活动六大环节，购物环节作为其中之一，是旅游过程中不可缺少的。游客通过购物环节可以加深对旅游地民俗民风的了解，了解更多的旅游知识。购物也是游客了解旅游地的一个重要渠道。

一、购物礼仪

（一）购物前

应该把要买的东西看准，再去招呼营业员。在挑选某些易碎、易损、易污的商品时，要十分谨慎，假如不慎损坏了商品，要照价赔偿。拿到手的商品看后不中意，要向营业员打招呼，表示歉意。

（二）结账时

节假日里商店顾客较多，要自觉排队购买。如果有急事需要先买，应向营业员和排在前面的顾客说明理由，征得他们的同意后才可提前购买。如果营业员拿错商品、找错零钱，应该给予谅解，及时纠正过来即可。

（三）购物后

如需调换商品，应耐心地向营业员说明调换原因，保留好发票。商品买好后，要小心携带，以免跌落受损。凭票退货，注意期限。退货时应出示发票或者相关凭证，切忌有目的性的退货行为。

二、购买纪念品

出门在外，买点地方特产和纪念品，体验在异地消费的情趣，是游人的普遍心理，但要学会做个明明白白的消费者。

（一）地方特色商品

地方特色商品不仅具有纪念意义，而且正宗，有价格优势，值得消费者购买。如杭州的龙井茶、海南的椰子、云南的民族服饰、内蒙古的哈达等，购买后留作纪念或送给亲朋好友，都是一件令人愉悦的事情。

（二）纪念品的选择

纪念品应以小型轻便为首选。如果特色商品的体积庞大，随身携带很不方便，则不宜购买。人在旅途中，乘坐车船并不轻松，行李越少越好。有些物品还可能易碎，稍不小心就会损坏，得不偿失。

（三）货真价实

旅游购物切忌贪图便宜。在某些风景区，经常可见兜售假冒伪劣商品的小贩，游客要禁得住价格和叫卖的诱惑。

（四）理性消费

现在的旅游市场经过净化，大部分导游能遵守职业道德。但是，仍有少数导游想尽办法把团队领到返回扣的商店里。所以在异地购物时不要盲目和轻信别人，切忌冲动从众，要相信自己的判断。

学 以 致 用

学有所思

1. 游客在进行游览活动时，要具备哪些基本礼仪？
2. 你在旅游过程中见到过哪些文明的游览行为？
3. 简述游客在景区景点进行旅游活动时要注意的礼仪规范。
4. 简述游客在进行购物活动时要注意的行为礼仪。

实战演练

1. 模拟游览场景，体现应遵循的礼仪规范。
2. 设计购物场景，体现应遵循的礼仪规范。

项目二十六　游客"娱"的礼仪

学习目标

1. 掌握参加体育运动的礼仪。
2. 掌握参加文艺活动的礼仪。
3. 掌握参观画展的礼仪。

任务一　掌握参加体育运动的礼仪

体育运动礼仪既体现出对运动项目及他人的尊重，也是个人素质与修养的体现。在进行体育运动时，很多行为看起来是不起眼的，但在运动场所，一些所谓的"小节"问题，不仅代表了个人，还代表着一个群体、一座城市，以至一个国家的形象。遵守体育运动礼仪、做文明运动者，是十分必要的。

情境导入

不和谐的手机声

2000年悉尼奥运会上，中国运动健儿的出色表现征服了各国观众，但赛场上某些观众的不文明习惯却给运动员、记者留下了不好的印象。在射击馆里，组委会为了保证运动员发挥出最佳水平，在射击馆门前，专门设有"请勿吸烟"和"请关闭手机"的明显标志，却有观众仍然没有关机。王义夫比赛时，赛场有手机铃声响起，招来现场观众的嘘声和众多不满的目光。

问题：在激烈的赛场上，手机铃声为何如此不"和谐"？

一、在健身房的礼仪

(一) 勿赤裸上身健身

健身不等于"秀"身材，健身房是公共场所，不要赤裸上身健身。健身房里毕竟都是陌生人，赤裸着上身在他人面前，会让人觉得很不舒服。在运动过程中，身体会排出大量汗液，赤裸上身健身，汗液会与健身器材接触，容易造成器材滑落而导致受伤。因此，在健身时应该身着上衣，且最好是吸汗的棉质上衣。

(二) 注意个人卫生

健身时的大量排汗使一些人的体味很重，甚至会影响他人的正常运动。因此可以用些止汗香露，这不仅给人以健康、易于亲近的感觉，也会为自己带来好心情。

(三) 注意个人形象

某些人健身完毕后，会马上脱鞋甚至脱袜子，这样不仅有碍公共礼仪，也给别人留下非常不好的印象。

(四) 不要盯着别人看

去健身房的目的是锻炼，因此不要刻意关注其他人的举止行为，也不要在健身过程中猛盯着他人看，这是一种非常不礼貌的行为。

(五) 不要主动建议

健身房里有各种器材，并不是所有人都能熟练使用。在别人没有寻求帮助时，不要主动上前进行器材使用指导，未被允许的主动建议会让他人难堪。当他人主动寻求帮助时，应当在确认自己掌握正确的器材使用方法的情况下为他人提供帮助，避免错误指导造成他人运动拉伤。

(六) 不要长时间霸占器械

使用每种器械的时间都不宜过长，否则会造成部分肌肉超负荷运动，从而导致受伤，同时也会妨碍其他人的使用。如果感觉有些疲惫，想休息一下或接听电话，最好立刻离开器械，不要把这里当成休息处。

(七) 用完器械后擦去上面的汗水

用完器械后离开时，要记得将器械上的汗水擦去。注重个人卫生和公共卫生，给其他锻炼的人留下一个更舒心的运动环境。

(八) 物归原地

如果每个人用完器械后(可移动器械)都将其就地放置，用不了多久健身房就会变成"天门阵"，只怕人人都无落脚之地了，谁稍不留神还会中了"埋伏"。因此，用完哑铃、杠铃、踏板等小型健身器械以后，将负重片等卸下，放回原处，保持健身房的井然有序，以方便下一位运动者的使用。

二、在桑拿浴室的礼仪

(一) 爱惜公共财物

不要将毛巾、浴衣等踩到脚下，不要用毛巾擦鞋。浴室的毛巾都是经过消毒、清洗后循环使用的。讲究卫生，也是为自己的健康负责。

(二) 节约是种好习惯

不要把桑拿房的洗浴用品视作零成本，不应抱着"不用白不用"的心理，纸巾一次抽出四五张，洗发水一次挤出满满一手。自己掏腰包也好，别人出钱也好，浪费总是可耻的。

(三) 不要在蒸汽浴室里搓澡

搓澡是在淋浴室里进行的工作。当别人在蒸汽浴中闭目享受、身心放松时，偶一睁眼发现你正在大搓特搓，会感觉厌恶。

(四) 不要在桑拿房里敷面膜或涂护肤品

面膜或护肤品会和着汗水流到椅子上，而椅子不是某个人专用的，如果有人坐到这堆黏糊糊的东西上，不但影响心情，而且也很不卫生。

(五) 不要在蒸桑拿的过程中不断进出

桑拿室是要保持一定温度的，如果一个人不断进进出出，热气也会随之向外流出，那别人蒸得再久，也无法达到蒸桑拿的最佳状态。

(六) 将毛巾和拖鞋放到指定地点

按照指引，将拖鞋放入消毒桶，将毛巾放入脏毛巾收集区。如果用完后就将其随意丢在一边，不但给工作人员带来麻烦，也会为其他人带来不便。

三、在游泳池的礼仪

(一) 佩戴泳帽

一般的泳池会有"游泳者须戴泳帽"的要求，这是因为：一方面，大部分泳池中加了消毒剂，戴泳帽可以起到保护头发的作用；另一方面，如果不戴泳帽，那么游泳者脱落的头发易堵塞游泳池的循环系统。

(二) 不要在泳池中嬉戏、大声说话

游泳池的空间很大，回声也很大，一个人大声说话，全泳池的人都听得到。因此，不要大声喧哗，以免影响他人。

(三) 贴着泳道的边游

就正常人的体型而言，一条泳道的宽度足够满足一个人的需求。但如果一个人在泳道的正中间畅游，可能另外一个人就找不到泳道。因此游泳时要贴着泳道的边游，给别人留出一定的空间。

四、在体操房的礼仪

(一) 进入体操房前，关闭手机

体操房中通常会放些轻柔的音乐。尤其是在做瑜伽或普拉提时，最讲究修身养性，安静的环境尤其重要。因此，进入体操房前要关闭手机，营造一个安静的环境。

(二) 不要在体操房门外窃窃私语

在体操房外等候时，不要对别人的表现发表任何评论，哪怕是窃窃私语，也不可取。

因为体操房内的环境相对安静，说的话很可能一字不漏地传入别人的耳朵，最重要的是，说话的声音对于里面的人来说无异于噪声。

五、在保龄球场的礼仪

1）进入投球区时，务必更换保龄球专用鞋，且只使用自己选定的保龄球。
2）待球瓶完全摆好后再投球。
3）不可侵入相邻的投球区。
4）不要随便进入投球区。
5）当相邻投球区的人已经准备好投球姿势时，请让其优先投球。
6）当相邻两投球区的人同时准备投球时，应让右侧的人先投球。
7）投球的预备姿势勿过久，也不要呆立在投球区。
8）投球动作结束后，不可停留在投球区。
9）不可扰乱投球人的注意力。
10）切勿投出高球，以免损坏球道。
11）切勿在投球区以外的地方挥动保龄球。
12）不要将成绩的不佳归因于球道情况的不良，要善于自我总结。
13）不要批评别人的缺点。
14）切勿将水洒在投球区。

任务二　掌握参加文艺活动的礼仪

参加文艺活动越来越成为人们陶冶情操、培养品格的活动选择。因文艺活动环境、场合及活动的特殊性，在参加文艺活动时，人们应注重相关的礼仪规范，文明参与。

情境导入

一场交响音乐会的启示

黄英去英国旅行，当地导游安妮安排其欣赏一场交响音乐会。作为一名音乐爱好者，黄英特别兴奋，决定将自己好好打扮一番。当时正值仲夏，酷热难耐，黄英想了半天，决定换上一身干净整齐的"短打扮"：时下流行的粉色真丝跨栏背心、牛仔短裤，脚上穿一双白色旅游鞋。对镜一照，黄英对自己的选择很满意。

到了音乐厅门口，黄英惊讶地发现，平时衣着随意的安妮却像换了一个人似的。只见她发髻高挽，略施粉黛，身着一件大开领的黑色晚礼服，鞋子、耳环和项链的色彩搭配得十分自然美观，看上去端庄大方。黄英连忙问："安妮，你打扮得这么漂亮，是不是你男朋友也来听音乐会？"安妮听了，只是简单地说："这个打扮是对音乐家们的尊重和祝福！"听了这句话，黄英顿时觉得非常不好意思。

问题：黄英听了安妮的话为什么觉得非常不好意思？

一、参加文艺晚会的礼仪

(一)准时到场

参加晚会的观众,应按照规定时间准时入场。若因故不能到场,特别是当集体因故不能到场时,应及早向有关方报告,以便其另作安排。若因故迟到,也不要随到随入,而应按规定在幕间休息时入场。

(二)不要提前退场

进入剧场后,观众一般不要提前退场。若确有原因必须提前退场,要在幕间休息时或某个节目表演结束之后离席。离席之后,宜从后门退场,不宜经过台前。

(三)禁止喧哗

为了保证文艺演出的顺利进行,观众必须自始至终保持剧场内的安静,不要交头接耳、高声喧哗、接听电话等。

(四)禁止摄影

为了保护演出单位的专利并保证良好的演出效果,在举行正式的文艺演出时,除经过批准的新闻单位外,其他观众一般不得录音、摄影、摄像。

(五)尊重外宾

在出席晚会期间,中方观众应当对外宾尊重有加。除了当外宾入场、退场时应当起立鼓掌欢迎之外,还应注意不要围观外宾,要礼让外宾。当外宾与自己交谈时不要置之不理,遇到外宾时要主动问候。

(六)尊重演员

在演出期间,不要干扰演员,不要吸烟、起哄、鼓倒掌。在演员演出结束后,应向其鼓掌致谢。当演员谢幕后,方可退场。

二、在电影院的礼仪

看电影是备受大众喜爱的休闲方式。在电影院购票时要排队,并讲究女士优先。购票后要提前进入电影院,左侧入位,面对他人而行。电影院是公共场所,人们在电影院的言行举止会影响到其他观众看电影的心情,因此观影时要遵守社会公德,尊重他人,文明观影。

三、参加舞会的礼仪

(一)修饰自身

参加舞会前,应对自己的仪表略加修饰。要注意口腔卫生,禁食有异味之物。着装应较为正式,并适宜跳舞。女士应当略施妆容,男士在现场禁止吸烟。

(二)照顾来宾

在舞会上,接待人员应对来宾尤其是主宾夫妇多加照顾。按惯例,第一场舞应由主人夫妇、主宾夫妇共舞。第二场舞则应由男主人与女主宾、女主人与男主宾共舞。此外,男主人应陪无舞伴的女宾跳舞，或为其介绍舞伴；女主人则应对全体来宾多加照料。

（三）尊重女士

在舞会上，必须讲究"女士优先"的原则。男士邀请女士时，如其丈夫或父母在旁，应先向其致意。请舞时，应向女士致意，并在口头上正式相邀。待对方同意后，再陪伴对方进入舞池。若对方不同意，切勿勉强。一曲舞毕，男士应先向女士致谢，随后将对方送回原处，向其身边亲属致意后方可离开。

（四）礼待他人

在舞场上，每个人都应当以礼待人。男士在选择舞伴时，不要与他人发生争抢。与女士共舞时，一定要注意舞姿正确。女士虽有权拒绝邀舞男士，但切勿再三拒绝。拒绝一位男士后，不要立即接受另外一位男士的邀请。与男士共舞时，女士既不要推搡对方，也不要主动依靠对方。不论跳舞与否，在舞场内都不能大喊大叫或酗酒滋事。

任务三 掌握参观画展的礼仪

现在人们越来越重视提高个人的艺术造诣与个人修养，参观画展对于任何人来说都是一种极好的艺术熏陶方式。越来越多的人将参观画展作为开阔眼界、提高审美能力与欣赏水平的途径之一。参观画展，不仅要学会欣赏绘画作品，提高个人的艺术鉴赏能力，获得美妙的艺术享受，而且要通过高尚艺术的耳濡目染，充实个人生活，使自己在人格上有所完善。

要想从艺术鉴赏的过程中获得回报，关键是要对艺术有正确的态度，在观赏画展时应注意相关的礼仪规范。

一、熟悉背景

参观画展前，要了解画展的背景，认真阅读展会中的材料、文字说明，参观时细心聆听讲解人员的讲解。

二、尊重艺术

（一）尊重画家

任何一幅绘画作品都是画家辛苦创作的。要表现出对艺术的尊重，首先就必须尊重画家。画家往往不仅具有鲜明的个性，而且讲究推陈出新，不断进行艺术探索。因此，不要在观赏画展时指名道姓地非议某位画家，或者以自己的一知半解对某位画家的艺术创作说三道四，或者将道听途说的有关画家个人私生活之事随意加以扩散。在参观由多位画家作品所组成的画展时，不要仅出于个人的偏好，当众对某些画家倍加称颂，而对其他画家再三贬低。

（二）尊重作品

在参观画展时，对每位参展画家的尊重，首先表现在对其作品的尊重。对绘画作品的尊重，主要表现为认真观赏与爱护两个方面。在观赏绘画作品时，要保持耐心，细致入微、认真体味。不一定非要对每幅作品都驻足良久，赞不绝口。但一带而过、走马观花，甚至对其胡言乱语，却是对画家及其作品失敬的表现。在观赏的过程中，要自觉爱护绘画作品。不要在现场吸烟、触摸绘画作品，或者直接在上面进行描摹拓印。

(三)尊重工作人员

在参观画展时，要尊重主办单位的工作人员。对画展现场工作人员的尊重，不仅体现在对他们所付出的辛勤劳动的尊重上，更重要的是服从他们为维护画展的秩序而进行的各项管理工作。在观展时，观众有疑问可向工作人员请教，有困难可向工作人员求助，但是切勿有意给对方出难题，成心给对方添乱，令其难堪。

三、自尊自爱

在观赏画展之际，对于个人的行为表现，应当适当加以约束。观展时宜穿正装或礼服，遵守展场衣帽的管理规定，排队领取免费画册、说明书等，并对其他的观赏者以礼相待。群体参观忌扎堆，尽量不带小孩，保持展场的肃静、卫生。

学 以 致 用

学有所思

1. 在参加体育运动时，应该注重哪些礼仪规范？
2. 简述参加文艺活动的礼仪规范。
3. 在参观画展时，应注意哪些方面？

实战演练

分别模拟参加体育运动、文艺活动，参观画展时的场景，体现应遵循的礼仪规范。

参考文献

[1] 谢华. 旅游服务接待中从业人员礼仪礼节的重要性探析[J]. 旅游与摄影，2022(3).
[2] 汤媛. 中华优秀礼仪文化之于构建社会治理共同体的三重意蕴[J]. 长白学刊，2022(6).
[3] 王瑜. 旅游服务礼仪[M]. 北京：旅游教育出版社，2015.
[4] 吴新红，董红莲. 旅游服务礼仪[M]. 北京：清华大学出版社，2021.
[5] 胡碧芳，姜倩. 旅游服务礼仪[M]. 北京：中国林业出版社，2008.
[6] 王丽华，吕欣. 旅游服务礼仪[M]. 北京：中国旅游出版社，2009.
[7] 谷玉芬. 旅游服务礼仪实训教程[M]. 北京：旅游教育出版社，2009.
[8] 袁涤非. 商务礼仪实用教程[M]. 2版. 北京：高等教育出版社，2022.
[9] 姚道武. 现代礼仪案例教程[M]. 北京：高等教育出版社，2017.
[10] 董小玉. 现代礼仪与文化交流[M]. 北京：高等教育出版社，2016.
[11] 吕艳芝. 公务礼仪标准培训[M]. 北京：中国纺织出版社，2012.
[12] 吕艳芝，纪亚飞，徐克茹. 公务礼仪标准培训[M]. 北京：中国纺织出版社，2012.
[13] 成光琳. 公共关系理论与实务[M]. 北京：高等教育出版社，2021.
[14] 张克非. 公共关系学[M]. 4版. 北京：高等教育出版社，2015.
[15] 董君. 人际沟通教程（基础版）[M]. 北京：高等教育出版社，2017.
[16] 黄海燕，王培英. 旅游服务人员礼仪[M]. 天津：南开大学出版社，2006.
[17] 陈瑜. 旅游服务礼仪[M]. 北京：中国财富出版社，2011.
[18] 李丽. 旅游礼仪[M]. 北京：中国轻工业出版社，2012.
[19] 惠亚爱. 沟通礼仪[M]. 2版. 北京：高等教育出版社，2022.
[20] 纪亚飞. 服务礼仪标准培训[M]. 北京：中国纺织出版社，2012.
[21] 王玉霞. 实用职业礼仪[M]. 北京：清华大学出版社，2011.
[22] 王春林. 旅游职业礼仪规范与训练[M]. 上海：华东理工大学出版社，2010.
[23] 宋华清. 饭店服务技能综合实训——饭店服务礼仪[M]. 北京：高等教育出版社，2015.
[24] 黄文清，彭江平. 服务语言艺术[M]. 2版. 北京：高等教育出版社，2012.
[25] 冯兆军. 饭店服务礼仪学习手册[M]. 北京：北京教育出版社，2005.
[26] 靳希，赵颖. 社交礼仪[M]. 北京：高等教育出版社，2022.
[27] 吴新红. 旅游服务礼仪[M]. 北京：电子工业出版社，2021.
[28] 郑莉萍. 旅游服务礼仪实用教程[M]. 北京：中国经济出版社，2018.
[29] 陈的非. 饭店服务与管理案例分析[M]. 北京：中国轻工业出版社，2010.
[30] 宋华清，李岩. 饭店服务礼仪[M]. 2版. 北京：高等教育出版社，2021.

[31]谢彦君.旅游营销学[M].北京:中国旅游出版社,2018.
[32]徐溢艳,周显曙.餐饮服务与管理[M].北京:清华大学出版社,2018.
[33]马宜斐.旅游人际沟通[M].北京:中国人民大学出版社,2007.
[34]谢彦波.旅游服务礼仪[M].哈尔滨:哈尔滨工程大学出版社,2012.
[35]陈春梅.旅行社经营管理[M].天津:天津大学出版社,2010.
[36]陈乾康.旅行社计调与外联实务[M].北京:中国人民大学出版社,2006.
[37]全国导游人员资格考试教材编写组.导游业务[M].7版.北京:旅游教育出版社,2022.
[38]杜炜,张建梅.导游业务[M].3版.北京:高等教育出版社,2018.
[39]侯作前.旅游业常见争议解析[M].北京:知识产权出版社,2010.
[40]谢彦君.基础旅游学[M].北京:商务印书馆,2019.
[41]李荣建.现代礼仪[M].北京:高等教育出版社,2011.
[42]张胜男.旅游礼仪[M].北京:高等教育出版社,2016.
[43]刘筱筱.轻松搞定100个餐厅服务难题[M].北京:化学工业出版社,2008.